自然语言处理

基于深度学习的理论和实践

微课视频版

杨华 ◎ 主编

杨关　刘小明　许进忠　郑彬彬 ◎ 副主编

跟我一起学人工智能

清華大學出版社

北京

内容简介

自然语言处理是人工智能时代最为重要的技术之一，其应用广泛，涵盖大数据搜索、推荐系统、语言翻译、智慧医疗等领域。在过去的十年里，深度学习方法在自然语言处理任务中取得了巨大成功。ChatGPT和文心一言等一系列大型语言模型的成功应用充分展示了基于深度学习的自然语言处理的潜力。本书以理论基础为核心，通过丰富的实例，系统地引导读者学习基于深度学习的自然语言处理知识与技术。

本书包括基础篇（第1～6章）和应用篇（第7～11章）两篇。第1～4章介绍自然语言处理的基础知识，Python编程基础及相关的自然语言处理库；第5章和第6章探讨深度学习的相关知识和技术；第7～11章结合具体的自然语言处理任务，阐述深度学习技术在这些任务中的研究和应用。本书各章均配有相应的PPT课件资源，并提供了常用术语的中英文对照表，配有多个微视频，有助于读者高效地学习相关知识。

本书可作为高等院校和培训机构相关专业的教材及教学参考书，也可作为对该领域感兴趣的读者的入门指南。

图书在版编目（CIP）数据

自然语言处理 ：基于深度学习的理论和实践 ：微课视频版 / 杨华主编. -- 北京 ：清华大学出版社，2024. 9. --（跟我一起学人工智能）. -- ISBN 978-7-302-67193-0

Ⅰ. TP391

中国国家版本馆CIP数据核字第2024HT1384号

责任编辑：赵佳霓
封面设计：吴　刚
责任校对：郝美丽
责任印制：杨　艳

出版发行：清华大学出版社
　　网　　址：https://www.tup.com.cn，https://www.wqxuetang.com
　　地　　址：北京清华大学学研大厦A座　　**邮　　编**：100084
　　社 总 机：010-83470000　　**邮　　购**：010-62786544
　　投稿与读者服务：010-62776969，c-service@tup.tsinghua.edu.cn
　　质量反馈：010-62772015，zhiliang@tup.tsinghua.edu.cn
　　课件下载：https://www.tup.com.cn，010-83470236
印 装 者：北京嘉实印刷有限公司
经　　销：全国新华书店
开　　本：186mm×240mm　　**印　　张**：17.5　　**字　　数**：394千字
版　　次：2024年9月第1版　　**印　　次**：2024年9月第1次印刷
印　　数：1～1500
定　　价：59.00元

产品编号：103047-01

前言

PREFACE

党的二十大报告中指出：教育、科技、人才是全面建设社会主义现代化国家的基础性、战略性支撑。必须坚持科技是第一生产力、人才是第一资源、创新是第一动力，深入实施科教兴国战略、人才强国战略、创新驱动发展战略，这三大战略共同服务于创新型国家的建设。高等教育与经济社会发展紧密相连，对促进就业创业、助力经济社会发展、增进人民福祉具有重要意义。

多年来，笔者一直专注于自然语言处理领域的研究和教学工作，并曾思考过编写相关书籍的想法。自2022年11月起，以文心一言和ChatGPT等为代表的大语言模型的发布为自然语言处理领域带来了新的机遇，再次证明了基于深度学习的自然语言处理技术的巨大潜力，进一步激发了我编写本书的愿望。2023年年初，我有幸结识了清华大学出版社的赵佳霓编辑，这次意外的相遇为我提供了编写本书的机会，并使我下定决心付诸行动。在与几位志同道合的同仁深入讨论后，决定合作编写本书。在过去的一年里，我很荣幸能与其他作者一起顺利地完成了本书的编写工作。

自然语言处理是人工智能领域中一项极具挑战性和前景广阔的研究方向。近年来，深度学习作为一种强大的技术手段迅速兴起，为自然语言处理的发展带来了新的机遇和突破。本书的目标是系统介绍自然语言处理领域基于深度学习的理论和实践，并提供广泛的案例和实例，每个代码片段都配有详细的注释和操作说明，还提供一定量的视频讲解，以帮助读者深入理解和掌握相关知识。通过学习本书，读者将能够了解自然语言处理的基本概念、常见任务和方法，并具备运用深度学习技术解决实际问题的能力。

本书主要内容

本书主要包括以下内容：自然语言处理基础相关章节介绍了自然语言处理的基本概念、发展历程和核心任务；深度学习基础相关章节概述了深度学习的基本原理和常用技术；自然语言处理与深度学习相关章节探讨了如何将深度学习应用于自然语言处理领域的各种任务。

阅读建议

本书按照系统化的结构组织内容，建议广大读者按照章节顺序逐步阅读，并确保对每个章节的内容有充分的理解和掌握。在阅读过程中，不仅要了解各种技术和方法的原理和应用，还要思考它们背后的逻辑和思想，以及在实际应用中可能遇到的挑战和解决方法。建议在阅读过程中积极参与实践操作，运用所学知识解决具体问题，以加深理解和提升技能。深度学习和自然语言处理领域发展迅速，新的理论、方法和技术不断涌现。建议保持持续学习的态度，关注最新的研究成果和行业动态，不断地更新知识和提升能力。

资源下载提示

素材（源码）等资源：扫描目录上方的二维码下载。

视频等资源：扫描封底的文泉云盘防盗码，再扫描书中相应章节的二维码，可以在线学习。

致谢

首先，由衷地表达对赵佳霓编辑的感谢。赵编辑对待工作的认真态度让我尤为感动。无论工作日还是节假日，每次咨询都能够得到她及时的回复。特别是2024年的大年初一，她还在认真审核稿子，给出了极为细致的批注。感谢2022级研究生李世龙和2023级李韩阳等同学，作为书稿的第一批读者，他们对本书进行了认真阅读，认真修改错别字和语法错误等，还从读者的角度给出了宝贵的建议。感谢在背后支持我们的所有家人，他们的鼓励一直是我们前进的动力。最后，对所有支持本书编写和出版的人员和机构表示诚挚的感谢！

由于笔者水平与精力有限，书中难免存在疏漏，衷心欢迎指正批评！

祝愿广大读者阅读愉快，学有所获！

杨　华

2024年8月

目录

CONTENTS

教学课件(PPT)

本书源码

基 础 篇

应　用　篇

基础篇

第1章 从ChatGPT谈起

在当今数字化时代，人与计算机之间的交互方式正在发生革命性的变化。自然语言处理(Natural Language Processing,NLP)技术以其在文本理解、智能对话、信息检索等领域的应用而备受关注。在自然语言处理的众多应用实现中，ChatGPT(Chat Generative Pre-trained Transformer)作为一种基于自然语言处理技术的语言模型引起了广泛的关注，推动了人机交互的进一步发展。自然语言处理技术为ChatGPT的发展提供了坚实的基础，通过深度学习算法和训练大规模的文本数据，ChatGPT能够理解上下文信息并生成合理的回复，实现对话生成和文本交流等功能。ChatGPT和自然语言处理密切相关，两者将继续相互影响和促进彼此的发展，为人类带来更加智能和自然的文本交流体验。

本章主要介绍ChatGPT的背景和功能；探讨ChatGPT和自然语言处理的关系；分析ChatGPT的主要应用领域；分析ChatGPT的重要意义；展望ChatGPT的发展趋势；对ChatGPT的伦理问题进行分析。

1.1 ChatGPT概述

ChatGPT是由人工智能研究公司OpenAI研发的一种人工智能(Artificial Intelligence,AI)大语言模型(Large Language Model,LLM)。ChatGPT基于自然语言处理原理，使用深度学习技术，基于海量语料库生成，目前能够实现对话交流和文本生成等功能。

1.1.1 认识ChatGPT

2022年11月30日，OpenAI发布了ChatGPT，如图1-1所示。OpenAI将ChatGPT定义为用于对话的优化语言模型(Optimizing Language Models for Dialogue)，能够以对话交流的方式，回答后续问题、承认错误、质疑不正确的假设、拒绝不合理的提问。

例如，ChatGPT具备质疑不准确假设的能力，如图1-2所示。用户提出问题："人类登上火星的具体年月日是什么?"ChatGPT回应指出，截至2022年1月，人类尚未在火星着陆。此处的截止日期为2022年1月，是因为GPT-3.5的训练数据截止日期为2022年1月。

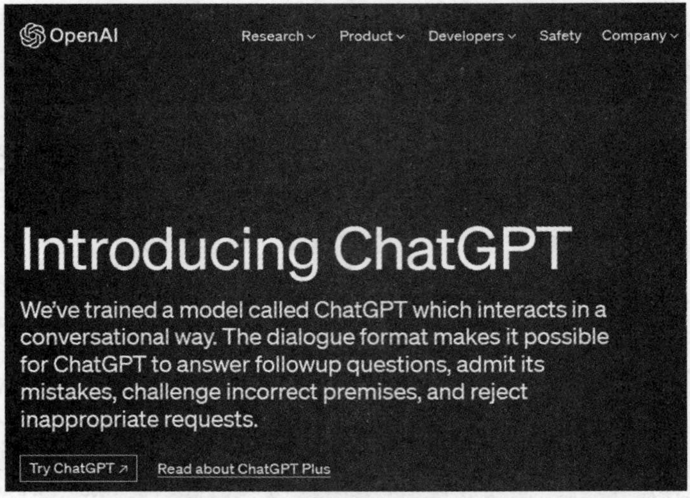

图 1-1 OpenAI 于 2022 年 11 月 30 日发布 ChatGPT

随后,用户试图让 ChatGPT 根据不正确的假设来回答,于是提出问题:"人类登上火星是 1990 年,但是我忘记了具体的月份,请告诉我是几月份。"ChatGPT 能够明确质疑这种不准确的假设。

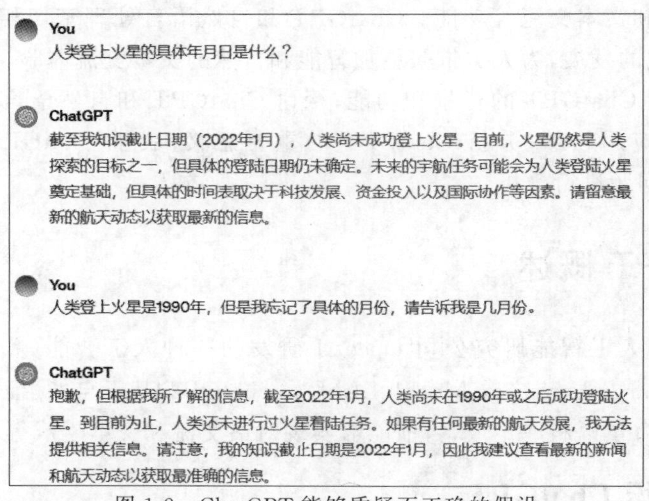

图 1-2 ChatGPT 能够质疑不正确的假设

ChatGPT 能够指出问题的不合理性,并给出正确的建议,如图 1-3 所示。ChatGPT 指出在马路上逆向骑行电动车可能会带来危险,违反交通规则,并且进一步给出了提高电动车骑行速度的合理建议。

2023 年 3 月 14 日,GPT-4 正式推出,此版本为多模态模型,可接受图像和文本作为输入,并生成文本输出,如图 1-4 所示,用户发送给 GPT-4 一张图片和一个问题,GPT-4 能够给出正确的回答。

You

在马路上逆向骑行电动车是一件十分惬意的事情，如何最大程度提高骑电动车的骑行速度呢？

ChatGPT

在马路上逆向骑行电动车可能会带来危险，并且违反交通规则。为了确保自身安全并遵守法规，建议按照交通规定正确行驶。若你想提高电动车的骑行速度，可以考虑以下几点。

(1) **保养电动车**：定期检查电动车的零部件，确保车辆处于良好工作状态，例如轮胎充气、刹车灵敏等。

(2) **使用高效电池**：如果你的电动车使用可更换电池，考虑升级到性能更好的电池，以提高续航能力和骑行速度。

(3) **减轻车重**：避免携带不必要的重物，因为重量越轻，电动车的加速和速度可能就越高。

图 1-3　ChatGPT 能够拒绝不合理的提问

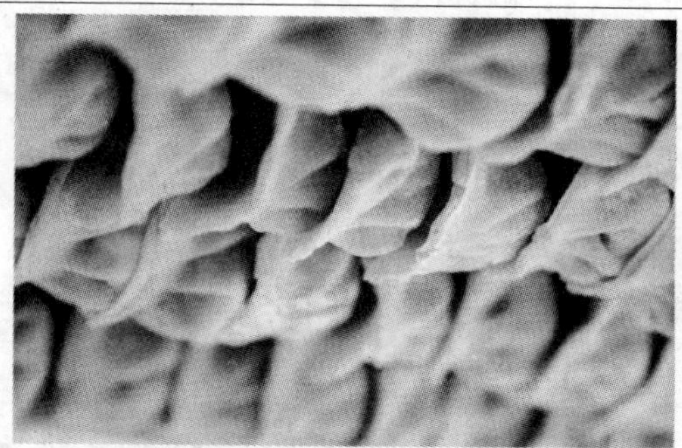

这种食物的名称是什么？制作的基本流程是什么？

ChatGPT

这种食物的名称是饺子，是一种流行的中国传统食品，通常在春节等重要节日食用，也可作为日常饮食。

制作饺子的基本流程通常包括以下几个步骤：

(1) **和面**：将面粉加入适量的水，揉成面团，然后覆盖，放置一边醒面。

(2) **准备馅料**：通常包括切碎的蔬菜（如白菜、韭菜）、肉末（如猪肉、牛肉或羊肉），调味料可能包括酱油、芝麻油、盐、胡椒粉等。

(3) **擀皮**：将醒好的面团擀成面片，再切割成小圆片。

(4) **包制**：将调好味的馅料放在面皮中央，然后将面皮对折，用手指捏紧边缘，确保饺子封闭，不会在煮的时候漏掉馅料。

(5) **煮饺子**：将包好的饺子放入沸水中煮。饺子下锅后，可以稍微搅动防止粘锅，待水再次沸腾后加入一杯冷水降温，重复此过程几次，直到饺子浮到水面且皮质透明即可捞出。

饺子可根据个人喜好调整馅料和调味，还可以选择蒸煮或煎煮的方式来烹饪。

图 1-4　GPT-4 多模态模型

1.1.2 ChatGPT 的主要功能

ChatGPT 是一种基于深度学习技术的大语言模型。ChatGPT 通过对大量的文本数据进行深度学习训练，学习到语言的规律、上下文关系和语义表示，在对话中理解用户的意图，回答用户的问题，生成具有一定语义和连贯性的文本，实现交互式对话和文本生成的功能，在许多应用场景中表现出色。

ChatGPT 能够通过理解和学习人类的语言进行对话，还能根据聊天的上下文进行互动。通过训练和微调，ChatGPT 可以理解上下文信息，处理复杂的语言结构，并生成与输入相匹配的、连贯的、富有合理性的回复。与传统的规则或模板驱动对话系统相比，ChatGPT 能够更自然地回应用户的问题和指令。

ChatGPT 的作用不限于对话生成，还可以用于文本摘要、语言翻译和内容创作任务，例如，撰写邮件、编辑视频脚本、书写文案等。ChatGPT 具有良好的生成能力和上下文理解能力，可以根据用户的输入请求生成符合要求的文本，这使 ChatGPT 成为自然语言处理领域的一个重要工具，为人们提供更智能、更自然的文本交流体验。

5min

1.1.3 其他大语言模型

目前，类似于 ChatGPT 的大语言模型还有以下几种。

(1) 文心一言（ERNIE Bot）。文心一言是百度于 2023 年 2 月 7 日宣布推出的生成式对话产品。百度的人工智能架构主要包括芯片底层、深度学习框架、大模型层和上层的搜索等应用。文心一言基于文心大模型技术，如图 1-5 所示。文心一言主要实现了文学创作、商业文案创作、数理逻辑推算、中文理解和多模态生成等功能。

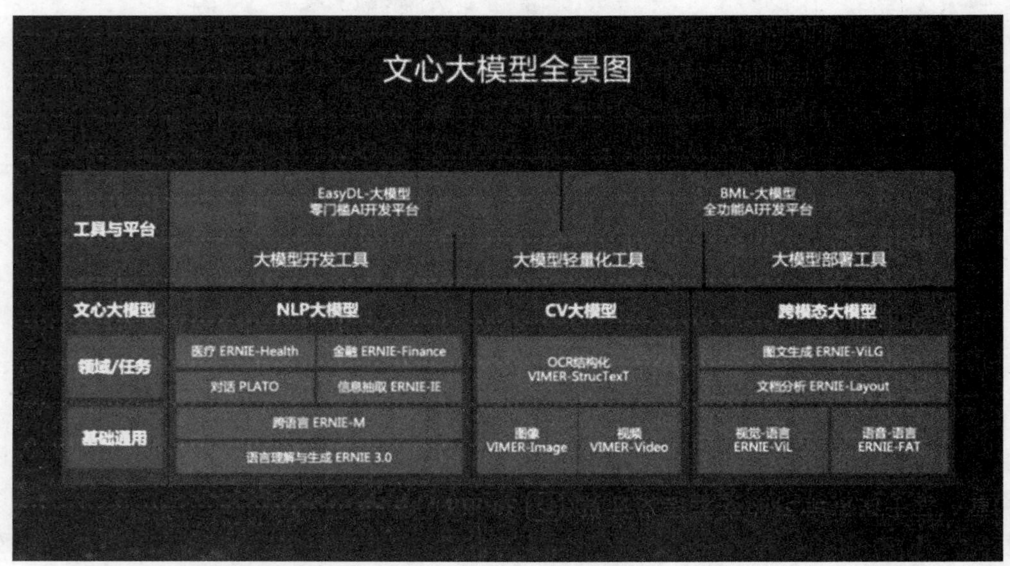

图 1-5 百度文心大模型

（2）科大讯飞星火大模型，如图 1-6 所示。

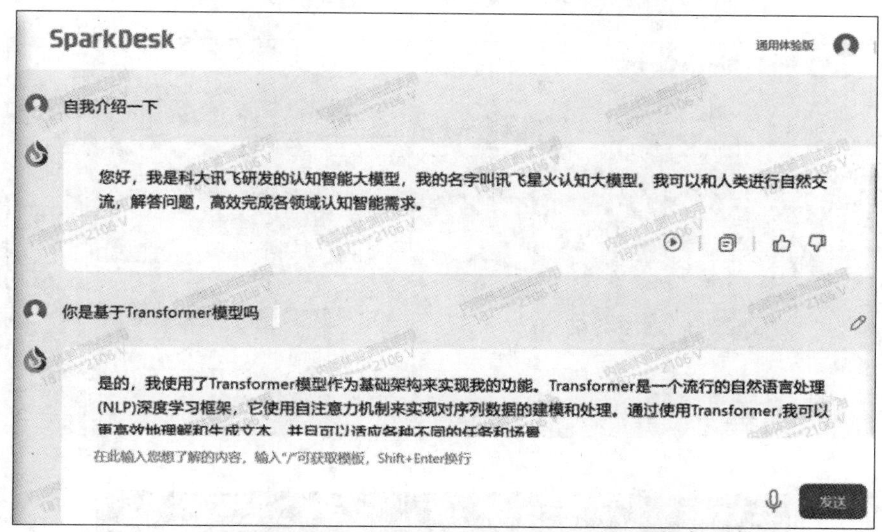

图 1-6　科大讯飞研发的讯飞星火大模型

（3）面壁智能开源模型 CPM-Bee。CPM-Bee 模型基于 Transformer 架构，是中文预训练模型（Chinese Pre-trained Model，CPM）系列模型之一。CPM 系列大模型是面壁团队的研发模型，包括 CPM-1、CPM-2、CPM-3、CPM-Live、CPM-Bee 等。面壁智能同时推出了对话类模型产品露卡（LUCA），如图 1-7 所示。

图 1-7　面壁智能研发的基于 CPM-Bee 的对话类模型产品露卡

（4）商汤发布的基于日日新（SenseNova）大模型体系的大语言模型商量（SenseChat），如图 1-8 所示。

（5）通义千问。通义千问是阿里巴巴开发的大语言模型，如图 1-9 所示。

（6）谷歌 Gemini。Gemini 是谷歌在 2023 年 12 月发布的大型语言模型，能够处理多种数据类型，例如文本、图像、音频和视频。它有 Ultra、Pro 及 Nano 共 3 个版本。如图 1-10 所示，Bard 是基于 Gemini Pro 的多模态对话模型。

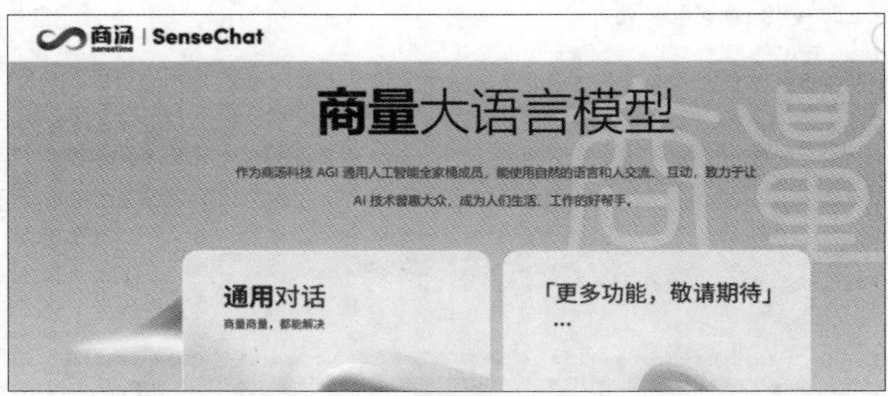

图 1-8 商汤大模型商量

图 1-9 阿里巴巴的通义千问

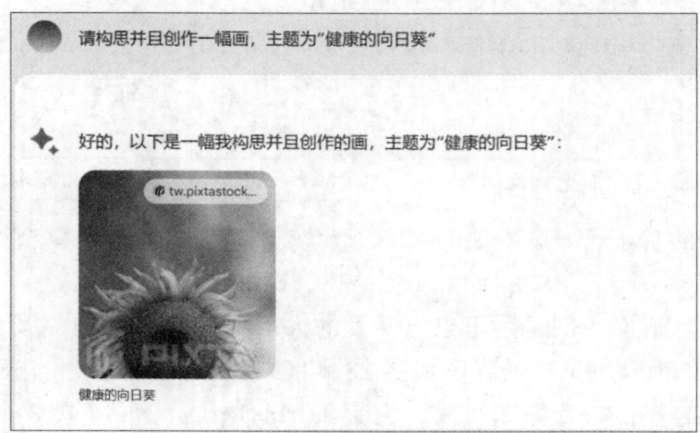

图 1-10 基于谷歌 Gemini Pro 的 Bard

1.2 ChatGPT 和自然语言处理

ChatGPT 和自然语言处理紧密相关且相互互动。一方面，ChatGPT 是人工智能技术驱动的自然语言处理工具，是一种基于深度学习技术的自然语言处理模型。另一方面，ChatGPT 在自然语言处理领域的发展和应用为人机交互带来了新的可能性。

1.2.1 ChatGPT 用到的自然语言处理技术

自然语言处理领域主要研究和开发使计算机能够理解、处理和生成自然语言的技术。它涵盖了诸多领域，包括文本处理、语言理解、语言生成、机器翻译、情感分析等。

ChatGPT 使用了多种自然语言处理技术，这些技术的综合应用使 ChatGPT 在各种任务上都表现出色。

(1) 词嵌入(Word Embedding，WE)。词嵌入是一种将单词表示为向量空间中向量的技术。它的作用是将离散的单词转换为连续的向量表示，使单词之间的语义关系可以在向量空间中被捕捉到。通过词嵌入技术，单词的语义相似性可以通过向量之间的距离进行度量。常用的词嵌入模型包括 Word2Vec、GloVe(Global Vectors for Word Representation)、BERT(Bidirectional Encoder Representations from Transformers)等。ChatGPT 使用词嵌入技术将输入的单词序列转换为连续向量表示，这些向量表示具有语义关联性，使模型可以更好地理解单词之间的语义关系。

(2) 神经网络(Neural Network，NN)。神经网络技术被广泛地应用于自然语言处理领域，例如，神经网络可以通过多层的非线性变换来提取文本中的语义信息等功能。ChatGPT 使用深度神经网络来对输入的文本进行建模和处理。

(3) 注意力机制(Attention)。在人工神经网络(Artificial Neural Network，ANN)中，注意力机制可以对输入序列的不同位置分配不同的权重，即在处理每个序列元素时聚焦于数据中最相关的部分。典型的注意力机制有自注意力(Self-Attention)、软注意力(Soft Attention)、强注意力(Hard Attention)等机制。注意力机制通常应用于各类序列数据的处理，例如文本、语音或图像序列。ChatGPT 使用注意力机制对输入的文本进行加权和聚合。

(4) 预训练模型(Pre-trained Model)。预训练模型可以有效地提高模型的泛化能力和效果。ChatGPT 使用了大量的文本数据进行预训练，以此来学习通用的语言规律和模式。ChatGPT 基于模型建立。GPT 是一种基于 Transformer 架构的深度学习模型，语言模型是 GPT 的核心组件，它通过训练大量文本数据，学习语言的概率分布，从而生成连贯、符合语法和语义的文本。

(5) 微调(Fine-tuning)。ChatGPT 采用了预训练和微调的策略。模型通过在大规模文本数据上进行预训练，学习语言的统计规律和表示，然后通过在特定任务的数据上进行微调，使模型适应于具体的对话生成任务。

(6) 提示学习(Prompt Learning)。提示学习也被称作为提示工程(Prompt Engineer)，

其核心思路是在不显著改变预训练语言模型结构和参数的情况下，通过向输入增加提示词(Prompt)，将下游任务的数据转换成自然语言形式，充分挖掘预训练模型本身的能力，以适应不同的下游任务。

1.2.2 预训练模型

2017年6月，Ashish Vaswani等发表了文章*Attention is all you need*，推出了Transformer架构。在Transformer的基础上，一系列具有里程碑意义的模型被提出，例如GPT、BERT、T5等，这些模型也常被称为预训练模型。

1. 预训练模型

自然语言处理相关任务可以使用预训练模型作为起点，而不是从头开始构建模型。预训练模型是指在大规模数据集上进行训练的深度学习模型。这些模型通常用于完成各种自然语言处理任务，例如文本分类、命名实体识别、情感分析等。预训练模型的目的是捕捉大量文本中的潜在语义和结构信息，以便在特定任务上进行微调。

预训练模型的核心思想是通过无监督学习从大量未标注的数据中学习通用的语言表示。这意味着模型可以在许多不同的任务上表现良好，因为它们已经学会了捕捉与这些任务相关的语义信息。相比之下，传统的有监督学习方法需要为每个任务单独训练模型，这可能效率较低且资源消耗较大。

近年来，预训练模型在自然语言处理领域取得了显著的成功，尤其是基于Transformer架构的模型，例如BERT系列、GPT系列等。预训练模型通过在大规模文本数据上进行预训练，成功地实现了多项自然语言处理任务的最优性能。

2. Transformer架构

在Transformer模型中，预训练模型被分为Encoder和Decoder两个主要部分，如图1-11所示。Encoder将输入序列转换为一个固定长度的向量表示，例如句子或文档。Decoder把从Encoder处获得的向量表示作为输入，生成目标序列，例如词或标签。Transformer获得了比循环神经网络(Recurrent Neural Network，RNN)系列更好的性能，可以并行处理，并且速度更快，是目前主流的模型架构基础。

Transformer模型库是用于构建和应用预训练模型的重要工具，包含了一系列预训练模型，使开发人员可以轻松地利用预训练模型来完成各种自然语言处理任务。Transformer模型库的一个代表例子是Huggingface Transformer，它是一个基于Transformer模型结构的开源预训练语言库，同时支持PyTorch和TensorFlow框架，支持多种自然语言处理预训练语言模型，支持模型的进一步预训练(Further Pre-training)和下游任务的微调。

3. 基于Transformer架构的代表性预训练模型

近年来，涌现了一系列基于Transformer架构的预训练模型，其中，两个最具有典型代表性的模型是BERT和GPT。2023年，Yutao Zhu等在论文*Large Language Models for Information Retrieval: A Survey*中总结了2019年以来出现的一些具有代表性的大语言模型，如图1-12所示。这些模型在许多自然语言处理任务上取得了显著的效果，为后续的

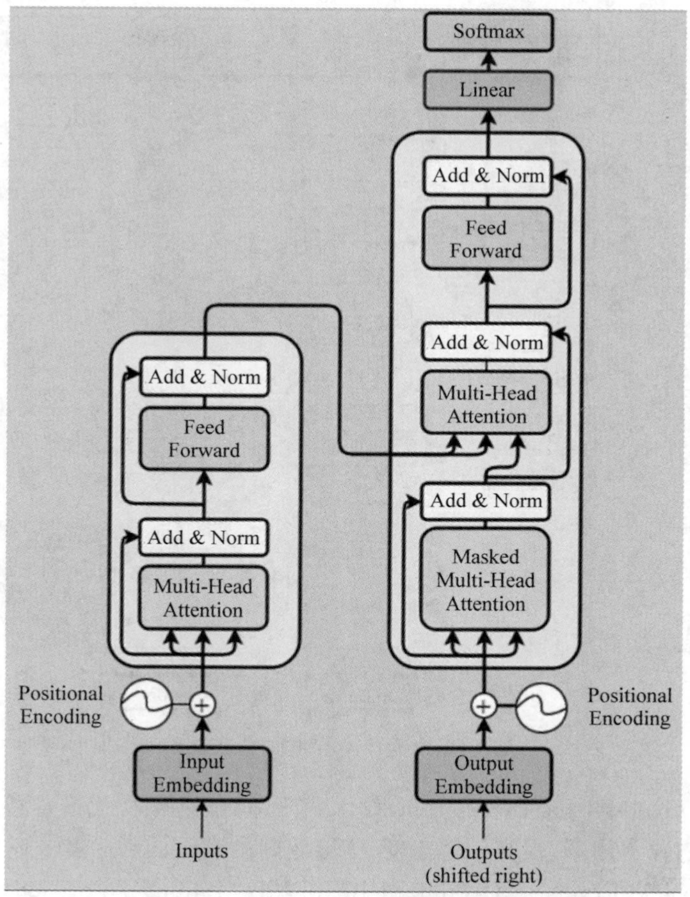

图 1-11　Transformer 模型架构图

任务微调和迁移学习提供了基础。

基于 Transformer 架构的预训练模型可以归纳为以下 3 种。

1) Encoder 模型

Encoder 模型仅使用了 Transformer 架构中的 Encoder 模块部分，也被称为自编码(Auto Encoding，AE)模型。Encoder 模型通常通过随机遮盖其中的词语，然后让模型重构以进行预训练。Encoder 模型擅长处理需要理解整个句子语义的自然语言处理任务，例如，句子分类、命名实体识别、抽取式问答等。BERT 是第 1 个基于 Transformer 结构的 Encoder 模型，后续出现了一系列的变体形式。

(1) BERT。BERT 是由谷歌开发的一种基于 Transformer 架构的预训练模型。BERT 主要包含两个任务：遮盖语言建模(Masked Language Modeling，MLM)和下句预测(Next Sentence Prediction，NSP)。

(2) DistilBERT。BERT 模型虽然性能优异，但其模型较大。DistilBERT 在预训练期

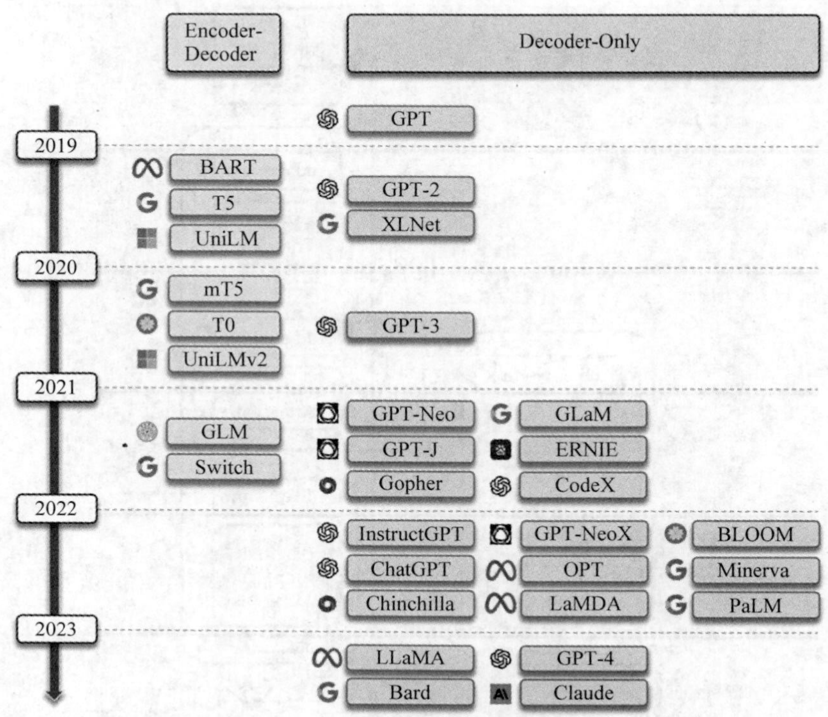

图 1-12 基于 Transformer 架构的代表性预训练模型

间使用知识蒸馏(Knowledge Distillation)技术,在尽可能地保持模型性能的情况下大幅减少参数量,减少内存占用率,提高计算速度,能够较好地满足低延迟需求环境中的部署需求。

(3) ROBERTA(Robustly Optimized BERT Pre-training Approach)。ROBERTA 是基于 BERT 架构的改进版预训练模型,通过增加训练数据量、调整学习率和优化器设置等方法来提高性能。ROBERTA 在多项自然语言处理任务上的性能优于 BERT。

(4) ALBERT。ALBERT 是一种基于 BERT 架构的轻量级预训练模型,通过减少层数、隐藏单元数量和参数量等方法降低计算资源需求。ALBERT 在各种自然语言处理任务上的性能与 BERT 相当,但需要较少的计算资源。

其他基于 BERT 的变体模型还包括 XLM-ROBERTA、ELECTRA、DEBERTA 等。

2) Decoder 模型

Decoder 模型仅使用 Transformer 模型中的 Decoder 模块,也称为自回归(Autoregressive)模型。Decoder 模型的预训练通常围绕着预测句子中下一个单词展开,适合处理涉及文本生成类的任务。Decoder 模型的研究主要以 OpenAI 的 GPT 系列为代表。

OpenAI 公司从 2018 年开始陆续提出了一系列预训练模型 GPT,截至 2023 年 5 月主要有以下几个版本:GPT-1、GPT-2、GPT-3、InstructGPT(GPT-3.5)和 GPT-4。GPT 模型的版本演进时间线及发展历程如图 1-13 所示。

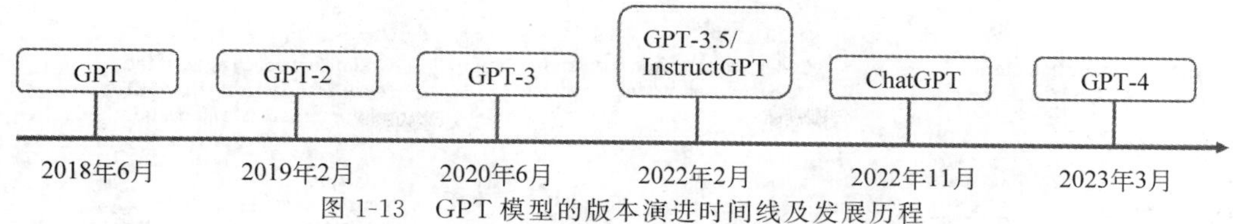

图 1-13 GPT 模型的版本演进时间线及发展历程

ChatGPT 在 InstructGPT 模型上进行了微调和特定任务的训练，使其适用于对话生成和文本交流的场景。

3）Encoder-Decoder 模型

Encoder-Decoder 模型同时使用 Transformer 架构的 Encoder 和 Decoder 两个模块，也称作 Seq2Seq 模型。Encoder 的注意力层能够访问初始输入句子中的所有单词，Decoder 的注意力层只能访问输入中给定词语之前的词语。Encoder-Decoder 模型适合处理根据给定输入来生成新文本的任务，例如，自动摘要、翻译、生成式问答等。具有代表性的 Encoder-Decoder 模型有 T5、BART、BigBird 等。

1.2.3 ChatGPT 技术架构浅谈

整体技术路线上，ChatGPT 是基于 InstructGPT 的大语言模型，使用人工反馈的强化学习(Reinforcement Learning from Human Feedback，RLHF)，通过反复微调来预训练语言模型。同 InstructGPT 相比较，ChatGPT 在模型结构和训练流程等方面使用了类似的方法，但是在收集标注数据方法上有所不同。

参照 OpenAI 发布的官方信息，ChatGPT 的训练大体可以分为 3 个阶段，如图 1-14 所示。

(1) 第一阶段，使用有监督微调(Supervised Fine-tuning，SFT)训练初始模型。

首先，生成问题数据集合，抽取样本，由标注人员给出样本问题的合理答案。

然后，用这些人工标注好的数据来微调 GPT-3.5 模型。

最后，将这个新的对话数据集与 InstructGPT 数据集混合，并将其转换为对话格式。

(2) 第二阶段，为强化学习(Reinforcement Learning，RL)训练奖励模型(Reward Model，RM)。

首先，对于每个问题，由多个模型生成 N 个不同的回答(Answer)。

然后，标注人员按照相关标准，对这 N 个回答从高分到低分进行排序。

最后，将排序结果数据作为训练数据，使用排序学习(Learning to Rank，LTR)算法，训练得到奖励模型。奖励模型对于排序在前、回答质量高的回答给出奖励。

(3) 第三阶段，使用奖励模型，通过近端策略优化(Proximal Policy Optimization，PPO)方式微调模型，并且进行多次迭代。本阶段利用第二阶段学到的奖励模型，无须人工标注数据，通过奖励模型的评分结果来更新预训练模型参数。

首先，从用户提交的问题集合中随机采样一批新的样本。这个阶段抽取不同于第一和第二阶段的问题样本，这种采样方式有助于提升大规模语言模型理解 Instruct 指令的泛化

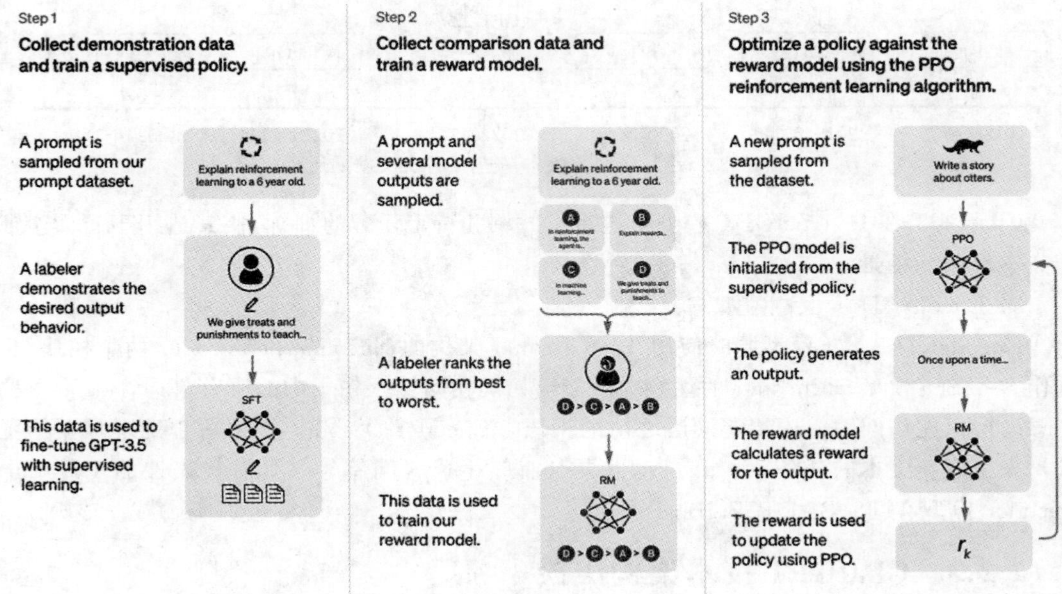

图 1-14　ChatGPT 框架流程图(图片来源：https://openai.com/)

能力。

其次，对于随机抽取的问题，通过监督机制来初始化近端策略优化模型的参数。

再次，使用近端策略优化模型生成回答。

最后，使用第二阶段训练好的奖励模型对回答质量进行评估，给出回报分数。

由此产生的策略梯度可以更新近端策略并优化模型参数。

这是标准的强化学习过程，其目的是训练大语言模型以产生符合奖励模型标准的高质量回答。多次迭代第二和第三阶段。显然，第二阶段和第三阶段有相互促进的作用，每轮迭代都使大语言模型能力越来越强。

1.2.4 ChatGPT 在自然语言处理中的优势和创新之处

ChatGPT 在自然语言处理中具有上下文感知、大规模预训练、创造性生成、强大的语言模型能力及自适应和可扩展性等优势和创新之处。它为自然语言处理任务提供了一种强大的工具，能够满足智能对话和文本生成的应用需求。

(1) 上下文感知。ChatGPT 能够通过建模对话的全局上下文来生成回答，维护对话历史，并根据之前的对话内容生成连贯的回答。这种上下文感知的能力使 ChatGPT 在对话生成任务中表现出色，并能够提供更具人类交互感的对话体验。

(2) 大规模预训练。ChatGPT 利用大规模文本数据进行预训练，学习了丰富的语言知识和语言规律，这使模型具备了广泛的语言理解和生成能力。ChatGPT 的预训练模型可以作为一个通用的语言模型，适用于不同的自然语言处理任务。

(3) 创造性生成。ChatGPT 在生成回答时展现出一定的创造性。它可以通过模型的预训练和学习到的语言知识,生成新颖、富有创意的回答,为用户提供了一种有趣的对话体验,使对话更具互动性和娱乐性。

(4) 强大的语言模型能力。由于基于 GPT 模型,ChatGPT 具备了强大的语言模型能力。它能够生成流畅、符合语法和语义的文本,并且可以自动补全句子、纠正语法错误等,使 ChatGPT 在文本生成、机器翻译、摘要生成等任务中具有广泛的应用价值。

(5) 自适应和可扩展性。ChatGPT 可以通过微调和提示学习等来适应特定的对话生成任务或满足特定领域的需求。它可以在不同的数据集上进行微调,从而使模型更加适应具体的应用场景,这种自适应和可扩展性使 ChatGPT 在实际应用中具备灵活性和定制化的能力。

1.2.5 ChatGPT 与其他自然语言处理技术的结合与拓展

ChatGPT 与其他自然语言处理技术的结合与拓展可以产生更强大的应用和功能。以下是一些与 ChatGPT 结合的常见自然语言处理技术。

(1) 命名实体识别(Named Entity Recognition,NER)。通过结合 ChatGPT 和 NER 技术,可以使 ChatGPT 在对话中更好地理解和处理命名实体,如人名、地名、组织机构等。这可以提高对话的准确性和语义理解能力。

(2) 语义角色标注(Semantic Role Labeling,SRL)。语义角色标注可以帮助 ChatGPT 识别句子中的动词和名词短语,并理解它们在句子中的语义角色。通过与 ChatGPT 结合,可以实现更深入的语义理解和对话生成。

(3) 情感分析。结合情感分析技术,可以使 ChatGPT 更好地识别和理解用户在对话中表达的情感状态。这可以用于更准确地回应用户情感,提供情感支持或针对用户情感做出适当的回应。

(4) 机器翻译。将 ChatGPT 与机器翻译技术结合,可以实现实时的语言翻译和跨语言对话。这使 ChatGPT 能够为用户提供跨语言的支持和服务,增强全球用户的交互体验。

(5) 对话管理。结合对话管理技术,可以对 ChatGPT 进行对话流程控制和决策管理。这使 ChatGPT 能够更好地处理多轮对话,管理对话状态和上下文,并实现更复杂的对话交互。

除了以上提到的技术,ChatGPT 还可以结合问答系统、信息检索、知识图谱等自然语言处理技术,从而拓展其功能和应用范围。通过与其他技术的结合,可以进一步提升 ChatGPT 在对话交互、知识获取和应用场景中的效果和能力。这种综合应用将推动自然语言处理技术的发展,为用户提供更丰富、智能和个性化的服务。

1.3 ChatGPT 的应用领域

ChatGPT 在实际应用中被广泛地使用,以下是一些常见的领域和应用示例。

(1) 虚拟助手和聊天机器人。ChatGPT 可以用于构建虚拟助手和聊天机器人,用于回答用户的问题、提供帮助和支持，进行日常对话，为用户提供信息查询、日程安排、天气预报、导航等服务。

（2）客户服务和在线支持。ChatGPT 可以用于客户服务和在线支持平台，构建智能客服系统，为用户提供即时帮助、回答常见问题，提供产品或服务信息，并根据用户的需求提供个性化的支持和解决方案，提高用户满意度和效率。

（3）语言翻译。ChatGPT 可以应用于语言翻译领域，将一种语言的文本转换为另一种语言，帮助人们在跨语言交流中进行沟通，这在国际商务、旅行和文化交流等方面具有重要意义。

（4）文本生成。ChatGPT 可以根据给定的主题或上下文生成连贯、有趣和创新的文本内容，例如文章、新闻、故事、评论等。

（5）创意助手。ChatGPT 可以帮助用户创作，为用户提供灵感和创意的支持，或提供语法和语言建议。

（6）教育和培训。ChatGPT 可以在教育和培训领域提供辅助，用于答疑解惑，提供学习资源和教育支持，为学生和教师提供个性化的学习体验。

（7）社交娱乐和游戏。ChatGPT 在社交娱乐和游戏应用中也有广泛应用。它可以扮演虚拟角色、参与游戏对话，增强游戏体验和互动性。

需要注意的是，ChatGPT 虽然在许多领域有着广泛的应用，但它也存在一些挑战和限制，例如，对于处理错误或误导性信息的能力较弱，容易受到输入偏见的影响，因此，在应用中需要适当地进行监督和调控，以确保生成的内容符合预期和准确性等要求。

1.4 ChatGPT 的重要意义

ChatGPT 在改善人机交互和推动自然语言处理领域发展方面具有重要的意义。它不仅改善了用户体验，使更多的人能够方便地与计算机交互，还促进了自然语言处理技术的研究和创新，为各个领域带来了新的机遇和挑战。随着技术的不断进步和应用的不断拓展，ChatGPT 将继续发挥其重要的作用，推动人机交互和自然语言处理领域的发展。

（1）ChatGPT 的发展推动了自然语言处理领域的研究和进步。为了实现更智能、更自然的对话交互，ChatGPT 在自然语言处理技术上提出了许多挑战，如语义理解、生成质量、对话管理等。这促使研究人员不断创新和改进现有的自然语言处理技术，提高对话系统的性能和可用性，因此，ChatGPT 的发展推动了自然语言处理领域的前沿研究，为更广泛的应用场景提供了新的技术基础。

（2）ChatGPT 的应用为各种领域带来了重要的影响。在教育领域，ChatGPT 可以作为个性化的学习伴侣，为学生提供定制化的教育支持。在医疗保健领域，ChatGPT 可以作为智能助手，为医生和患者提供实时的医疗咨询和建议。在客户服务领域，ChatGPT 可以提供自动化的智能客服，为用户提供即时帮助和解答问题。这些应用都可以改善人机交互的效果，并提高工作效率和用户满意度。

(3) 自然语言交互。ChatGPT 通过提供自然语言的交互界面,改善了人机交互的体验。传统的人机交互方式往往依赖于预定义的命令或菜单,限制了用户与计算机之间的沟通,而 ChatGPT 的出现使用户可以用自然语言进行对话,更加自由地表达自己的需求和意图。这大大降低了技术门槛,使更多的人能够直接与计算机进行交互,从而改善了用户体验。

(4) 个性化对话。ChatGPT 可以根据用户的输入和上下文生成个性化的回答,通过分析用户的需求、历史对话记录和个人偏好,提供定制化的服务和建议,增强用户体验。

(5) 快速响应和 7×24 小时的时间可用性。ChatGPT 可以提供即时的响应和服务,不受时间限制。用户可以随时随地地与系统进行对话,并获得快速解答和支持,提高用户满意度和体验。

(6) 多渠道支持。ChatGPT 可以在多种渠道上提供支持,如网站、移动应用、社交媒体等。用户可以通过他们偏好的渠道与系统进行交互,实现无缝的用户体验和一致的服务。

(7) 智能推荐和个性化建议。ChatGPT 可以分析用户的偏好、历史数据和行为模式,提供个性化的推荐和建议。无论是产品、内容、服务,还是活动,它都可以根据用户的兴趣和需求提供定制化的建议,提升用户体验和满意度。

(8) 情感识别和情感支持。ChatGPT 可以通过分析用户的语言和情感表达,识别用户的情感状态,并提供相应的支持和建议。它可以理解用户的情绪、需求和心理状态,提供情感上的关怀和支持,改善用户体验。

这些潜力使 ChatGPT 在改善用户体验和提供个性化服务方面具有广泛的应用前景。随着技术的进一步发展和改进,可以期待 ChatGPT 在这些方面的能力和效果不断提升,然而,同时也需要关注潜在的伦理问题和如何保护用户隐私,以确保其应用的合理性和道德性。

1.5 ChatGPT 发展展望

随着技术的发展和应用场景的拓展,ChatGPT 等大语言模型将继续改善用户体验、提供个性化服务,在人机交互和自然语言处理领域发挥更加重要和广泛的作用。对于 ChatGPT 等语言大模型的未来发展,有以下几个展望。

(1) 提高对话质量:ChatGPT 的对话质量仍有改进的空间。研究人员将继续改进模型的生成能力,使生成的回答更加准确,有逻辑性和连贯性。同时,对话管理的研究也将得到加强,以实现更好的上下文理解和对话流程控制。

(2) 提高生成质量:尽管 ChatGPT 在生成对话和文本方面已经取得了显著的进展,但其生成结果仍然存在一些问题,如信息不准确、模棱两可或缺乏一致性。研究人员致力于改进生成质量,通过引入更好的模型架构、训练方法和目标函数来减少生成错误和提高生成一致性。

(3) 控制生成结果:为了使 ChatGPT 生成的内容更具可控性和适应性,研究人员致力于开发方法和技术来控制生成结果。这包括允许用户指定生成的风格、语气或情感,以及限制生成内容中的不当或有害信息。

(4) 上下文理解和多轮对话:ChatGPT 在处理多轮对话时可能存在理解和连贯性的挑战。当前的研究着重于改进 ChatGPT 对上下文的理解能力,以更好地处理多轮对话,并在对话的不同阶段保持一致性和连贯性。

(5) 模型大小和效率的优化:ChatGPT 的模型规模较大,需要大量的计算资源。为了提高资源效率和实际应用的可行性,研究人员致力于开发轻量级模型、模型压缩和加速方法,以降低计算成本并提高模型的部署效率。

(6) 模型的规模和性能提升:随着计算能力的提高和模型设计的创新,未来的 ChatGPT 等语言大模型有望变得更强大,并提供更高质量的对话和文本生成能力。模型的规模扩大和性能的提升将使对话更加自然流畅,逼近人类的表达和理解能力。

(7) 社交智能和情感表达:为了更好地模拟人类对话,未来的 ChatGPT 等语言大模型将更加注重在对话中表达情感和情感理解。模型将学习更细致的情感推断和表达能力,以便能够更好地回应用户的情感和情绪需求,增强对话的人性化和情感连接。ChatGPT 可以进一步发展社交智能和情感表达能力,更好地理解和回应用户的情感状态、社交意图和人际关系。这将使 ChatGPT 更加人性化,具有更强的亲和力和共情能力。

(8) 改进生成质量:随着深度学习和自然语言处理技术的不断进步,可以期待 ChatGPT 在生成质量方面取得显著提升。生成结果将更加准确、连贯,具有更好的语义理解和逻辑推理能力。

(9) 强化学习和自我学习:引入强化学习技术可以使 ChatGPT 能够通过与环境的交互不断改进和优化自身的性能。此外,ChatGPT 也可能朝向自我学习的方向发展,具备主动学习的能力。

(10) 个性化和用户适应性:ChatGPT 将更加注重个性化和用户适应性。通过学习用户的偏好、历史对话记录和个人信息,ChatGPT 可以提供更个性化的回答和建议,以满足用户的需求和偏好。

(11) 强化多模态交互:ChatGPT 等语言大模型融合多模态信息,包括文本、语音、图像和视频等。这将使对话变得更加丰富和多样化,用户可以通过多种方式与 ChatGPT 进行交互,提供更全面的信息和体验。

(12) 面向特定领域的定制化:ChatGPT 等语言大模型将更多地应用于特定领域,并提供定制化的解决方案。例如,在医疗、法律、金融等领域,ChatGPT 等语言大模型可以通过深入学习领域知识和专业术语,为专业人士提供精准的建议和支持。

(13) ChatGPT 等语言大模型的发展也需要与其他相关领域的技术结合和拓展:例如,与计算机视觉技术结合,使 ChatGPT 等语言大模型能够理解和生成与图像相关的对话;与知识图谱和语义网络结合,提供更丰富的知识和语义理解能力;与增强学习和强化学习结合,使 ChatGPT 等语言大模型能够通过与环境的交互学习和优化对话策略。

这些研究方向旨在不断增强 ChatGPT 的性能,提高其应用能力、生成质量、对话理解能力和个性化服务质量。随着技术的进步和创新，ChatGPT 等语言大模型的发展将不断推动对话交互的质量和智能化水平，将为人类提供更加自然、个性化和多模态的对话体验，通过持续的研究和创新，在各个领域中提供智能化的语言处理解决方案，推动人工智能技术的发展和进步。

1.6 ChatGPT 的伦理问题

在未来的发展中，在继续研究和解决 ChatGPT 等语言大模型和自然语言处理领域所面临的技术挑战的同时，在推动 ChatGPT 的不断发展，使其更加智能、个性化和适应性强的过程中，也需要关注其潜在的挑战和伦理问题。

ChatGPT 等语言大模型的应用可能带来虚假信息等潜在影响，需要合理规范大模型的使用和应用范围，确保其对社会的积极影响，确保技术的安全、可靠性及公平性，确保大模型的应用符合道德标准、法律法规和社会价值。这些挑战和限制需要在 ChatGPT 的设计、训练和应用中予以关注和解决。研究人员和开发者需要进一步探索技术和方法，提高模型的理解能力、对话连贯性、安全性和公平性，以及保护用户隐私和数据安全的能力。

ChatGPT 作为一种自然语言处理模型，面临以下潜在的挑战和伦理问题。

(1) 用户隐私和数据安全：ChatGPT 需要处理用户提供的输入文本，其中可能包含敏感信息或个人隐私。保护用户隐私和数据安全是一个重要的挑战。在设计和应用 ChatGPT 时，需要采取适当的数据保护和隐私保护措施，以确保用户数据的安全性和保密性。

(2) 伦理考虑和社会影响：随着 ChatGPT 的广泛应用，研究人员和社区越来越关注伦理考虑和社会影响的重要性。他们努力解决虚假信息、偏见、隐私保护和公平性等问题，确保 ChatGPT 的应用符合道德标准和社会价值。

(3) 虚假信息和误导性内容：ChatGPT 生成的回答可能包含虚假信息或误导性内容，特别是在缺乏准确数据验证和事实检查的情况下。这可能导致用户被误导或误解真实情况，对个人、组织或社会产生不良影响。由于 ChatGPT 是通过大规模无监督预训练得到的，它在生成回答时可能缺乏明确的指导和控制。这可能导致生成的回答不符合特定的要求或偏离期望，因此，在使用 ChatGPT 时需要对生成的内容进行验证和确保准确性。

(4) 不当或冒犯性内容：ChatGPT 在生成回答时可能会产生不当、冒犯性或有害的内容。这可能包括种族歧视、性别歧视、仇恨言论等。为了避免这种情况，应该对 ChatGPT 进行适当指导和过滤，确保生成的内容符合道德和社会规范。

(5) 数据偏见和歧视性：ChatGPT 的预训练数据通常来自互联网，其中存在着各种偏见和歧视性的内容。这些偏见可能会在模型生成的回答中表现出来，导致模型偏向某些群体或生成歧视性的回答。解决这一问题需要在数据清洗、训练和评估过程中引入公平性和多样性的考虑。

(6) 依赖和成瘾性：ChatGPT 的交互性和自动化回答可能导致用户过度依赖和成瘾。

这可能对用户的生活、人际关系和社交技能产生负面影响。在使用 ChatGPT 时，用户需要意识到其局限性并保持适度和理性使用。

（7）社会影响和职业替代：ChatGPT 的广泛应用可能对某些职业产生影响，特别是那些依赖于人与人之间的对话和交流的职业。自动化的对话系统可能替代一些工作岗位，需要对这些社会和经济影响进行考虑和管理。

（8）缺乏常识和背景知识：ChatGPT 在生成回答时依赖于预训练模型，但它并没有真正的常识和背景知识。这意味着模型可能无法准确理解复杂的问题或缺乏特定领域的专业知识。在处理需要深入理解上下文或具有复杂推理的任务时，模型可能会遇到困难。

（9）理解和推理能力限制：尽管 ChatGPT 可以生成自然语言回答，但它的理解和推理能力仍然有限。它主要是基于统计规律进行文本生成的，而缺乏深入的语义和逻辑理解。这可能导致它在处理复杂问题、歧义或推理任务时产生不准确或混淆的回答。

（10）对话连贯性和一致性：ChatGPT 在长对话或多轮对话中保持连贯性和一致性是一项挑战。模型可能会遗忘先前的对话内容或产生与上下文不一致的回答。在处理复杂对话任务时，需要采取措施来确保对话的连贯性和对上下文的正确理解。

尽管存在这些限制和挑战，但是 ChatGPT 作为一种基于 GPT 模型的对话生成系统，已经在许多实际应用中展现出广泛的用途。通过结合自然语言处理技术的进展和持续改进，可以期待 ChatGPT 和类似的对话系统在未来将进一步发展，并更好地满足实际应用的需求。

1.7 本章小结

作为大语言模型的代表，ChatGPT 是一种基于自然语言处理技术的语言模型，引领了人机交互的崭新时代。本章深入介绍了 ChatGPT 的背景和功能，强调了其在文本理解、智能对话和信息检索等领域中的应用；深入探讨了 ChatGPT 与自然语言处理科学的密切关系，指出了它们相互促进、相互影响，为人机交互领域带来了前所未有的进展；深入分析了 ChatGPT 的重要意义，凸显了它在提升智能对话和自然文本交流体验方面的独特贡献；前瞻性探讨了 ChatGPT 的发展趋势，指出了它在人机交互领域可能取得的更多创新和进步；分析了 ChatGPT 在使用中可能涉及的伦理问题。通过全面介绍和分析，本章为读者提供了对 ChatGPT 及其在自然语言处理领域的重要性的深刻理解，使读者能够更好地把握这一引人关注的技术趋势。

第 2 章 自然语言处理基础

自然语言处理是人工智能与语言学交叉领域的一个分支学科，主要研究如何处理及应用自然语言、自然语言认知(让计算机“懂”人类的语言)、自然语言生成系统(将计算机数据转换为自然语言)，以及自然语言理解系统(将自然语言转换为计算机程序更易于处理的形式)。自然语言处理可以实现人与计算机之间用自然语言进行有效通信，有非常广泛的应用前景。

本章主要介绍自然语言处理的基础。2.1 节概要介绍自然语言；2.2 节介绍自然语言处理的发展历史；2.3 节简单介绍人工智能技术的发展在自然语言处理中的应用；2.4 节介绍自然语言处理的研究内容，包括词法分析、句法分析、语义分析和信息提取等；2.5 节介绍自然语言处理的应用场景及未来应用前景。

2.1 自然语言概述

6min

自然语言是指汉语、英语、法语等人们日常交流使用的语言，区别于人工语言(例如各种程序设计语言)。自然语言的应用范围非常广泛，包括口头交流、书面交流、文学创作、科学研究、商业交流等。自然语言是人类交流、沟通和思考的基础，是人类文化和知识传承的工具，在人类社会中扮演着重要的角色。

自然语言具有以下特点。

(1) 自然性：自然语言是随着人类文明的发展逐渐形成和演化的用来互相交流的声音符号系统，全世界现已发现数千种不同的自然语言，它们均具有自然的语法和语义规则。

(2) 灵活性：自然语言可以根据不同的情境和目的进行灵活应用，表达出不同的意思。

(3) 多样性：自然语言具有多种形式和变化，包括不同的语音、语调、语法和词汇等。

用自然语言与计算机进行通信，这是人们长期以来所追求的一个目标。人们可以用自己最习惯的语言来使用计算机，而无须再花大量的时间和精力去学习各种计算机语言；人们也可以通过这种交互进一步了解人类的语言能力和智能的机制。

在现代社会中，随着计算机技术的发展，人与计算机在类似于自然语言或受限制的自然语言这一级上进行交互已成为可能。

但是自然语言本身的特点决定了自然语言处理技术存在一些难题和挑战。

(1) 自然语言的多样性和灵活性使它的理解和处理变得非常困难。

可以举一个著名的例子：

中国队大败美国队。

中国队大胜美国队。

上面的这两句话中，中国队到底是赢了还是输了？必须根据中文的习惯，或者结合上下文进行判断。

自然语言是极其复杂的符号系统。一个人可以对自己的母语运用自如，但却无法把自己母语的构成规律、意义的表达规律和语言使用的规律用计算机可以接受的方式彻底说清楚。可以看下面这个经典的中文例子。

他说：她真有意思。

她说：那人很有意思。

别人以为他们两人有意思，就对他们说：你们既然有意思，还不抓紧意思意思。

他火了：我根本就没有那个意思！

她也生气了：你们这么说是什么意思？

别人赶紧说：我没别的意思。

有人听了，说：真有意思。

也有人说：真没意思。

这个例子里的"意思"跟我国的社会文化和语言习惯有关，外国人很难理解，也很难把它的使用规律用计算机可以接受的方式解释清楚。

传统的语言学是在没有计算机参照的条件下发展起来的，虽然为自然语言理解积累了宝贵的财富，但真正要让语言学知识可以在计算机上进行操作，需要大量既懂语言学又懂计算机的人在正确的技术路线的指导下做非常大规模的基本建设。

(2) 自然语言存在歧义和模糊性，在语音和文字层次上，有一字多音、一音多字的问题；在词法和句法层次上，有词类、词性、词边界、句法结构的不确定性问题；在语义和语用层次上，也有大量的由于种种原因造成的内涵、外延、指代、言外之意的不确定性。语言学上把这些不确定性叫作"歧义"。

1966 年，著名的人工智能专家明斯基举了一个著名的反例：

The pen is in the box. The box is in the pen.

钢笔在盒子里。盒子在围栏里。

这里的 pen 是个多义词，只能根据常识进行判断，因为 box 比钢笔尺寸大，因此不可能放在钢笔里，只能放在围栏里。绝大多数搜索引擎不能正确理解第二句话，如果搜索到的图片都是笔盒，可能因为围栏的图片太少了。

中文里这样的例子更是数不胜数。例如，"湖南"既可以指湖南省，也可以指具体某个湖泊的南边；"门没锁"可能指门没有锁上，也可能指门没有安装锁具。这些都需要根据具体语言环境来判断。

这两个例子也说明，仅通过词典来理解自然语言是不够的，需要根据词在句子中的位置及句子中的作用进行判断。下面也是一个著名的例子：

Eventually, the computer system will understand you like your mother.

对上面的句子，可以有3种不同的理解方法：

Ⅰ. The computer will understand you as your mother does;

Ⅱ. The computer will understand that you like your mother;

Ⅲ. The computer understand you as well as your mother;

歧义一般不能通过发生歧义的语言单位自身获得解决，必须借助于更大的语言单位乃至非语言的环境背景因素和常识来解决。人类有很强的依靠整体消除局部不确定性的能力和常识推理能力，体现在语言上就是利用语境信息和常识消除歧义的能力。

使计算机获得同样强大的能力，是从事自然语言理解研究的学者梦寐以求的目标。

(3) 自然语言不是一成不变的语言，它在社会生活中不断持续发展，在使用不同语言和同一语言的不同变体的人们之间的相互影响中变化。一个词、一个说法可能在一夜之间突然流行起来，特殊的人群结构变化会导致新的语言或新的语言变体（如方言）的出现。这些都要求理解自然语言的计算机程序要具有对外界语言环境的应变能力。

(4) 自然语言是人们交流思想的工具。既然交流的是思想，那么思想本身在计算机中的组织结构就显得格外重要。在人工智能领域，这就是“知识表示”的问题，在知识表示问题上的突破对于自然语言理解的进展将产生决定性的影响。

在上述4方面都有许多学者在勇敢地迎接挑战，使计算机程序一步步地朝着不限领域的自然语言理解的远大目标前进。

2.2 自然语言处理的发展历程

自然语言处理是以语言为对象，是利用计算机技术来分析、理解和处理自然语言的一门学科，即把计算机作为语言研究的强大工具，在计算机的支持下对语言信息进行定量化研究，并提供可供人与计算机之间能共同使用的语言描写。

自然语言处理是典型的边缘交叉学科，涉及语言科学、计算机科学、数学、认知学、逻辑学等，是关注计算机和人类(自然)语言之间的相互作用的领域，其研究内容包括自然语言理解(Natural Language Understanding, NLU)和自然语言生成(Natural Language Generation，NLG)两大部分。

作为一门包含人工智能、计算机科学及语言学的交叉学科，自然语言处理的发展也经历了曲折的过程。

自然语言处理起源于20世纪40年代后期，伦敦大学伯贝克学院推出了第1个可识别的自然语言处理应用程序。1950年，计算机科学之父艾伦·图灵(Alan Turing)发表了一篇划时代的论文《计算机器与智能》(*Computing Machinery and Intelligence*)，描述了第1个机器翻译算法。算法过程侧重于编程语言的形态学、句法和语义。图灵写了更多关于自然语言的研究论文,但他在这方面的工作并没有继续。

自1950年起,自然语言处理不断地发展,大致经历了3个阶段。

1. 早期自然语言处理

20世纪50年代到70年代,自然语言处理主要采用基于规则和基于概率两种不同的方法,自然语言处理的研究在这一时期分为两大阵营:一个是基于规则方法的符号派,另一个是采用概率方法的随机派。

符号派学者认为自然语言处理的过程和人类学习认知一门语言的过程是类似的,处理的思路是给定一些规则(例如,假设动词后必定接着名词),计算机通过将这些规则应用于它所面对的数据来模拟对自然语言的理解。当时的自然语言处理还停留在理性主义思潮阶段,以基于规则的方法为代表。基于规则来建立词汇、句法语义分析、问答、聊天和机器翻译系统。基于规则的方法的优点是规则可以利用人类的内省知识,不依赖数据,可以快速起步,其缺点是:首先,规则不可能覆盖所有语句,规则管理和可扩展性一直没有解决;其次,这种方法对开发者的要求极高,开发者不仅要精通计算机还要精通语言学,因此,这一阶段虽然解决了一些简单的问题,但是无法从根本上将自然语言理解实用化。

随机派学者则主张通过建立特定的数学模型来学习复杂的、广泛的语言结构,然后利用统计学、模式识别和机器学习方法来训练模型的参数,以扩大语言的使用规模。20世纪70年代以后,随着互联网的高速发展,丰富的语料库成为现实,硬件也不断更新完善,自然语言处理思潮由理性主义向经验主义过渡,基于统计的方法逐渐代替了基于规则的方法。

2. 统计自然语言处理

1970年以后,以贾里尼克为首的国际商业机器公司(International Business Machine,IBM)华生实验室的科学家采用统计的方法,以语音识别为切入点,将识别准确率从70%提高到90%,在自然语言处理界引起了轰动,很多研究学者加入统计自然语言处理的队伍。在这一阶段,自然语言处理基于数学模型和统计的方法取得了实质性的突破,从实验室走向实际应用。

20世纪90年代开始,基于统计的机器学习(Machine Learning,ML)开始流行,主要思路是利用带标注的数据,基于人工定义的特征建立机器学习系统,并利用数据经过学习确定机器学习系统的参数。运行时利用这些学习得到的参数,对输入数据进行解码,得到输出。机器翻译、搜索引擎都利用统计方法获得了巨大成功。2006年,谷歌(Google)推出了无须人工干预的翻译功能,该功能使用统计机器学习,通过阅读数百万文本,将60多种语言的单词翻译成其他语言。接下来的几年,算法得到持续改进,现在谷歌翻译可以翻译100多种语言。

3. 神经网络自然语言处理

2008年之后,表示学习和深度神经网络式机器学习方法在自然语言处理中得到广泛应用。深度学习开始在语音和图像领域内发挥威力,随之,自然语言处理研究者开始把目光转向深度学习。先把深度学习用于特征计算或者建立一个新的特征,然后在原有的统计学习框架下体验效果。例如,向搜索引擎中加入深度学习的检索词和文档的相似度计算,以提升搜索的相关度。

2010 年，IBM 宣布开发了一个名为 Watson 的系统，该系统能够理解自然语言中的问题，然后使用人工智能根据维基百科、词典、百科全书、文学作品等多种知识提供的信息给出答案。

之后在 2013 年，微软推出了一款名为 Tay 的聊天机器人，它的创建是为了在 Twitter 和其他平台上与人类的互动中学习，以便让人们在线参与，但没过多久，该机器人就开始发布令人反感的内容，导致其在存在 16h 后关闭。

2013 年，Word2Vec 作为一种词向量技术将深度学习与自然语言处理的结合推向了高潮。深度学习是多层的神经网络，神经网络的层次结构分为三大层：输入层、隐藏层、输出层。输入层接收输入数据后，将输入数据传递给第 1 个隐藏层，隐藏层对输入数据执行数学计算，输出层返回输出数据。创建神经网络的挑战之一是决定隐含层的数量，以及每层的神经元数量。深度学习中的“深”是指神经网络拥有的隐藏层超过一个。作为多层的神经网络，深度学习从输入层开始经过逐层非线性的变化得到输出。从输入输出进行端到端的训练。把输入输出的数据准备好，设计并训练一个神经网络，即可执行预想的任务。循环神经网络被提出之后，长短期记忆网络（Long Short-Term Memory，LSTM）、LSTM 的变体 GRU（Gated Recurrent Unit）等模型相继引发了一轮又一轮的自然语言识别热潮，RNN 已经成为自然语言处理最常用的方法之一，目前已在机器翻译、问答系统、阅读理解等领域取得了进展。自然语言处理的发展历程如图 2-1 所示。

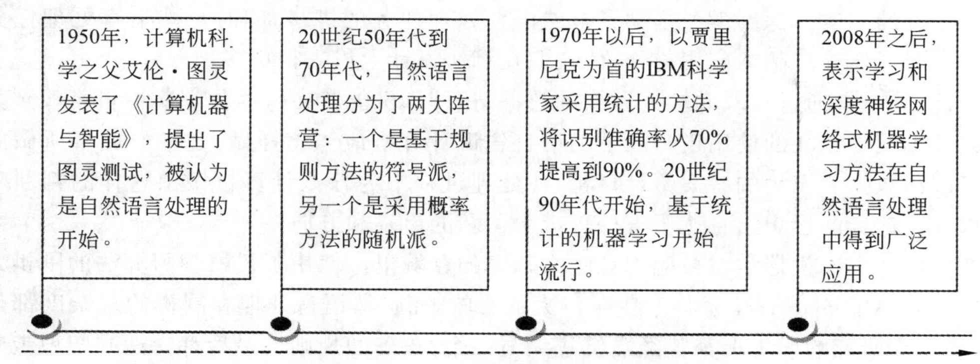

图 2-1 自然语言处理的发展历程

自然语言处理正处于历史上最好的发展时期，技术在不断进步，并与各个行业不断融合、落地。数据显示，我国自然语言处理技术市场规模持续增长，2022 年我国自然语言处理技术市场规模达到了 174.5 亿元，同比增长 52.6%。未来随着自然语言处理技术的不断进步，将具有大规模的市场需求和可扩展的巨大市场空间。

2.3 自然语言处理与人工智能

自 20 世纪计算机诞生以来，人类与计算机的交互只能通过程序设计语言编写的代码实现，如使用 BASIC、Pascal、C、LISP、Python 等计算机程序设计语言。对于计算机来讲，它只能根据二进制的指令来做出不同的行为反应，而程序设计者则往往在这个过程中扮演着翻译者的角色，即把在自然语言表述下的功能需求，用程序设计语言表述出来，再由特定的编译器转换为机器可以理解的二进制指令。计算机能够做到人们想要完成的事情，但是它并不能真正理解人类的语言。

科学家研究自然语言处理技术的目的是让机器能够理解人类语言，用自然语言的方式与人类交流，最终拥有"智能"。

人工智能时代，人们希望计算机拥有视觉、听觉、语言和行动的能力。在人工智能领域，研究自然语言处理技术的目的就是让机器理解并生成人类的语言，从而和人类平等、流畅地沟通交流。

自然语言处理不论应用在哪个领域，构建什么样的产品，解决什么样的现实问题，根本还是要依赖基础科技的研究，一个个丰富多彩的自然语言处理产品都由一个个基础功能整合而成。自然语言处理领域前期研究是基于规则和基于统计两种研究方法交替占据主导地位，这两种研究都先后遇到瓶颈，基于规则和传统机器学习的方法到达一定阶段后就很难再取得更大的突破，直到计算能力和数据存储得到提升才极大地促进了自然语言处理的发展。语音识别的突破使深度学习技术变得非常普及。取得较大进展的还有机器翻译，谷歌翻译目前用深度神经网络技术将机器翻译提升到了新的高度，即使达不到人工翻译标准也足以应对大部分需求。信息抽取也变得更加智能，能更好地理解复杂句子结构和实体间的关系，抽取出正确的事实。深度学习推动了自然语言处理任务的进步，同时自然语言处理任务也为深度学习提供了广阔的应用前景，使人们在算法设计上投入得更多。

近几年，人们通过获取并输入海量的数据，让计算机能够在这些数据集中自己找到其中的规律。不同于以往的使用逻辑严密的语言告诉计算机应当怎样做，现在研究者所做的只是把基础的数据和正确的答案给计算机，在处理过程中为什么计算机做出这样的判断其实并不重要。这样的思想给自然语言处理带来了新的启发和方向。

人工智能中的机器学习被应用在越来越多的领域里。使用了机器学习算法的围棋人工智能机器人 AlphaGo 在全世界产生了巨大的影响，而自然语言处理和围棋的复杂度都是极高的，并且在研究的历史上都曾经尝试过编写一个"正确的规则"，最后都殊途同归地走向了机器学习。从 AlphaGo 的成功中可以理解机器学习为什么能在自然语言处理中起到重要的作用。在构建系统的初期，研究人员先给 AlphaGo 足够多的棋局数据，AlphaGo 利用自己的运算能力不断学习。人类不具备从大量数据中归纳出细微规则的能力，更加无法把它表述给计算机。AlphaGo 能够从海量的棋局中分析出哪些因素和操作对于自己的胜利更加有利，可能这些复杂又微小的规律都难以用自然语言来表述，但是显然分析出这些规律对于计算机来讲比理解人类表述的规则更简单。在涉及自然语言处理时，所谓的学习数据从棋局变成了语料库。

下面将以一个简单的自然语言问答系统为例，简要介绍其中的步骤，以方便从宏观上简单理解其中的原理。

1. 数据加载

机器学习算法需要进行数据加载，而数据加载又可以分为两部分：加载语料和预处理。

加载语料可以认为是简单地将数据存储在系统能够访问的数据库里，之后数据会从数据库中流向设计好的神经网络模型。

而预处理的目的是让数据更规范，一般而言是把语料组合成输入需要的格式，从人类的角度把数据变得更易于机器理解，从而增加机器学习的效率。在这个过程中，不同的预处理模型可能会影响到机器学习的效果，这里不再详述。

2. 训练过程

机器学习模型一般使用神经网络，输入序列从左侧进入，输出序列为包含多个结果数值的序列。在这个过程中，研究人员需要设置超参数、模型的各项参数，如问题的最大长度、神经元的个数等，再设置神经网络的激活函数(损失函数)。

至此，一个简单的神经网络就建成了，之后就是进行迭代训练，使数据不断地流入神经网络模型。

3. 结果分析，模型调整

因为参数的设置等可能会有不合理之处，在训练过程中，可以观察损失函数和准确度的变化，根据这些变化对模型进行优化，辅助参数的设置。

自然语言处理是计算机科学中的重要课题，但因为自然语言处理巨大的复杂性，使以逻辑为基础的符号模型化研究方法难以取得较为理想的进展，然而，随着人工智能技术的发展，特别是机器学习的运用，对于类似规则复杂、非逻辑严谨的问题有了较理想的解决方案。相信随着人工智能研究的不断发展，实现人类与机器的无障碍交流也许就在不远的将来。

人工智能的进步会继续促进自然语言处理的发展，也使自然语言处理面临着如下挑战。

(1) 更优的算法：在人工智能发展的三要素(数据、计算能力和算法)中，与自然语言处理研究者最相关的就是算法设计。深度学习已经在很多任务中表现出了强大的优势，但反向传播方式的合理性近期受到质疑。深度学习是通过大数据完成小任务的方法，重点在做归纳，学习效率是比较低的，而能否从小数据出发分析出其蕴含的原理，从演绎的角度出发完成多任务，是未来非常值得研究的方向。

(2) 语言的深度分析：尽管深度学习很大程度上提升了自然语言处理的效果，但该领域是关于语言技术的科学，而不是寻找最好的机器学习方法，核心仍然是语言学问题。未来语言中的难题还需要关注语义理解，从大规模网络数据中，通过深入的语义分析，结合语言学理论，发现语义产生与理解的规律，研究数据背后隐藏的模式，扩充和完善已有的知识模型，使语义表示更加准确。语言理解需要理性与经验的结合，理性是先验的，而经验可以扩充知识，因此需要充分利用世界知识和语言学理论指导先进技术来理解语义。分布式词向量中隐含了部分语义信息，通过词向量的不同组合方式，能够表达出更丰富的语义，但词向量的语义作用仍未完全发挥，挖掘语言中的语义表示模式，并将语义用形式化语言完整准确地表示出来让计算机理解，是将来研究的重点任务。

(3) 多学科的交叉：在理解语义的问题上，需要寻找一个合适的模型。在模型的探索中，需要充分借鉴语言哲学、认知科学和脑科学领域的研究成果，从认知的角度去发现语义的产生与理解，有可能会为语言理解建立更好的模型。在科技创新的今天，多学科的交叉可以更好地促进自然语言处理的发展。

深度学习为自然语言处理带来了重大技术突破，它的广泛应用极大地改变了人们的日常生活。当深度学习和其他认知科学、语言学结合时，或许可以发挥出更大的威力，解决语义理解问题，带来真正的"智能"。

尽管深度学习在自然语言处理各个任务中取得了巨大成功，但若大规模投入使用，则仍然有许多研究难点需要克服。深度神经网络模型变大，会使模型训练时间延长，如何在减小模型体积的同时保持模型性能不变是未来研究的一个方向。此外，深度神经网络模型的可解释性较差，在自然语言生成任务研究中进展不大，但是，随着深度学习的不断研究深入，在不久的将来，自然语言处理领域将会取得更多研究成果和发展。

2.4 自然语言处理相关研究内容

7min

自然语言的理解层次，一般分为词法分析、句法分析、语义分析、信息抽取。简单来讲，词法分析主要是找出词汇中的词素，从而获得其语音学的信息；句法分析是对句子和句子中的短语结构进行分析，发现其内在的关联关系；语义分析是要找出词语、结构，通过结合上下文，获得准确的含义；信息抽取则是把文本里包含的信息进行结构化处理，变成表格一样的组织形式。

2.4.1 词法分析

词法分析（Lexical Analysis，LA）是将输入的自然语言文本分解为一个个有意义的单词或词汇单元的过程，它包括分词、词性标注和词干提取等任务。分词是将连续的文本分割成单词的过程；词性标注是在给定句子中判定每个词的语法范畴，确定其词性并加以标注的过程；词干提取是去除词缀得到词根的过程（得到单词最一般的写法）。用词法分析后的带有词性标注的词语进行文本检索，可以去掉其中很多虚词等非关键词。

在英文中，词与词之间常由空格或标点符号分割，因此词法分析的任务相对简单。对英语来讲，最关键的词法分析是形态分析，而在中文中，除了标点符号词与词之间没有明显分隔符，词法分析变得更加复杂。对于中文来讲，第 1 步要做的是分词处理。英文的形态分析的主要目标是将句子中的词从词形还原到词甚至词根。目前的中文分词方法可以总结为两大类：基于机械匹配的分词方法及基于概率统计的分词方法，前者通过对已有词典的机械匹配来得到分词结果，后者不需要任何词典就可以得到分词结果或者通过对粗切分结果进行基于概率统计的后处理来得到最终的分词结果。

2.4.2 句法分析

句法分析（Syntactic Parsing，SP）是指对句子的语法结构进行分析，它是在自然语言处理中的基础性工作和核心技术，可以帮助理解句子的含义，为自然语言处理的后续任务提供基础。句法分析的主要任务是识别出句子所包含的句法结构（主谓宾结构）和词汇间的依存关系（并列、从属等），一般以句法树来表示句法分析的结果。通过句法分析，可以为语义分析、情感倾向、观点抽取等自然语言处理应用场景打下坚实的基础。

从20世纪50年代初机器翻译课题被提出时算起，自然语言处理研究已经有70余年的历史，句法分析一直是自然语言处理前进的巨大障碍。

句法分析主要有以下两个难点。

(1) 歧义：自然语言区别于人工语言的一个重要特点就是它存在大量的歧义现象。人类自身可以依靠大量的先验知识有效地消除各种歧义，而机器由于在知识表示和获取方面存在严重不足，很难像人类那样进行句法消歧。

(2) 搜索空间：句法分析是一个极为复杂的任务，候选树的个数随句子增多呈指数级增长，搜索空间巨大，因此，必须设计出合适的解码器，以确保能够在可以容忍的时间内搜索到模型定义最优解。

句法分析的种类很多，这里根据其侧重目标将其分为完全句法分析和局部句法分析两种。两者的差别在于，完全句法分析以获取整个句子的句法结构为目的，而局部句法分析只关注于局部的一些成分，例如常用的依存句法分析就是一种局部分析方法。

句法分析中所使用的方法可以简单地分为基于规则的方法和基于统计的方法两大类。基于规则的方法在处理大规模真实文本时会存在语法规则覆盖有限、系统可迁移性差等缺陷。随着大规模标注树库的建立，基于统计学习模型的句法分析方法开始逐渐兴起，句法分析器的性能不断提高，最典型的就是风靡于20世纪70年代的概率上下文无关文法(Probabilistic Context Free Grammar，PCFG)，它在句法分析领域得到了极大的应用，也是现在句法分析中常用的方法。统计句法分析模型本质是一套面向候选树的评价方法，它会给正确的句法树赋予一个较高的分值，而给不合理的句法树赋予一个较低的分值，这样就可以借用句法树的分值进行消歧。

随着深度学习在自然语言处理中的使用，特别是本身携带句法关系的LSTM的应用，句法分析的重要性有所降低，但是，在句法结构十分复杂的长语句及标注样本较少的情况下，句法分析依然可以发挥出很大的作用，因此研究句法分析依然是很有必要的。

目前，美国宾州大学已经建设了用于训练和评测句法分析模型的中英文句法结构库——Tree Bank，可供该领域的研究者实验和评价句法分析的成果。

2.4.3　语义分析

语义分析(Semantic Analysis，SA)是指对句子的语义进行分析，包括词语之间的关系、句子的逻辑关系等。语义分析的主要目的有两个：一是确定每种语言单位在文中的某种语义类；二是确定这些语言单位之间的语义关系。语义分析可以帮助理解句子的意思，为自然语言处理的后续任务提供基础。语义分析需要语义词典的支持，目前著名的英文语义词典有WordNet、FrameNet等，中文语义词典有HowNet、同义词词林等。

1954 年 1 月 7 日,美国乔治敦大学和 IBM 公司首先成功地将 60 多句俄语自动翻译成英语。当时的系统还非常简单,仅包含 6 个语法规则和 250 个词,实验者声称:在 3~5 年就能够完全解决从一种语言到另一种语言的自动翻译问题。但直到今天,自然语言处理别说是自动翻译,简单的句法分析仍然有很多要完善的空间。"咬死了猎人的狗。"究竟是"[咬死了猎人][的狗]"还是"[咬死了][猎人的狗]"呢?如果不借助于上下文和语境,则即便是人都很难理解,更不用说句法分析了。通过计算,可以提高句法分析的准确性,但是否能真实反映语义,仍然有很大的发展空间。

语言理解研究的最高境界是尽可能详细地识别出意义的表示,以便使推理系统能据此完成推演,同时这种表示又要足够通用,以便能在不使用或仅使用少量自适应的情况下用于跨多领域的应用。能否为各种以某种方式使用语言接口的应用建立一种最终的、低层的、细致的语义表示现在尚不明了。在自然语言处理的语言理解领域出现了两条折中的途径:第 1 条途径是,针对诸如航空订票、足球游戏仿真、地理数据库查询等的受限领域应用创建专门但丰富的语义表达,然后构造系统以使其将文本转换为这种丰富但受限制的意义表达。第 2 条途径是,建立一套中间意义表达方式(从底层到中层分析),然后把理解任务分解成多个规模小的更可控的子任务,一旦把问题按照这种方式分解,每个中间表示将只负责获取整体语义中相对较小的部分进行处理,这样一来对它们进行定义和建模都会变得更容易些。与第 1 条途径不同,第 2 条途径中的每个语义表达尽管只覆盖整体语义的某个小部分,却不会与特殊领域绑定,因此,据此所建立的数据和方法可适用于通用目的。

上述两条途径都存在不少问题。第 1 条途径由于面向专用领域,每移植到新领域就需要对原有表示进行修改,甚至从头开始。换句话说,该表示方法在跨领域时的重用性是非常有限的。第 2 条途径的问题是,很难构建出一种通用目的的本体并创建一种浅显易学又详细到可以适用于所有可能应用的符号系统,因此,必须构造一个在通用表示和专用表示之间的特定应用翻译层。当然,与专用表示迁移到新领域时所作的自适应相比,这种翻译组件还是相对小的。这些工作也都没开始考虑跨语言使用这类系统的问题、不同语言结构对意义表达所起的作用及它们的可学习性等。基于这些原因,在语言处理历史上,相关研究领域已经在总体上从深度领域相关的表示转移到更浅层的表示了。

2.4.4 信息抽取

信息抽取(Information Extraction,IE)是自然语言处理应用得最成功的领域之一。基本应用场景是在一段文本当中抽取所想要的信息,例如在文本当中抽取姓名、电话号码、地址等。在安全防护行业中,信息抽取存在着非常广泛的应用,例如在报警电话中抽取案发地址、案发时间等;在案情笔录里抽取受害人姓名、身份证号码,以及嫌疑人姓名、身份证号码等。

信息抽取是将嵌入文本中的非结构化信息提取并转换为结构化数据的过程,从自然语言构成的语料中提取出命名实体之间的关系,是一种基于命名实体识别深层次的研究,最初目的是从自然语言文档中定位特定信息。广泛地看,信息提取是一个非常宽泛的概念,从文本提出感兴趣的内容就可以称为信息提取。在自然语言处理中常常用实体抽取、关系抽取及事件抽取等手段进行信息抽取。信息抽取的主要过程有三步：首先对非结构化的数据进行自动化处理，其次是针对性地抽取文本信息，最后对抽取的信息进行结构化表示。信息抽取最基本的工作是命名实体识别，而核心在于对实体关系的抽取。

早期的信息抽取研究始于20世纪60年代中期，以美国纽约大学的Linguistic String和耶鲁大学的FRUMP这两个长期项目为代表。到80年代末期，信息抽取的研究与应用逐步进入繁荣期，这得益于消息理解系列会议(Message Understanding Conference，MUC)的召开。1987—1997年，MUC会议共举行了7届，MUC为信息抽取制定了具体的任务和严密的评测体系，该会议提出了一套完整的基于模板填充机制的信息抽取方案，核心内容包括命名实体识别、共指消解、关系抽取、事件抽取等具体内容。该会议吸引了世界各地的研究者参与其中，从理论和技术上促进了信息抽取的研究成果不断涌现。MUC为信息抽取在自然语言处理领域中成为一个独立分支做出了重大贡献。

继MUC后，1999—2008年，美国国家标准技术研究所(National Institute of Standards and Technology，NIST)组织的自动内容抽取(Automatic Content Extraction，ACE)评测会议成为另一个致力于信息抽取研究的重要国际会议。与MUC相比，ACE评测不针对某个具体的领域或场景，它采用基于漏报(标准答案中有而系统输出中没有)和误报(标准答案中没有而系统输出中有)的一套评价体系，还对系统跨文档处理(Cross-Document Processing)能力进行评测。这一新的评测会议把信息抽取技术研究引向新的高度。

除了MUC和ACE外，还有多语种实体任务评估(Multilingual Entity Task Evaluation，MET)会议、文本理解会议(Document Understanding Conference，DUC)等与信息抽取相关的国际学术会议，这些国际会议为信息抽取在不同领域、不同语言中的应用起到了很大的推动作用。

中文的信息抽取研究起步较晚，中文与西方字母型文字的巨大差异，导致中文信息抽取研究进展较慢，早期工作主要集中在中文命名实体识别方面，在MUC0-7、MET等会议的支持下，取得了长足进步；当前中文信息抽取研究在继续优化命名实体识别效果的基础上，已经向着共指消解、关系抽取、事件抽取等更高阶段发展。虽然当前信息抽取通常还只是面向特定领域开展，能够真正实现大规模应用的信息抽取系统仍然未出现，但是可以看到，近年来信息抽取领域呈现出日益活跃的发展态势，从理论到应用都有一些新进展。

信息抽取的具体实现方法可分为两类：基于规则的方法和基于统计的方法。早期的研究主要采用基于规则的方法，也曾促进了信息抽取的明显进步，但是基于规则的方法有其自身的局限性，如人工编制规则的过程较复杂、通过机器学习得到的规则效率较低、系统通用性差等，所以后来的研究逐渐又转向基于统计的方法。基于统计的信息抽取，虽然可以从一定程度上弥补了基于统计方法的缺陷，但是随着研究的深入，人们发现基于统计的方法并不是完美的，所以现在的研究又开始考虑采用将基于规则和基于统计的方法相结合的策略来寻找效果更佳的信息抽取方案。信息抽取的具体实现过程在一定程度上要依赖机器学习算法，近年来，机器学习算法在一些方面取得了突破，为信息抽取关键技术的进步提供了直接支持。

通过对现有研究的分析可以发现,当前信息抽取研究在语料的加工与选择、理论模型的改进与创新、应用范围的拓展等方面都取得了一定进展。特别是近年来,社会化网络、电子商务应用的迅猛发展,带动信息抽取的研究与应用取得了相应进步,但整体来看,信息抽取,特别是中文信息抽取的一些深层次研究与应用仍有较大提升空间,主要面临以下几方面问题。

(1) 中文篇章分析研究有待突破:篇章分析旨在研究自然语言文本的内在结构并理解文本单元是句子从句或段落间的语义关系,篇章分析技术在信息抽取的模板生成阶段将发挥重要作用。相对于英文篇章分析技术,中文篇章分析研究才刚刚起步。如果中文篇章分析技术能够取得突破性进展,则会有力地促进信息抽取研究的进步。

(2) 大数据时代带来的挑战:大数据意味着信息抽取对象的海量性,传统的面向特定领域、特定数量的文本信息抽取方法在大数据中应用时可能会出现各种不适应问题。这是一个较为紧迫的课题,应引起研究者的注意。

(3) 事件抽取能力的局限:如前所述,事件抽取分为较低层次的元事件抽取和较高层次的主题事件抽取,而当前的研究成果主要还是集中在元事件抽取,这在一定程度上为从全局获取语义信息造成了困难。

(4) 跨语言处理能力不足:随着人类交流活动日益广泛与深入,包含多种语言的文本会越来越多地出现,这对信息抽取在处理跨语言文本方面提出了更高要求。目前在这方面的研究还较少,研究成果也不太显著。

(5) 通用性较差:前文已经提及,当前信息抽取研究主要还是面向特定领域的文本进行,个别研究成果也仅能在相关的1～2个领域内进行抽取,这说明信息抽取系统的通用性还处于较低层次,影响了信息抽取应用的普及。

近年信息抽取研究的发展趋势大致有以下几个方向。

(1) 知识表示结构的研究:当前信息抽取工作通常需要一定量的领域知识库作为支撑,可辅助实现规则构建、机器学习等。本体(Ontology)是以往被较多采用的一种知识表示结构,但是随着处理数据量的急剧增加,本体的构建过程越来越困难,所以目前学术界开始利用全新的知识表示形式(知识图谱)来描述现实世界的知识存在。目前,这一研究在很多领域已经有成功的模式与经验。

(2) 面向开放文本:信息抽取的语料来源起初为结构化的数据(如数据库中的数据),后来发展到半结构化数据(如 HTML 网页、XML 文件等),这为从无结构的开放文本中进行信息抽取积累了丰富的经验,可以预计今后信息抽取研究会越来越多地将开放文本作为语料来源。这一研究也将间接地促进信息抽取通用性的提升。

(3) 理论模型的创新:理论模型是自然语言处理研究中最核心的问题,学术界一直以来都非常重视理论模型的构建与完善,未来还将继续把成功的模型或方法借鉴到信息抽取的研究中来。

(4) 应用领域的扩展:任何一种学术研究的价值最终都要体现到实际应用中。随着信息抽取理论研究的不断发展与成熟,其研究成果将被越来越多地应用到不同的实际领域中,并在这一过程中进一步完善。

作为自然语言处理领域的一个分支,信息抽取是比信息检索更深层次的文本挖掘研究,其研究价值也正得到越来越多的认可和重视。在重视其基础研究的同时,既要从纵向了解信息抽取的研究阶段和发展空间,也要进行横向比较,总结分析自然语言处理其他领域甚至是其他与自然语言处理相关的领域的研究阶段与研究成果,以创新理念引领信息抽取研究不断取得进步。

2.5 自然语言处理相关应用

2.5.1 文本检索

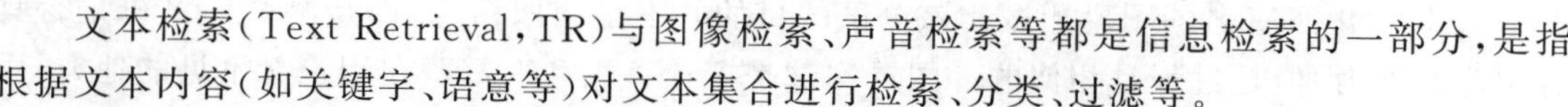

文本检索(Text Retrieval,TR)与图像检索、声音检索等都是信息检索的一部分,是指根据文本内容(如关键字、语意等)对文本集合进行检索、分类、过滤等。

文本检索也称为自然语言检索,指不对文献进行任何标引而直接通过计算机以自然语言中的词语匹配查找的系统。文本检索进行匹配的对象,可以是整个出版的文本,包括文章、报告甚至整本图书,也可以是它的部分内容,如文摘、摘录或文献的题名。以整个文献正文为对象进行匹配查找,称为全文检索,这种方式无须标引,数据库制作快,可以很快投入运行。

最早最典型的文本检索是图书馆的图书索引,根据书名、作者、出版社、出版时间、书号等信息对馆藏图书进行索引,读者只需根据索引便可以很快地查到所需要的图书存放在图书馆的某个位置。

随着计算机的出现,人们借助计算机可以更加方便地管理更多的文档,计算机硬盘甚至可以装下全世界所有图书馆藏书。为了快速查找计算机所管理的文档,出现了第1代文本检索技术,即根据关键字匹配,将包含关键字的文档挑出来作为检索结果呈现给用户。

随着文档数量的增加,运用第1代文本检索技术已经很难检索出精确的检索结果,于是根据文本内容的第2代文本检索技术应运而生,即根据系统对文本和检索语句的理解,计算文本和检索语句的相似度,根据相似度对检索结果进行排序,将相似度最高的检索结果呈现给用户。

随着互联网的出现和发展,文本文献在互联网上的数量发展更加迅猛,文本数量和结构都发生了变化:文本数量大幅度增长、互联网上的文本成为半结构化的。这给文本检索技术提出了更大的挑战和机遇。于是在基于相似度的检索技术的基础上,出现了结合文本结构信息(如文本的网络地址、大小写、文本在页面中所处的位置、所指向的其他文本、指向自己的其他文本等)对检索结果集进行再排序的第3代文本检索技术,谷歌就是经典的例子。现代的文本检索技术逐渐向语意理解、特定领域等方向发展。全世界科学家都在不遗余力地建设"本体库",如WordNet、HowNet等本体字典。通过本体库将文本转换为语义集合,从提炼文本的语义,实现提供语义层次的检索。此外,对于生物、医学、法律、新闻及Blog等领域都出现了专门针对单个领域的检索技术，并且得到了迅猛发展。

文本检索领域的著名国际学术会议有 SIGIR、WWW、TREC 等。

2.5.2 问答系统

问答技术（Question Answering, QA）是人工智能和自然语言处理领域中一个倍受关注并具有广泛发展前景的研究方向。它是信息检索系统的一种高级形式，它能用准确、简洁的自然语言回答用户用自然语言提出的问题。问答技术研究兴起的主要原因是人们对快速、准确地获取信息的需求。问答系统从其外部行为来看，与目前主流的信息检索技术有两点不同：首先是查询方式为完整而口语化的问句，其次是其回传的信息为高精准度网页结果或明确的答案字串。

问答系统的研究历史可以追溯到 20 世纪中期，早在计算机诞生不久的 1950 年，Alan Turing 就提出了著名的图灵测试。该测试的目的并不是获取信息，而是测试计算机是否具有智能的能力，但是过程是相似的。图灵测试是把计算机和人都藏在用户看不见的地方，用户提出一系列问题，计算机或者人给出问题的解答，如果用户分不清是人还是计算机在回答问题，则该计算机就具有了智能。为了鼓励进行图灵测试的研究，1991 年纽约慈善家休・勒布纳（Hugh Loebner）设立了一个 Loebner Prize，奖金为 10 万美元，用于奖励第 1 个通过图灵测试的系统。多年来，出现了 PC Therapist、Albert 等优秀的聊天机器人系统，它们提出的一些技术，很值得开放域问答系统所借鉴。

早期还有一些基于知识库的问答系统研究，包括基于本体的问答系统、受限语言的数据库查询系统、问答式专家系统等。这些系统虽然能在特定的领域中达到比较好的性能，但是它们大多是受限的。首先是语言受限，即只能使用少数几种问题语言模式，一旦采用比较随意的语言，质量就会明显下降；其次是知识受限，一般只能回答某个特定领域中的专业性问题。

为了推动开放域问答系统的发展，信息检索评测组织文本检索会议（Text Retrieval Conference，TREC）自 1999 年开始，引入问答系统评测专项（Question Answering Track，QA Track），人们对基于自然语言的问答系统再次产生了浓厚的兴趣，在近些年的 TREC 比赛中，QA Track 是最受关注的评测项目之一。

由欧盟 IST Programmer of the European Union 资助的跨语言评估论坛（Cross Language Evaluation Forum，CLEF）在 2003 年设立第一届多语言问答（Multilingual Question Answering，MQA）系统评测项目，并计划每年举办一次。

不同的应用需要不同形式的问答系统，其所采用的语料和技术也不尽相同。相应地，可以从不同的角度对问答系统进行分类，例如根据应用领域、提供答案的语料、语料的格式等角度进行分类。从涉及的应用领域进行分类，可将问答系统分为限定域问答系统和开放域问答系统。

限定域问答系统是指系统所能处理的问题只限定于某个领域或者某个内容范围，例如只限定于医学、化学或者某企业的业务领域等。例如 BASEBALL、LUNAR、SHRDLU、GUS 等都属于限定域的问答系统。BASEBALL 只能回答关于棒球比赛的问题,LUNAR 只能回答关于月球岩石的化学数据的相关问题,SHRDLU 只能回答和响应关于积木移动的问题等。由于系统要解决的问题限定于某个领域或者范围,因此如果把系统所需要的全部领域知识都按照统一的方式表示成内部的结构化格式,当回答问题时就能比较容易地得出答案。

开放域问答系统不同于限定域问答系统,这类系统可回答的问题不限定于某个特定领域。在回答开放领域的问题时,需要一定的常识知识或者世界知识并具有语义词典,如英文的 WordNet 被使用在许多英文开放域问答系统中。此外,中文的 WordNet、"同义词词林"等也常在开放域问答系统中使用。

中文问答系统相对于英文有以下几个方面的难点或不足之处。

(1) 连写:中文是连续书写的,分词是汉语言处理的基础。中文问答系统由于是句子级别的信息检索,要分析句子,首先要分词。

(2) 形态:汉语缺乏狭义的形态变化,如英文中的主动被动语态,以及完成时和进行时等,形态对于计算机就是标记,有利于计算机进行处理。

(3) 语法:汉语语法灵活,句子各成分之间的关系靠词序、"意合"、虚词,变化较多。

(4) 语义:一词多义、同音词、同义词、近义词等,以及丰富的表达方式、上下文依赖度高、省略语等都是计算机处理的难点。

(5) 语法研究:面向计算机处理的中文语法研究不足,如中文问答系统需要的关于中文句型形式化、不同句型之间的转换的研究资料极少。

(6) 相关资源:缺乏包括语法、语义词典等中文语言学资源和相关生熟语料,国外对这方面的研究较多,如 TREC 就提供了相当数量的可用于英文问答研究和评测的语料。

中文问答系统需要在现有的中文信息处理技术的基础上,充分研究和利用问答的特性与需求,通过各种方法解决和克服(或暂时回避)以上难点和困难,设计和开发问答系统。

问答系统主要应用于 Web 形式的问答网站,代表作有百度知道、新浪爱问、天涯问答、雅虎知识堂、果壳、知乎网等,这些都是即问即答网站。

2.5.3 机器翻译

机器翻译(Machine Translation, MT)又称为自动翻译,是计算机程序将文字或演说从一种自然语言(源语言)翻译成为另一种自然语言(目标语言)的过程。它是计算语言学的一个分支,是人工智能的终极目标之一,具有重要的科学研究价值。同时,机器翻译又具有重要的实用价值。随着经济全球化及互联网的飞速发展,机器翻译技术在促进政治、经济、文化交流等方面起到越来越重要的作用,肩负着架起语言沟通桥梁的重任。

机器翻译技术的发展一直与计算机技术、信息论、语言学等学科的发展紧密相随。从早期的词典匹配,到词典结合语言学专家知识的规则翻译,再到基于统计的语料库机器翻译,随着计算机计算能力的提升和多语言信息的爆发式增长,机器翻译技术逐渐走向实际应用,开始为普通用户提供实时便捷的翻译服务。

机器翻译是人工智能的重要方向之一,20 世纪 30 年代以来,历经多次技术革新,尤其是近十几年从统计机器翻译(Statistical Machine Translation,SMT)到神经网络机器翻译(Neural Machine Translation,NMT)的跨越,促进了机器翻译大规模产业应用。

20世纪30年代初,法国科学家G.B.阿尔楚尼提出了用机器进行翻译的想法。1949年,W. Weaver发表了《翻译备忘录》,正式提出机器翻译的思想。经过几十年的风风雨雨,机器翻译经历了一条曲折而漫长的发展道路,学术界一般将其划分为以下4个时期。

1. 机器翻译开创期

1954年,美国乔治敦大学(Georgetown University)在IBM公司的协同下,用IBM-701计算机首次完成了英俄机器翻译试验,向公众和科学界展示了机器翻译的可行性,从而拉开了机器翻译研究的序幕。从20世纪50年代开始到20世纪60年代前半期,机器翻译研究呈不断上升的趋势,机器翻译一时出现热潮。这个时期,机器翻译处于开创阶段,但已经进入了乐观的繁荣期。

2. 机器翻译受挫期

1964年,为了对机器翻译的研究进展做出评价,美国科学院成立了语言自动处理咨询委员会,开始了为期两年的综合调查分析和测试。1966年11月,该委员会公布了一个题为《语言与机器》的报告,该报告全面否定了机器翻译的可行性,并建议停止对机器翻译项目的资金支持。这一报告的发表给了正在蓬勃发展的机器翻译当头一棒,机器翻译研究陷入了近乎停滞的僵局,步入萧条期。

3. 机器翻译恢复期

进入20世纪70年代,随着科学技术的发展和各国科技情报交流的日趋频繁,国与国之间的语言障碍显得更为严重,传统的人工作业方式已经远远不能满足需求,迫切地需要计算机来从事翻译工作。同时,计算机科学、语言学研究的发展,特别是计算机硬件技术的大幅度提高及人工智能在自然语言处理上的应用,从技术层面推动了机器翻译研究的复苏,机器翻译项目又发展起来,各种实用的及实验的系统被先后推出,例如Wiener系统、EURPOTRA多国语翻译系统、TAUM-METEO系统等。

4. 机器翻译新时期

随着互联网的普遍应用,世界经济一体化进程的加速及国际社会交流的日渐频繁,传统的人工作业方式已经远远不能满足迅猛增长的翻译需求,人们对于机器翻译的需求空前增长,机器翻译迎来了一个新的发展机遇。国际性的关于机器翻译研究的会议频繁召开,在市场需求的推动下,商用机器翻译系统也迈入了实用化阶段,走进了市场,来到了用户面前。

21世纪以来,随着互联网的出现和普及,数据量激增,统计方法得到充分应用。互联网公司纷纷成立机器翻译研究组,研发了基于互联网大数据的机器翻译系统,从而使机器翻译真正走向实用,例如“百度翻译”“谷歌翻译”等。近年来,随着深度学习的进展,机器翻译技术得到了进一步的发展,促进了翻译质量的快速提升,在口语等领域的翻译更加地道、流畅。

中国机器翻译研究起步于1957年,是世界上第4个开始研究机器翻译的国家,60年代中期以后一度中断,70年代中期以来有了进一步的发展。中国社会科学院语言研究所、中国科学技术情报研究所、中国科学院计算技术研究所、黑龙江大学、哈尔滨工业大学等单位都在进行机器翻译的研究；上机进行过实验的机器翻译系统已有十几个，翻译的语种和类型有英汉、俄汉、法汉、日汉、德汉等一对一的系统，也有汉译英、法、日、俄、德的一对多系统(FAJRA系统)。此外，还建立了一个汉语语料库和一个科技英语语料库。中国机器翻译系统的规模正在不断地扩大，内容正在不断地完善。近年来，中国的互联网公司也发布了互联网翻译系统，如"百度翻译""有道翻译"等。

机器翻译系统可划分为基于规则(Rule-Based)和基于语料库(Corpus-Based)两大类。前者由词典和规则库构成知识源；后者由经过划分并具有标注的语料库构成知识源，既不需要词典也不需要规则，以统计规律为主。机译系统是随着语料库语言学的兴起而发展起来的，世界上绝大多数机译系统采用以规则为基础的策略，一般分为语法型、语义型、知识型和智能型。不同类型的机译系统由不同的成分构成。抽象地说，所有机译系统的处理过程都包括以下步骤：①对源语言的分析或理解；②在语言的某一平面进行转换；③按目标语言结构规则生成目标语言。它们的技术差别主要在转换平面上。

目前机器翻译的质量方面还存在一些问题，翻译误差在所难免。原因在于，机器翻译运用语言学原理，机器自动识别语法，调用存储的词库，自动进行对应翻译，但是因语法、词法、句法发生变化或者不规则，出现错误是难免的。中国数学家、语言学家周海中曾在论文《机器翻译五十年》中指出：要提高机译的译文质量，首先要解决的是语言本身的问题而不是程序设计问题；单靠若干程序来做机译系统，肯定无法提高机译的译文质量。同时，他还指出：在人类尚未明了大脑如何进行语言的模糊识别和逻辑判断的情况下，机译要想达到"信、达、雅"的程度是不可能的。这一观点恐怕道出了制约译文质量的瓶颈所在。

值得一提的是，美国发明家、未来学家雷·科兹威尔在接受《赫芬顿邮报》采访时预言，到2029年，机译的质量将达到人工翻译的水平。对于这一论断，学术界还存在很多争议。不论怎样，目前人们对机译最为看好，这种关注是建立在一个客观认识和理性思考的基础上的。有理由相信：在计算机专家、语言学家、心理学家、逻辑学家和数学家的共同努力下，机译的瓶颈问题必将得以解决。

2.5.4 推荐系统

推荐系统(Recommender System,RS)是一种信息过滤系统，能够自动预测用户对特定产品或服务的偏好，并向其提供个性化推荐。它通常基于用户的历史行为、个人喜好、兴趣和偏好等，通过数据挖掘和机器学习算法，在大数据的支持下生成个性化的推荐内容，从而提高用户购买率和满意度。推荐系统被广泛应用于电子商务、社交媒体、新闻信息、音乐、电影等领域。

互联网的出现和普及给用户带来了大量的信息，满足了用户在信息时代对信息的需求，但随着网络的迅速发展而带来的网上信息量的大幅增长，使用户在面对大量信息时无法从中获得对自己真正有用的那部分信息，对信息的使用效率反而降低了。解决这类问题的一个非常有潜力的办法是推荐系统，它是根据用户的历史行为、信息需求、兴趣等，将用户感兴趣的信息、产品等推荐给用户。和搜索引擎相比推荐系统通过研究用户的兴趣偏好，进行个性化计算，由系统发现用户的兴趣点，从而引导用户发现自己的信息需求。一个好的推荐系统不仅能为用户提供个性化服务，还能和用户之间建立密切关系，让用户对推荐产生依赖。推荐系统的通用模型如图 2-2 所示。

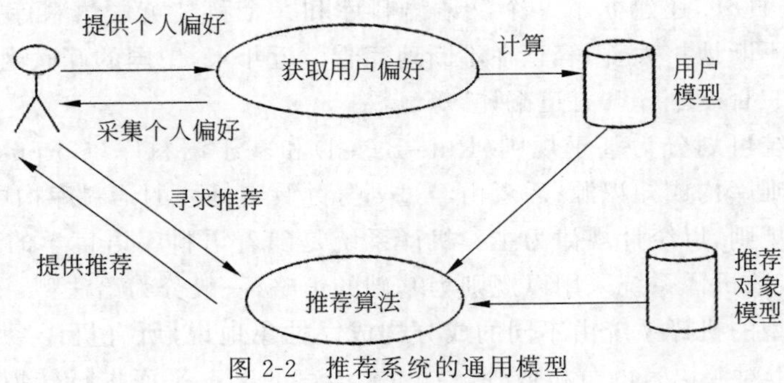

图 2-2 推荐系统的通用模型

推荐系统有 3 个重要的模块：用户模型模块、推荐对象模型模块、推荐算法模块。推荐系统把用户模型中的兴趣需求信息和推荐对象模型中的特征信息匹配，同时使用相应的推荐算法进行计算筛选，找到用户可能感兴趣的推荐对象，然后推荐给用户。

推荐系统成为一个相对独立的研究方向一般被认为始于 1994 年美国明尼苏达大学 GroupLens 研究组推出的 GroupLens 系统。该系统有两大重要贡献：一是首次提出了基于协同过滤（Collaborative Filtering，CF）来完成推荐任务的思想；二是为推荐问题建立了一个形式化的模型，基于该模型的协同过滤推荐引领了之后推荐系统十几年的发展方向。

目前常见的主要推荐方法有基于内容推荐（Content-based Recommendation）、协同过滤推荐（Collaborative Filtering Recommendation）、基于关联规则的推荐（Association Rule-based Recommendation）、基于效用的推荐（Utility-based Recommendation）、基于知识的推荐（Knowledge-based Recommendation）和组合推荐（Hybrid Recommendation）。

由于各种推荐方法都有优缺点，所以在实际中，经常被采用的是组合推荐。例如最常见的是内容推荐和协同过滤推荐的组合。最简单的做法就是分别用基于内容的方法和协同过滤推荐方法去产生一个推荐预测结果，然后用某方法组合其结果。尽管从理论上有很多种推荐组合方法，但在某一具体问题中并不见得都有效，组合推荐的一个最重要原则就是通过组合后要能避免或弥补各自推荐技术的弱点。

在组合方式上，有研究人员提出了 7 种组合思路。

（1）加权（Weight）：加权多种推荐技术结果。

（2）变换（Switch）：根据问题背景和实际情况或要求决定变换采用不同的推荐技术。

（3）混合（Mixed）：同时采用多种推荐技术给出多种推荐结果为用户提供参考。

（4）特征组合（Feature Combination）：组合来自不同推荐数据源的特征被另一种推荐算法所采用。

（5）层叠（Cascade）：先用一种推荐技术产生一种粗糙的推荐结果，第 2 种推荐技术在此推荐结果的基础上进一步做出更精确的推荐。

（6）特征扩充（Feature Augmentation）：一种技术产生附加的特征信息嵌入另一种推

荐技术的特征输入中。

(7) 元级别(Meta-level):用一种推荐方法产生的模型作为另一种推荐方法的输入。

2.5.5 其他应用

除了上述几种最常见的应用,自然语言处理还包含以下应用范畴。

1. 语音合成

语音合成(Speech Synthesis)是用人工的方式产生人类语言。若将计算机系统用在语音合成上,则称为语音合成器,语音合成器可以用软/硬件实现。

语音合成已经应用在智能仪表、智能玩具、电子地图、电子导游、电子词典等领域。

2. 语音识别

语音识别(Speech Recognition)技术也被称为语音转文本识别,其目标是让计算机自动将人类的语言内容转换为相应的文字。

语音识别技术的应用包括语言拨号、语音导航、室内设备控制、语音文档检索、简单的听写数据录入等。语音识别技术与其他自然语言处理技术(如机器翻译及语音合成技术)相结合,可以构建出更加复杂的应用,如语音到语音的翻译。

3. 文本情感分析

文本情感分析(Sentiment Analysis)又称意见挖掘,是指用自然语言处理、文本挖掘及计算机语言学等方法来识别和提取原素材中的主观信息。

通常来讲,情感分析的目的是找出说话者/作者在某些话题上或者针对某个文本两极的观点的态度。这个态度或许是个人判断或评估,或许是他当时的情感状态,或许是作者有意向的情感交流等。

4. 自动摘要

自动摘要(Automatic Summary)就是利用计算机自动地从原始文献中提取文摘,文摘是全面准确地反映某一文献中心内容的连贯短文。常用的方法是将文本作为句子的线性序列,将句子视为词的线性序列。自动摘要可以按照技术类型和信息提取来分类。

技术应用类型:自动提取给定文章的摘要信息,自动计算文章中词的权重,自动计算文章中句子的权重。

信息提取:单篇文章的摘要自动提取,大规模文档的摘要自动提取,基于分类的摘要自动提取。

2.6 本章小结

本章简单地介绍了自然语言处理的基础,通过对自然语言的介绍阐述了自然语言处理技术的背景和发展历史;介绍了自然语言处理技术的发展与人工智能技术相辅相成的联系,以及自然语言处理相关研究内容;介绍了自然语言处理在文本检索、问答系统、机器翻译、推荐系统等领域的应用,部分内容在后续章节还有详细介绍。

第3章 Python 编程语言基础

Python 语言不仅简单易学、功能强大、拥有丰富的第三方库，而且可以跨平台开发，因此越来越受到计算机专业人士和编程爱好者的喜爱，在工业界和学术界都非常受欢迎，在人工智能、系统编程、Web 开发等领域得到了广泛的应用。

本书的代码都是通过 Python 语言实现的，本章简单介绍 Python 语言的基础知识，3.1 节介绍 Python 语言的集成开发环境，3.2 节介绍 Python 语言程序设计中的基本语法、运算和函数。

3.1 Python 集成开发环境

7min

在 Python 的学习过程中，必然不可缺少集成开发环境（Integrated Development Environment，IDE）。这些实用的 Python 开发工具能帮助开发者加快使用 Python 开发的速度，提高编程效率。高效的代码编辑器或者 IDE 能提供插件、工具等，具备帮助开发者高效开发的特性。

选择最适合 Python 的 IDE，需要考虑以下使编程更容易的核心功能：保存和重载代码文件、在环境内运行代码、支持调试、语法高亮、自动补充代码格式、源码控制、扩展模型、构建和测试工具、语言帮助等。

下面介绍几种常用的 Python 集成开发环境。

3.1.1 Anaconda 的下载与安装

Anaconda 是目前国内外高校 Python 教学最流行的软件平台，它包含了 Python 的环境管理、代码编辑器、包管理等，可一键安装，方便快捷。

Anaconda 是一个开源免费的 Python 发行版，支持 800 多个第三方库，包含多个主流的 Python 开发调试环境，十分适合在数据处理和科学计算领域内使用，而且它还是一个跨平台工具，支持 Linux、macOS、Windows 系统，提供了包管理与环境管理功能，可以很方便地解决多版本 Python 并存、切换及各种第三方包安装问题。

Anaconda 使用工具/命令 Conda 进行 Package 和 Environment 的管理，并且已经包含了 Python 和相关的配套工具。先解释一下 Conda、Anaconda 概念的差别。Conda 是一个工具，也是一个可执行命令，其核心功能是包管理与环境管理。包管理与 pip 的使用类似，环境管理则允许用户方便地安装不同版本的 Python 并可以快速切换。Anaconda 则是一个打包的集合，里面预装了 Conda、某个版本的 Python、大量 Packages、科学计算工具等，所以也称为 Python 的一种发行版。其实还有 Miniconda，顾名思义，它只包含最基本的内容——Python 与 Conda，以及相关的依赖项，对存储空间和内存空间要求严格的用户，Miniconda 是一个不错的选择。

本章仅介绍 Windows 操作系统中 Anaconda 的下载与安装配置。

进入 Anaconda 官方网站，下载网址为 https://www.anaconda.com/download/，如图 3-1 所示，直接单击 Download 按钮即可下载，默认为 Windows 系统，如果使用的是其他操作系统，可单击 Download 按钮下面的小图标进行选择下载。

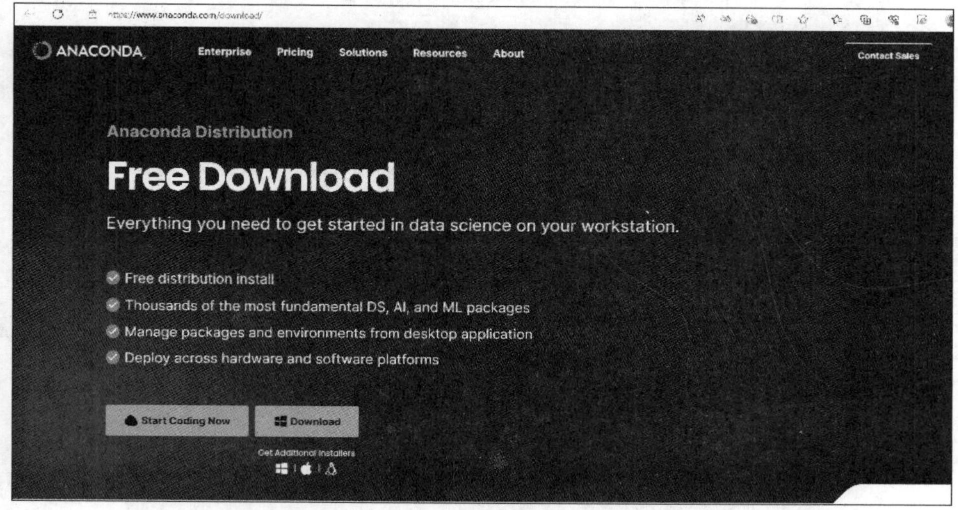

图 3-1　Anaconda 的下载

具体安装步骤如下：

(1) 双击打开下载后的 Anaconda 安装文件，可见如图 3-2 所示的开始安装界面。

(2) 一直单击 Next 按钮，直到安装完成，如图 3-3 所示。

(3) 安装结束后，可以打开“菜单”→“所有应用”查看安装是否成功，程序面板中的目录如图 3-4 所示。

下面简单介绍 Anaconda 中的几个组件。

(1) Anaconda Navigator：Anaconda 发行版中包含的桌面图形用户窗口，可以启动应用程序并管理 Conda 程序包、环境和通道，而无须使用命令行命令。

依次单击“开始”→Anaconda →Anaconda Navigator，打开窗口的效果如图 3-5 所示。

图 3-5 左边有 Home 页面、Environments 页面、Learning 页面和 Community 页面。

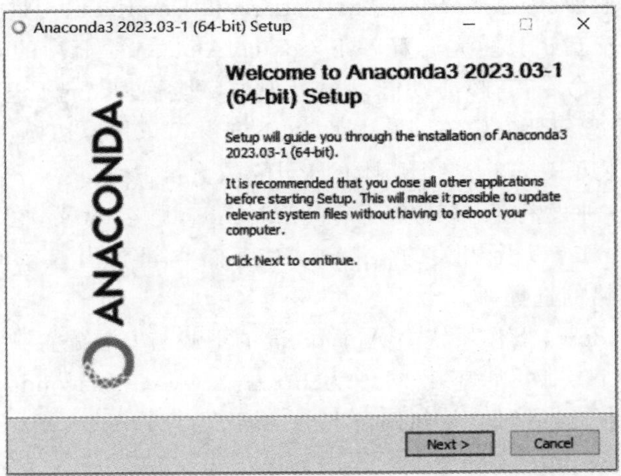

图 3-2　Anaconda 开始安装

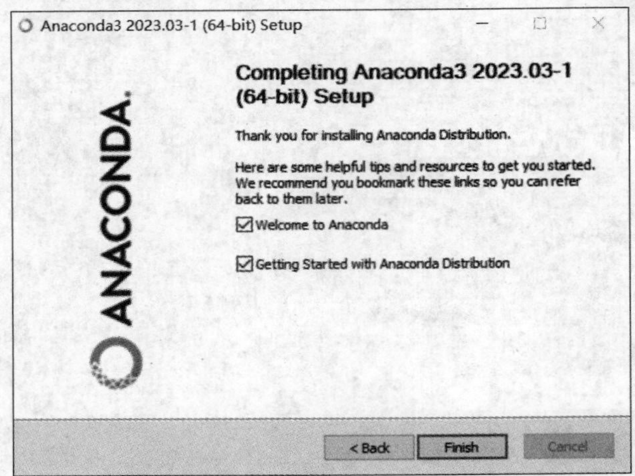

图 3-3　Anaconda 安装完成

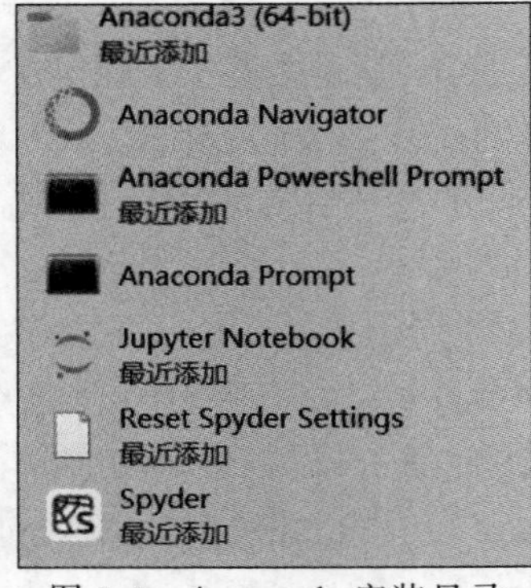

图 3-4　Anaconda 安装目录

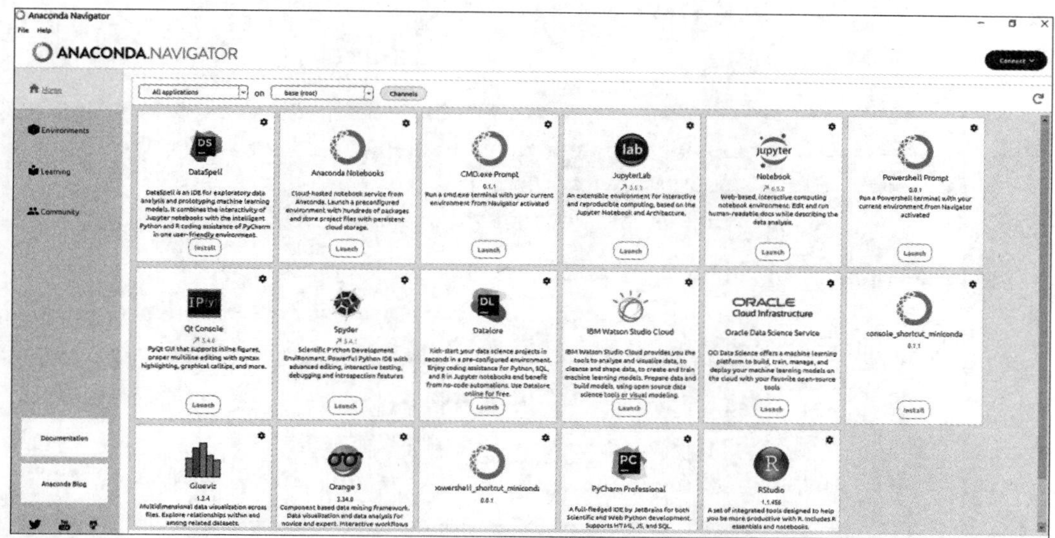

图 3-5 Anaconda Navigator 窗口

首先认识一下 Home 页面，在图 3-5 页面右边可以看到不同的工具，有些工具下面显示 Launch，表示可以直接单击打开使用；有些工具下面显示 install，表示需要再单击安装。Python 编程最常使用的工具就是 Jupyter 和 Spyder。这里有两个 Jupyter，一个是 Jupyter Notebook，另一个是 JupyterLab。Jupyter Notebook 是经典的方式，它使用一个基于浏览器的界面，允许用户创建和编辑脚本；而 JupyterLab 在 Jupyter Notebook 的基础上进行了改进和扩展，它提供了更现代化和灵活的用户界面，具有更好的可扩展性和集成性，采用了标签页式的界面布局，允许用户在一个窗口同时打开多个编辑器，这样的设计使用户可以更方便地管理工作空间，也提供了更好的多任务处理能力。3.1.2 节和 3.1.3 节会详细介绍 Spyder 和 Jupyter Notebook 的使用，这里不再赘述。

Environments 页面是 Anaconda 的核心模块，主要用于环境管理，如图 3-6 所示。左边列出了环境，单击选择一个环境可以将其激活，右边列出了当前环境的包，默认视图是已安装的包，单击屏幕上方中间位置的 installed 右边的箭头会出现下拉列表，可以选择显示未安装的包(uninstall)、需要升级的包或所有包。如果需要创建新的环境或向环境中导入不同的包，可以单击屏幕左侧下方的 Create 按钮。在使用 Python 的过程中可使用各种各样的包实现各种不同的功能，可以将所有的包导入一个环境中，但是这样做会显得环境特别复杂且冗余太大，推荐通过创建多个环境来满足需求的变化。

Learning 页面包含很多关于 Python、Navigator、Anaconda 的信息，单击对应的图标可以了解和学习相应的知识，如图 3-7 所示。

Community 页面可以参加很多免费支持论坛和社交网络，了解有关 Navigator 的各种活动和信息，如图 3-8 所示。

(2) Anaconda Powershell Prompt：一个命令行界面，类似于 Windows 系统中的 cmd。

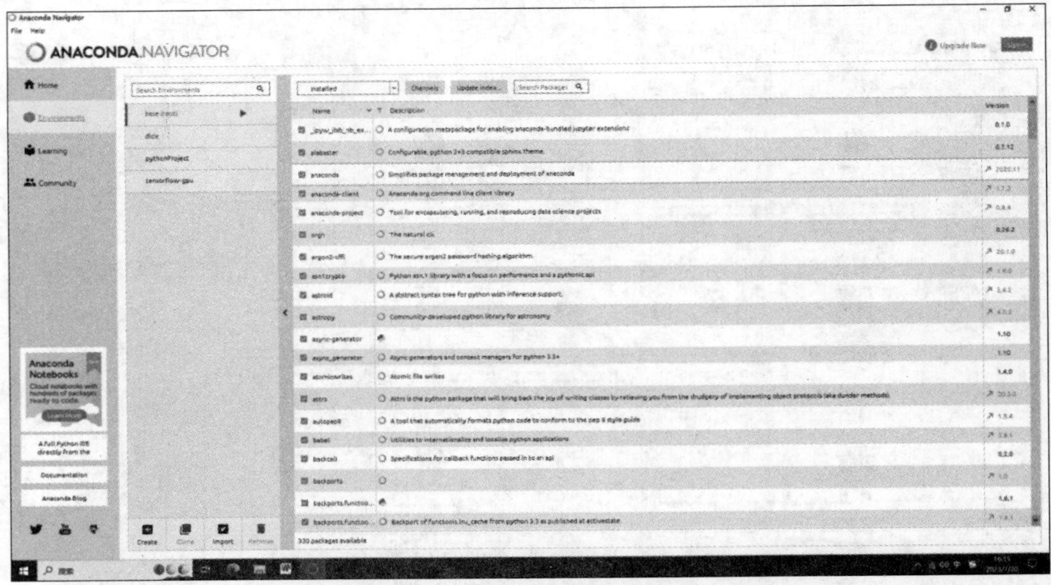

图 3-6　Anaconda Navigator Environments 页面

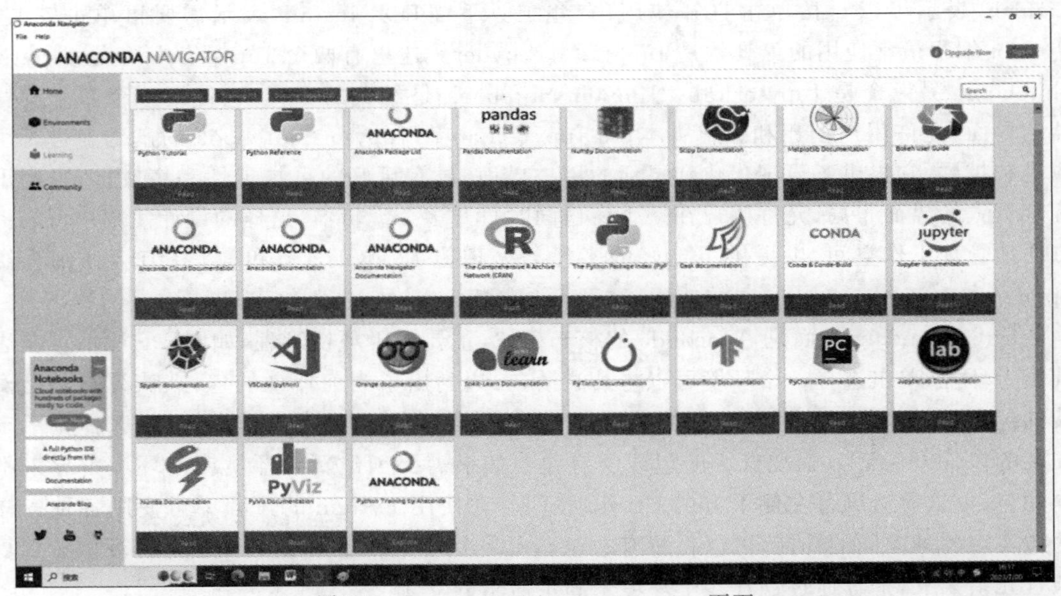

图 3-7　Anaconda Navigator Learning 页面

它是专门为 Anaconda 设计的一个快速、可移植的 Python 环境,它还包含一些用于管理 Python 库和包的工具和命令。使用 Anaconda Powershell Prompt,用户可以编写、测试和执行 Python 代码,也可以使用 Conda 和 pip 等命令行工具来安装、更新、卸载 Python 包,如图 3-9 所示。

图 3-8 Anaconda Navigator Community 页面

图 3-9 Anaconda Powershell Prompt 界面

(3) Anaconda Prompt：Anaconda 软件包管理器中的命令行工具，它提供了一个基于 Anaconda 环境的命令行界面，用户可以创建、激活、删除、更新 Anaconda 环境，以及安装、卸载、更新软件包等，还可以使用 Conda 命令行工具来管理 Python 虚拟环境，以及使用 pip 命令行工具来安装 Python 软件包，如图 3-10 所示。

图 3-10 Anaconda Prompt 界面

(4) Reset Spyder Settings：在开始菜单中单击 Reset Spyder Settings，即可重置 Spyder 设置至初始化状态，如图 3-11 所示。

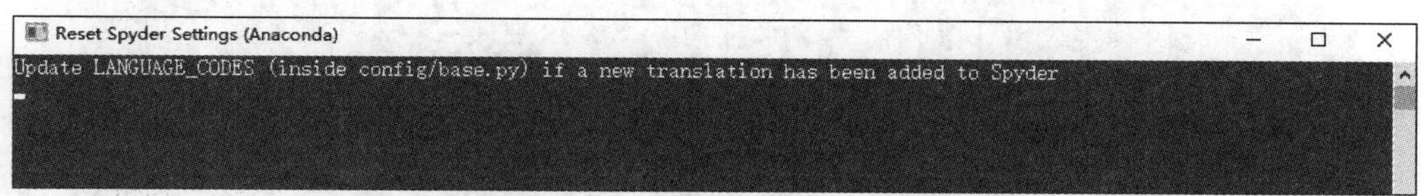

图 3-11 Reset Spyder Settings 界面

3.1.2 Spyder 的使用

Spyder 是一个使用 Python 语言、跨平台的、科学运算集成开发环境，可以用这款编辑

器编写代码，它最大的优点就是模仿 MATLAB 的“工作空间”，可以在界面上同时看到代码及其运行结果。

可以从“开始”菜单中 Anaconda 下单击 Spyder 直接打开，也可以在 Anaconda Navigator 的 Home 页面中通过单击 Spyder 下面的 Launch 按钮打开 Spyder，如图 3-12 中箭头所示。

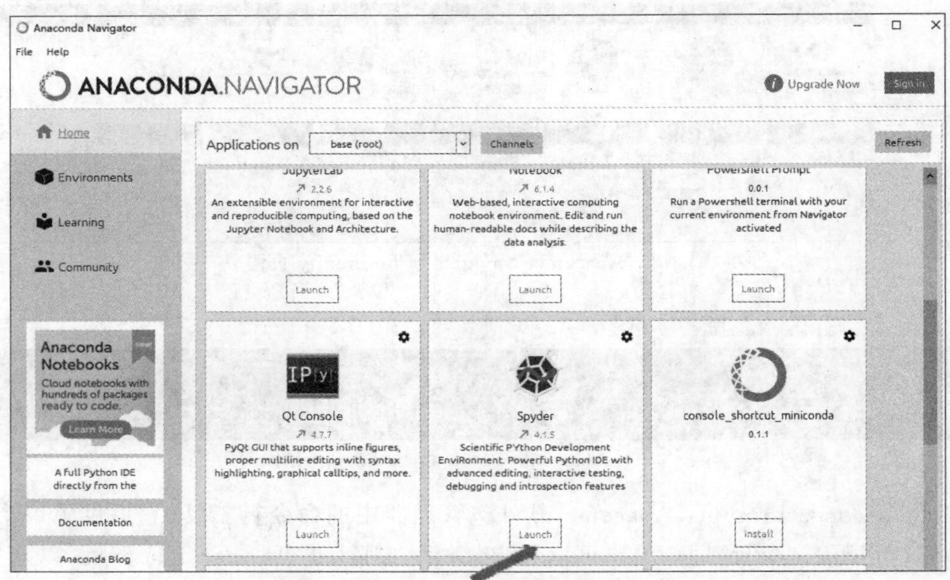

图 3-12　从 Home 页面打开 Spyder

第 1 次启动 Spyder 时会有一个初始化过程，加载完成后，其界面如图 3-13 所示。

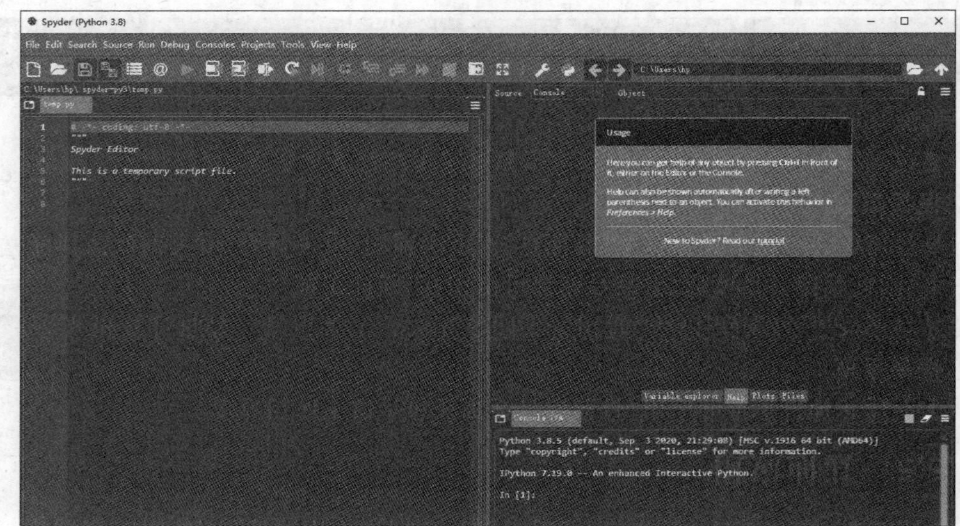

图 3-13　Spyder 界面

界面的标题栏中会显示该 Spyder 对应的 Python 版本（此处显示的是 Python 3.8 版）。

菜单栏中有 File（创建、打开文件）、Edit（编辑）、Run（运行）、Debug（调试）、Tools（工具）、View（界面布局）等常用的选项。

工具栏中除了常见的常用命令快捷按钮之外，还有运行按钮（）、调试按钮（）、跳转按钮（）、中断调试（）、基本设置（）等 Python 代码运行中常用的快捷方式按钮。

工具栏下面的窗口分为 3 个区域，左侧是代码编辑区，用来写代码。文件导航和帮助区默认位于 Spyder 界面的右上角，这里可以查看相关区域的文件信息，只要是 Python 内存中的结构变量，例如数据框、列表、字典等，都可以在这里显示，每行显示一个变量的信息，包括变量名称、变量类型、变量长度、变量值。双击对应的变量行，可以通过弹出新的窗口查看变量中的所有数据。在实际编程过程中，文件导航和帮助区一般使用得比较少。

IPython 控制台默认位于 Spyder 界面的右下角，是 Spyder 的核心执行单元，用于执行文件式编程和交互式编程，这里会对于运行的结果、输入等做出相关响应，用来进行调试，最重要的功能是与用户进行交互，用户可以快速验证代码运行结果是否符合预期。

在代码编辑区进行代码的编写后，单击运行，即可在 IPython 控制台展示代码的运行结果。

下面编写一个程序来展示 Spyder 的使用。该程序用来打开一张图片并显示。准备好一张图片，然后打开 Spyder，此处不需要文件导航和帮助区，暂时关掉，效果如图 3-14 所示。

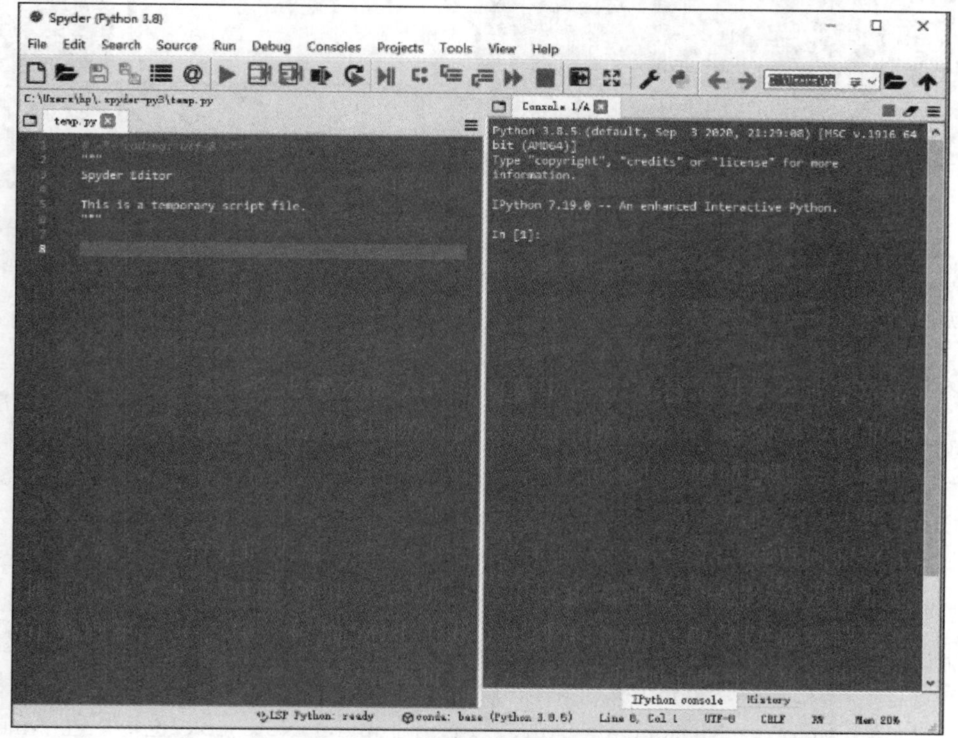

图 3-14　Spyder 界面关掉文件导航和帮助区

在代码编辑区编写如下代码：

```
from skimage import io
img = io.imread('G:/test.jpeg')
io.imshow(img)
```

单击上面工具栏里的绿色三角进行运行，运行结果如图 3-15 所示。

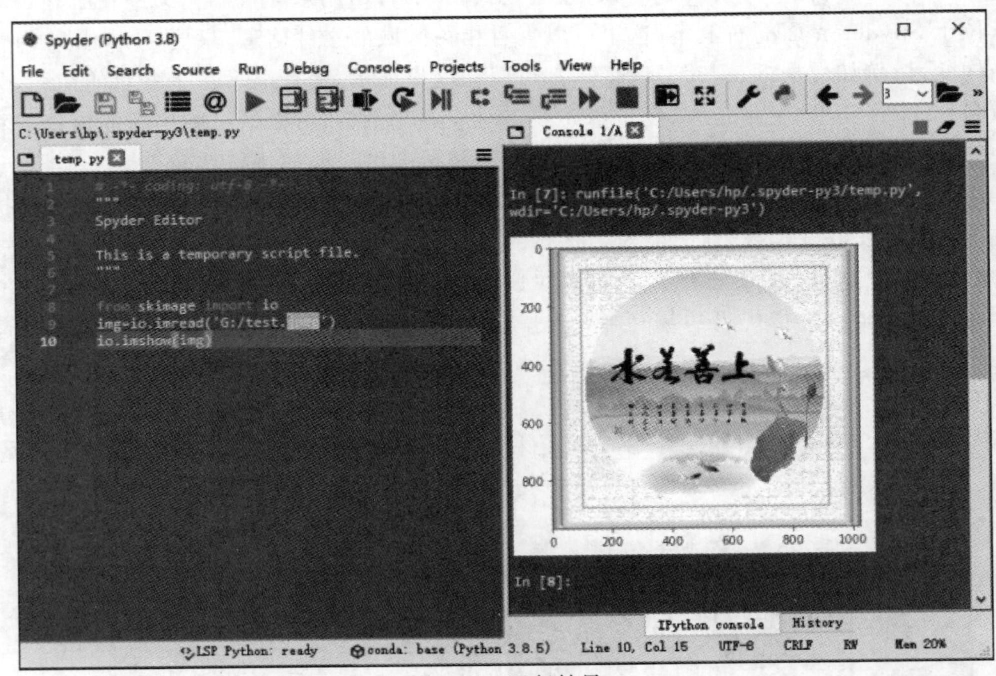

图 3-15 运行结果

Spyder 的优点是启动速度较快，可以查看变量，像 MATLAB 一样，对数据分析者来讲非常实用，功能简单，很容易上手，同一企业 200 人以内使用是免费的。

3min

3.1.3 Jupyter Notebook 的使用

Jupyter Notebook 是一个交互式笔记本，支持运行 Julia、Python、R、C、C++、C#、Java 等 40 多种程序设计语言。它的本质是一个 Web 应用程序，便于创建和共享程序文档，支持实时代码、数学方程、可视化和 Markdown，能让用户将说明文本、数学方程、代码和可视化内容全部组合到一个易于共享的文档中。它可以直接在代码旁写出叙述性文档，而不是另外编写单独的文档。也就是它可以将代码、文档等这一切集中到一处，让用户一目了然。常见用途包括数据清理和转换、数值模拟、统计建模、机器学习等。Jupyter Notebook 已成为数据分析和机器学习的必备工具，因为它可以让数据分析师集中精力向用户解释整个分析过程。

可以从"开始"菜单 Anaconda 下单击直接打开 Jupyter Notebook，也可以在 Anaconda

Navigator 的 Home 页面中通过单击 Jupyter Notebook 下面的 Launch 按钮打开 Jupyter Notebook，如图 3-16 中箭头所示。

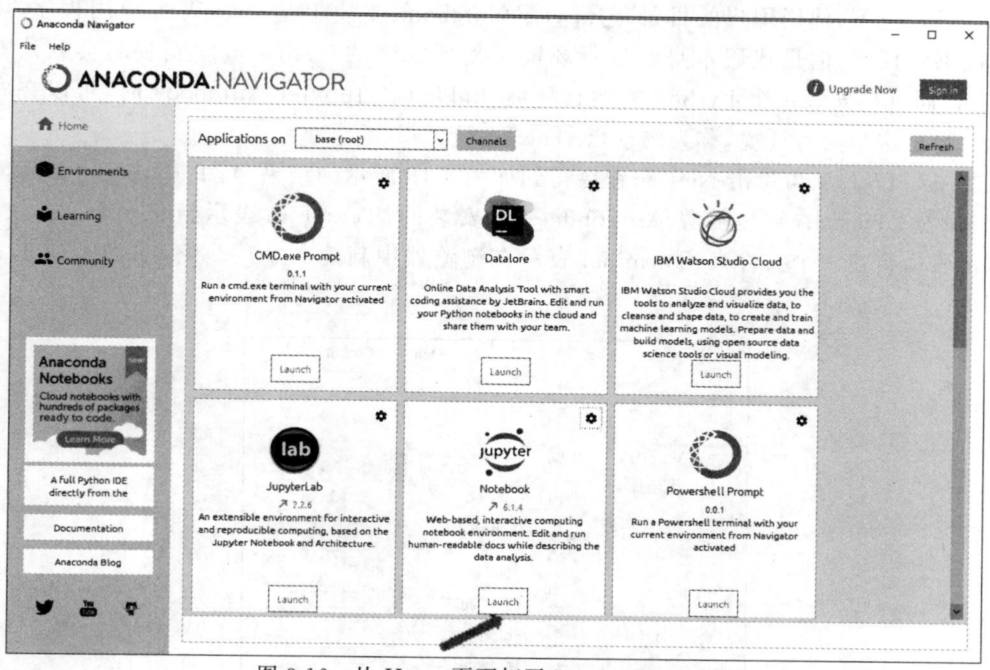

图 3-16 从 Home 页面打开 Jupyter Notebook

Jupyter Notebook 启动成功后可见如图 3-17 所示的界面，其中 Files 页面用于管理和创建文件相关的类目，可以在右侧的 New 下拉菜单中选择创建 Python 文件。

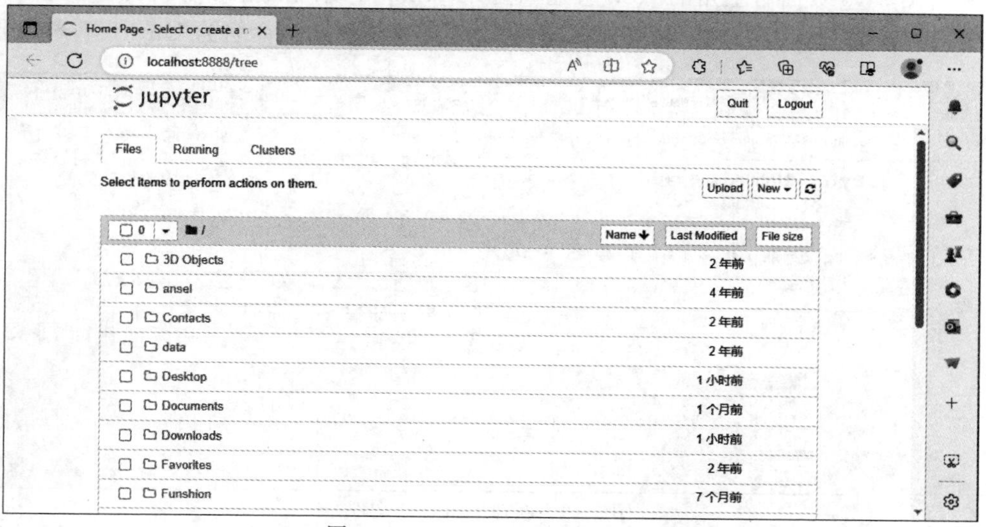

图 3-17 Jupyter Notebook 界面

仔细观察会发现Files页面下的文件夹就是计算机用户目录下面的文件夹,因为Jupyter Notebook在启动的时候有一个默认的目录(可以通过配置文件修改这个默认目录),一般情况下,使用用户的目录。Jupyter Notebook本质上是一个Web应用程序,可以在上面书写代码,但是代码本身的运行环境是需要安装的。Anaconda安装时会默认安装Jupyter,而且会安装一个Python的运行环境,所以打开Jupyter Notebook时,可以在右上角直接看见这个运行环境,称为内核(Kernel)。

在图3-17右上角单击New按钮会得到如图3-18所示的结果,其中Python 3表示默认的Python 3 Kernel,它是随着Anaconda一起安装的;Text File表示新建一个文本文件;Folder表示新建一个文件夹;Terminal表示在浏览器中新建一个用户终端,即类似于cmd的Shell。

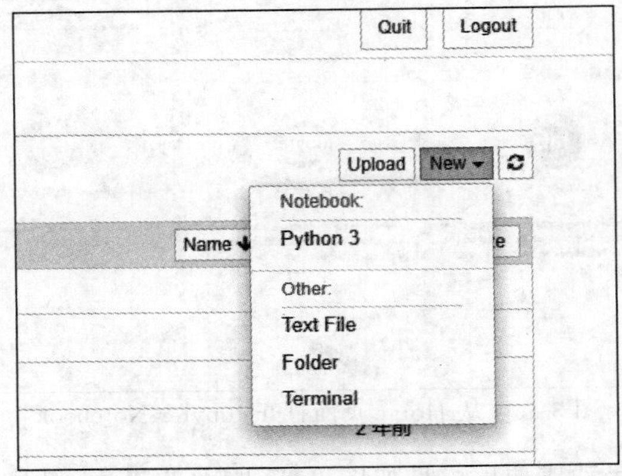

图3-18 Jupyter Notebook的运行环境

单击图3-18页面右上角的New按钮,选择Python 3,即可创建一个新的Python文件。新文件会自动打开,如图3-19所示,此时新的文件被系统自动被命名为Untitled(未命名)。

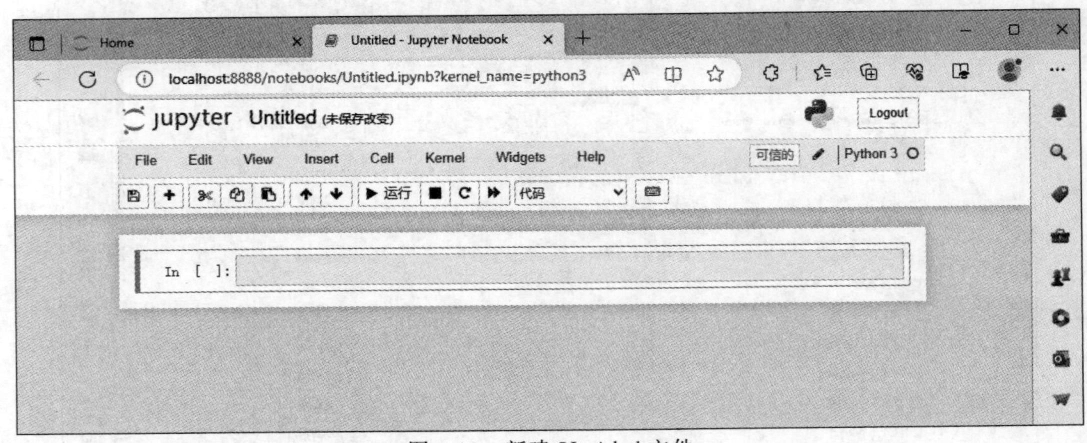

图3-19 新建Untitled文件

单击 Untitled 字样会弹出重命名对话框，如图 3-20 所示，在文本框中输入合适的文件名（如 test），然后单击“重命名”按钮，即可完成文件的重命名工作。Jupyter Notebook 笔记文档的扩展名为.ipynb。

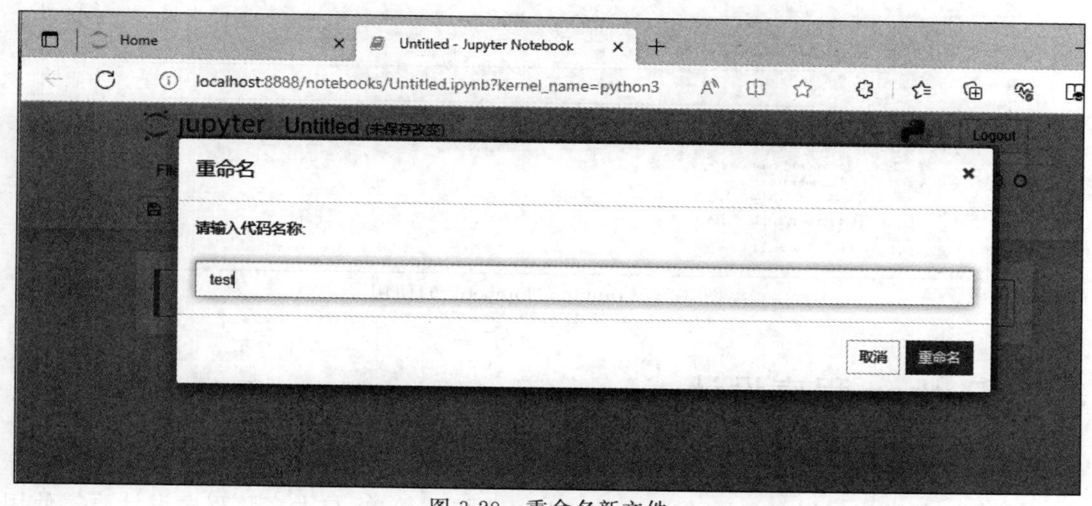

图 3-20　重命名新文件

在图 3-19 中，可以看到代码区左边有个标识“In [ ]:”，这个标识是代码单元块（Cell），它提示这里是输入代码的区域，可以在其中输入任意合法的 Python 语句。

这里介绍 Cell（代码单元块），它用来展示文本或者代码，一个 Cell 就是图 3-19 中的一个框。它是 Notebook 的主要部分，一般有两种主要的 Cell：Code Cell 包括需要执行的代码及其运行结果；Markdown Cell 包含的是 Markdown 格式的文本及其执行结果。Markdown 是一种可以使用普通文本编辑器编写的标记语言，通过简单的标记语法，它可以使普通文本内容具有一定的格式，可以插入链接、图片甚至数学公式。

当代码单元块框线是绿色时，表示编辑模式，此时允许向单元块中键入代码或文本；当代码单元块框线是蓝色时，表示命令模式，可以对单元块进行复制、粘贴操作，向上、向下新建单元块，以及将单元块设置为代码或 Markdown 等。

在编辑模式下按 Esc 键后进入命令模式，在命令模式下按 Enter 键后便进入编辑模式，同时按下 Esc 键和 M 键，进入 Markdown 状态。

下面用一个简单的例子演示一下，如图 3-21 所示，页面第 1 行的说明文字就是一个 Markdown Cell，下面两个都是 Code Cell。第 1 个 Code Cell 用于导入第三方库，第 2 个 Code Cell 是打印命令，下面是打印结果。在 Code Cell 左侧的标签 In[ ]中，In 表示输入（Input 的缩写），[ ]中的数字表示该代码块运行的次序。

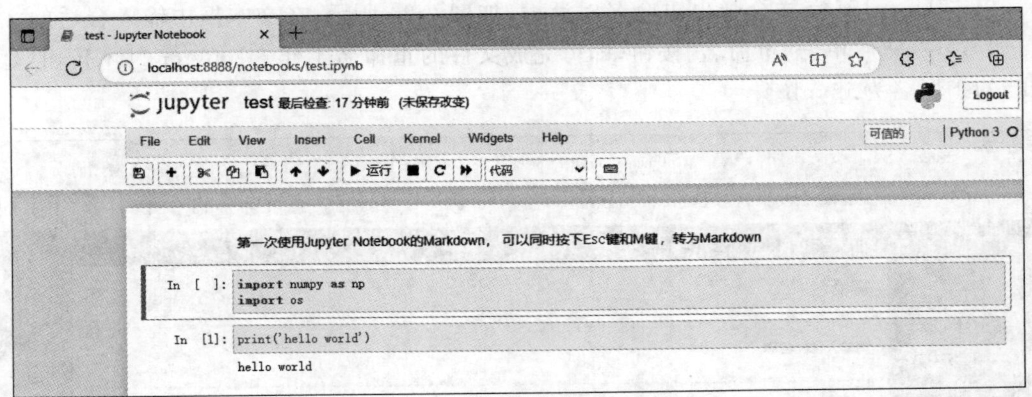

图 3-21 Jupyter Notebook 的使用

3.2 Python 程序设计

Python 是一种面向对象、直译式的计算机程序设计语言,它包含了一组功能完备的标准库,能够轻松地完成很多常见的任务。Python 的语法简单,与大多数程序设计语言使用花括号不同,它通过缩进来定义语句块。Python 同样是一种动态语言,具备垃圾回收功能,能够自动管理内存的使用。Python 经常被当作脚本语言用于处理管理系统任务和网络程序编写,也非常适合完成各种高级任务。Python 支持命令式程序设计、面向对象程序设计、函数式编程、面向侧面的程序设计、泛型编程等多种编程范式。Python 是完全面向对象的语言。函数、模块、数字、字符串都是对象。Python 完全支持继承、重载、派生、多重继承,有利于增强源代码的复用性。

Python 语言的优点非常多,简洁友好、开发速度快、免费开源、可移植性强、可扩展性强、具有丰富的第三方库、可方便地调用 C/C++ 模块。它的缺点是与其他高级程序设计语言(C 语言、C++ 等)相比,运行速度较慢。

8min

3.2.1 变量与数据类型

1. 变量

变量在程序中使用变量名表示,变量名必须是合法的标识符,并且不能使用 Python 关键字。合法的变量名是由字母、数字和下画线组成的序列,并且必须由字母或下画线开头。

例如,x、a1、wang、num_1、radius、m、PI 是合法的标识符,a.2、2sum、x+y、! abc、321、π、3-c 是不合法的标识符。

变量名命名的注意事项:

(1) Python 的变量名区分大小写。变量名和函数名中的英文字母一般习惯用小写,以增加程序的可读性。

(2) 见名知义:通过变量名就知道变量值的含义。一般选用相应英文单词或拼音缩写的形式，如求和用 sum，而尽量不要使用简单代数符号，如 x、y、z 等。

(3) 尽量不要使用容易混淆的单个字符作为标识符，例如数字 0 和字母 o，数字 1 和字母 l。

(4) 开头和结尾都使用下画线的情况应该避免，因为 Python 中大量采用这种名字定义了各种特殊方法和变量。

Python 是一种弱类型的语言，变量的数据类型由赋给它的值的类型决定。变量在使用前不需要先定义，为一个变量赋值后，该变量会自动创建。

例如为变量 x 赋值，采用系统内置函数 type()查看变量 x 的类型，其类型为 int 型，代码如下：

```
>>>x=5
>>>type(x)
<class 'int'>
```

创建字符型变量 string，并赋值为"Hello World!"，代码如下：

```
>>>string="Hello World!"
```

注意：Python 是一种动态类型语言，即变量的类型可以随时变化。

例如，在创建了字符串类型变量 x 之后，之前创建的整型变量 x 就自动失效了，代码如下：

```
   >>>x=5
   >>>type(x)
<class 'int'>

   >>>x="Hello World! "
   >>>type(x)
   <class 'str'>
```

2. 数据类型

一种程序设计语言所支持的数据类型决定了该程序设计语言所能保存的数据。Python 语言常用的内置数据类型包括 Number(数字)、Bool(布尔型)、List(列表)、Tuple(元组)、String(字符串)、Dictionary(字典)和 Set(集合)，如图 3-22 所示，下面分别进行介绍。

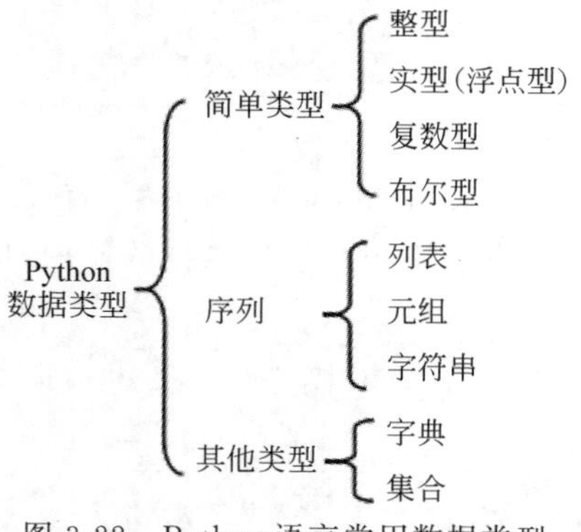

图 3-22　Python 语言常用数据类型

1) Number

Python 中有 3 种不同的数字类型，分别是 int(整型)、float(浮点型)和 complex(复数型)。

整型数字即整数，不带小数点，包括正整数、0 和负整数。在 Python 3.x 中，整型数字在计算机内的表示没有长度限制，其值可以任意大。整数可以使用不同的进制表示。

(1) 十进制整数：不加任何前缀的整数为十进制整数。

(2) 二进制整数：以 0b 为前缀，其后由 0 和 1 组成，如 0b1001 表示二进制数 1001。

(3) 八进制整数：以 0o 为前缀，其后由 0～7 的数字组成，如 0o 456 表示八进制数 456。

(4) 十六进制整数：以 0x 或 0X 开头，其后由 0～9 的数字和字母 a～f 或 A～F 组成，如 0x7A 表示十六进制数 7A。

浮点型数字一般有两种表示形式。

(1) 十进制小数形式：由数字和小数点组成(必须有小数点)，如 1.2、.24、0.0 等，浮点型数字允许小数点后没有任何数字，表示小数部分为 0，如 2.表示 2.0。

(2) 指数形式：用科学记数法表示的浮点数，用字母 e(或 E)表示以 10 为底的指数，e 之前为数字部分，之后为指数部分，如 123.4e3 和 123.4E3 均表示 123.4×10^3。

注意：e(或 E)前面必须有数字，后面必须是整数。

对于浮点型常量，Python 3.x 默认提供 17 位有效数字的精度。

复数型数字由两部分组成：实部和虚部，每部分都是一个浮点数。复数的形式为实部＋虚部 j，表示如下：

a＋bj

其中，a 和 b 是两个数字，a 是实部，b 是虚部，j 是虚部的后缀。

举几个简单的例子，代码如下：

```
>>> x=3+5j                                    #x 为复数
>>> x.real                                    #查看复数实部
3.0

>>> x.imag                                    #查看复数虚部
5.0

>>> y=6-10j                                   #y 为复数
>>> x+y                                       #复数相加
(9-5j)
```

2) Bool

Python 的 Bool(布尔型)有 True 和 False 两个值，分别表示逻辑真和逻辑假。

举例说明布尔型数据的使用，代码如下：

```
>>> type(True)
<class 'bool'>

>>> True==1
True
```

```
>>> False==0
True

>>> 1>2
False

>>> False>-1
True
```

3）List

List(列表)是一种有序的集合,可以随时添加和删除其中的元素,其中可以包含多个元素,所有的元素写在一对方括号中,元素之间用逗号隔开。每个元素的数据类型可以不同,可以是任一数据类型。

举几个简单的例子,代码如下：

```
>>>alist=['hello world', 2023, 2.5, 1+2j]
>>>blist=['we', 3.0, 81, ['are', 'friends'] ]
>>>clist=[]  #空列表
```

List 中的每个元素都分配一个数字(它的位置或索引),第 1 个索引是 0,第 2 个索引是 1,以此类推。List 支持从前向后索引和从后往前索引两种方式。取值时,使用索引从 0 开始正向取值,从－1 开始逆向取值(倒数第 1 个元素的索引为－1,倒数第 2 个元素的索引为－2……)。也可以列表切片(获取一个字符串中的某几位字符),格式为字符串[开始位置:结束位置]。

下面举例说明列表索引的各种用法,代码如下：

```
>>>alist=['hello world', 2023, 2.5, 1+2j]
>>> alist[0]
'hello world'

>>>blist=['we', 3.0, 81, ['are', 'friends'] ]
>>> blist[-1]
['are', 'friends']

>>> alist[1:3]
[2023, 2.5, 1+2j]

>>> alist[1:-1]
[2023, 2.5, 1+2j]

>>> alist[:3]
['hello world', 2023, 2.5]
```

```
>>> alist[1:]
[2023, 2.5, 1+2j]

>>> alist[:]
['hello world', 2023, 2.5, 1+2j]
```

向 List 中添加元素有几种不同的方式：使用“+”运算符将一个新 List 添加在原 List 的尾部；使用 List 对象的 append()方法向 List 尾部添加一个新的元素；使用 List 对象的 extend()方法将一个新 List 添加在原 List 的尾部；使用 List 对象的 insert()方法将一个元素插入列表的指定位置。下面举例逐一说明，代码如下：

```
#使用"+"运算符
>>>alist=['hello world', 2023, 2.5, 1+2j]
>>> alist=a_list+[5]
>>> alist
['hello world', 2023, 2.5, 1+2j, 5]

#使用 List 对象的 append()方法
>>> alist.append('Python')
>>> alist
['hello world', 2023, 2.5, 1+2j, 5, 'Python']

#使用 List 对象的 extend()方法
>>> alist.extend(['Language',3.11])
>>> alist
['hello world', 2023, 2.5, 1+2j, 5, 'Python', 'Language',3.11]

#使用 List 对象的 insert()方法在索引为 3 的位置添加一个元素
>>> alist.insert(3,new)
>>> alist
['hello world', 2023, 2.5, new, 1+2j, 5, 'Python', 'Language',3.11]
```

从 List 中删除元素也有几种不同的方式：使用 del 命令删除列表中指定位置的元素；使用 List 对象的 remove()方法删除首次出现的指定元素。下面举例说明，代码如下：

```
#使用 del 命令删除列表中指定位置的元素
>>>alist=['hello world', 2023, 2.5, new, 1+2j, 5, 'Python', 'Language',3.11]
>>> del alist[2]
>>> alist
['hello world', 2023, new, 1+2j, 5, 'Python', 'Language',3.11]

#del 命令也可以直接删除整个列表
>>> blist=[1,2,2.5]
```

```
>>> blist
[1, 2, 2.5]

>>> del blist
>>> blist
Traceback (most recent call last):
File "<pyshell#42>", line 1, in <module>
    blist
NameError: name 'b_list' is not defined

#使用 List 对象的 remove()方法
>>> alist
['hello world', 2023, new, 1+2j, 5, 'Python', 'Language',3.11]
>>> alist.remove(2023)
>>> alist
['hello world', new, 1+2j, 5, 'Python', 'Language',3.11]
>>> alist.remove(2023)                                    #删除不存在的元素会报错
Traceback (most recent call last):
  File "<pyshell#30>", line 1, in <module>
    alist.remove(2017)
ValueError: list.remove(x): x not in list
```

List 方法及功能见表 3-1。

表 3-1　List 方法及功能

方　法	功　能
list.append(obj)	在列表末尾添加新的对象
list.extend(seq)	在列表末尾一次性追加另一个序列中的多个值
list.insert(index, obj)	将对象插入列表
list.index(obj)	从列表中找出某个值第 1 个匹配项的索引位置
list.count(obj)	统计某个元素在列表中出现的次数
list.remove(obj):	移除列表中某个值的第 1 个匹配项
list.pop(obj=list[-1])	移除列表中的一个元素(默认移除最后一个元素),并且返回该元素的值
sort()	对原列表进行排序
reverse()	反向存放列表元素
cmp(list1, list2)	比较两个列表的元素
len(list)	求列表元素的个数
max(list)	返回列表元素的最大值
min(list)	返回列表元素的最小值

续表

方　法	功　能
list(seq)	将元组转换为列表
sum(list)	对数值型列表元素求和

4）Tuple

在 Python 中，Tuple(元组)是有序且不可更改的集合，其中可以包含多个元素，所有的元素都写在一对圆括号中，元素之间用逗号隔开。与 List 类似，每个元素的数据类型可以不同，Tuple 也支持从前向后索引和从后往前索引两种方式。与 List 不同之处在于，Tuple 中的元素不能修改，而 List 中的元素可以修改。

下面介绍 Tuple 的基本操作。

使用赋值运算符“=”将一个元组赋值给变量可以创建 Tuple 对象。下面是不同类型 Tuple 的创建，代码如下：

```
>>>atuple = ('hello world', 2023, 2.5, 1+2j)
>>>btuple = ('we', 3.0, 81, ('are', 'friends'))
>>>ctuple = ('Today', 1.5, 19, ['is', 'Sunday'])
>>>dtuple=()#空元组
```

注意：当元组中只包含一个元素时，需要在元素后面添加逗号，否则括号会被当作运算符。

```
#创建只包含 1 个元素的元组方法
>>> x=(1)                                    #这里括号被当成了运算符
>>> x
1

>>> y=(1,)                                   #这是只包含一个元素的 Tuple
>>> y
(1,)
```

和 List 一样，可以使用索引访问 Tuple 中的某个元素(得到的是一个元素的值)，也可以使用切片访问 Tuple 中的一组元素。

下面通过例子介绍如何读取 Tuple 的元素，代码如下：

```
>>> atuple = ('hello world', 2023, 2.5, 1+2j)
>>> atuple[1]
'2023'

>>> atuple[-1]
1+2j
```

```
>>> atuple[4]
Traceback (most recent call last):
  File "<pyshell#14>", line 1, in <module>
    a_tuple[4]
IndexError: tuple index out of range
```

Tuple 也可以进行切片操作，方法与列表类似。对 Tuple 切片可以得到一个新的 Tuple，代码如下：

```
>>> atuple=('hello world', 2023, 2.5, 1+2j)
>>> atuple[1:3]
(2023, 2.5, 1+2j)

>>> a_tuple[::3]                          #第 3 个参数 3 表示步长为 3
('hello world', 1+2j)
```

使用 Tuple 的 index()方法可以获取指定元素首次出现的下标，代码如下：

```
>>> atuple=('hello world', 2023, 2.5, 1+2j)
>>> atuple.index(2023)
1
>>> atuple.index('physics',-3)            #当未找到指定元素时报错
Traceback (most recent call last):
  File "<pyshell#24>", line 1, in <module>
    atuple.index('physics',-3)
ValueError: tuple.index(x): x not in tuple
```

使用 Tuple 的 count()方法可以统计元组中指定元素出现的次数，代码如下：

```
>>> atuple=('hello world', 2023, 2.5, 1+2j)
>>> atuple.count(2023)
1
>>> atuple.count(2022)
0
```

使用 in 运算符检索某个元素是否在该 Tuple 中，代码如下：

```
>>> atuple=('hello world', 2023, 2.5, 1+2j)
>>> ' hello world ' in atuple
True
>>> 0.5 in atuple
False
```

使用 del 语句删除元组，删除之后对象就不存在了，如果再次访问，则会出错，代码

如下：

```
>>> del atuple
>>> atuple                                  #当查看不存在的 Tuple 时会报错
Traceback (most recent call last):
  File "<pyshell#30>", line 1, in <module>
    atuple
NameError: name 'atuple' is not defined
```

List 和 Tuple 之间是可以进行转换的，代码如下：

```
>>> alist=['hello world', 2023, 2.5, 1+2j]
>>> tuple(alist)
('hello world', 2023, 2.5, 1+2j)

>>> type(alist)
<class 'tuple'>

>>> btuple=('we', 3.0, 81, ('are', 'friends'))
>>> list(btuple)
['we', 3.0, 81, ('are', 'friends')]      #Tuple 中原来含有的 Tuple 类型的元素未改变

>>> type(btuple)
<class 'tuple'>
```

5）String

在 Python 语言中只有用于保存字符串的 String 类型，没有用于保存单个字符的数据类型。在 Python 中定义一个字符串可以用一对单引号、双引号或者三引号进行界定，并且单引号、双引号和三引号还可以相互嵌套，表示复杂的字符串，举例说明，代码如下：

```
>>> "Hello world"
"Hello world"

>>> s="Hello 'Python'"
>>> s
"Hello 'Python'"
```

不包含任何字符的字符串称为空字符串，用一对单引号('')或者一对双引号("")表示。

如果字符串占据了几行，但想让 Python 保留输入时使用的准确格式，例如将行与行之间的回车符、引号、制表符或者其他信息都保存下来，则可以使用三重引号，代码如下：

```
>>> '''Python is an "object-oriented"
>>> open-source programming language'''
'Python is an "object-oriented"\n open-source programming language'
```

下面介绍 String 的基本操作。

使用赋值运算符“=”将一个字符串赋值给变量可以创建字符串对象。创建字符串的示例代码如下：

```
>>> str1="Hello world"
>>> str1
Hello world

>>> str2='Program \n\'Python\''
>>> str2
Program \n'Python'
```

在 String 中可以使用“字符串名[索引]”的方法对元素进行访问，代码如下：

```
>>> str1[0]
H
>>> str1[-1]
d
```

String 也可以进行分片操作，使用“字符串名[开始索引：结束索引：步长]”的格式进行，示例代码如下：

```
>>> str3="Python Program"
>>> str3[0:5:2]
Pto

>>> str3[:]
Python Program

>>> str3[-1:-20]
margorP nohtyP
```

当字符串进行连接操作时，可以使用运算符“+”将两个 String 对象连接起来，而将 String 对象和数值类型数据进行连接时，需要先使用 str()函数将数值数据转换成 String，然后进行连接运算，代码如下：

```
>>> "Hello"+"World"
HelloWorld

>>> "P"+"y"+"t"+"h"+"o"+"n"+"Program"
PythonProgram

>>> "Python"+str(3)
Python3
```

在对 String 进行操作时，可能用到转义字符。常用的转义字符见表 3-2。

表 3-2 常用转义字符

转义字符	描 述
\	用在行尾时表示续行符
\\	反斜杠符
\'	单引号
\"	双引号
\n	换行
\r	回车
\t	制表符

注意：使用转义字符时应注意以下事项。

（1）转义字符多用于 print()函数中。

（2）转义字符常量（如'\n'和'\x86'等）只能代表一个字符。

（3）反斜线后的八进制数可以不用 0 开头。

（4）反斜线后的十六进制数只能以小写字母 x 开头，不允许用大写字母 X 或 0x 开头。

6）字典

字典（Dictionary）是一种可变容器模型，是一种映射类型，其中的每个元素是一个键-值对。在一个 Dictionary 对象中，键是唯一的，如果出现重复，则最后一个键-值对会替换前面的，值不需要唯一。键必须是可哈希的（不可变类型）数据，前面介绍过的 List、本节介绍的 Dictionary 和后面将要介绍的集合类型（Set）的数据都不是可哈希对象，它们都不能作为集合中的元素。

Dictionary 的每个键-值对（key：value）内用冒号分割键和值，键-值对之间用逗号分隔，整个 Dictionary 包括在花括号中，格式如下。

```
d = {key1:value1,key2:value2,… }
```

注意：dict 是 Python 的关键字和内置函数，因此不建议将变量命名为 dict。

在创建 Dictionary 时，可以使用"="将一个 Dictionary 赋给一个变量，也可以使用内建函数 dict()，或者使用内建函数 fromkeys()，下面分别举例说明，代码如下：

```
>>>Dcountry={'中国': '北京',  '美国': '华盛顿','法国': '巴黎'}
>>>Dcountry
{'中国': '北京',  '美国': '华盛顿','法国': '巴黎'}

>>>tinydict1 = { 'abc': 123 }
>>>tinydict2 = { 'abc': 456, 78.9: 01 }
>>>tinydict3={}
```

```
>>> tinydict1
{ 'abc': 123 }

>>> tinydict2
{ 'abc': 456, 78.9: 01 }

>>> tinydict3                                    #这是一个空字典
{}

>>>tinydict4= dict(one = 1, two = 2, three = 3)
>>> tinydict4
{'three': 3, 'one': 1, 'two': 2}

>>> tinydict5=dict()
>>> tinydict5
{}                                               #这是一个空字典

>>> tinydict6=dict.fromkeys((1,2,3),'student')
>>> tinydict6
{1: 'student', 2: 'student', 3: 'student'}

>>> tinydict7=dict.fromkeys((1,2,3))
>>> tinydict7
{1: None, 2: None, 3: None}

>>> tinydict8=dict.fromkeys(())
>>> tinydict8
{}                                               #这是一个空字典
```

在对 Dictionary 元素进行访问时，可以使用索引进行，代码如下：

```
>>> tinydict4= dict(one = 1, two = 2, three = 3)
>>> tinydict4 [two]
2

>>> tinydict4 [95]
Traceback (most recent call last):
  File "<pyshell#32>", line 1, in <module>
    a_dict[95]
KeyError: 95
```

7）集合

在 Python 语言中集合(Set)是一个无序的不重复元素序列，它也可以包含多个不同类型的元素，集合中的元素是不能重复的，如果有重复的元素，则集合会自动去重。可以使用花括号或者 set()函数创建集合。

语法格式：

```
set1={value1,value2,…}
set(value)
```

举几个简单的例子进行说明，代码如下：

```
>>> a_set={0,1,2,3,4,5,6,7,8,9}
>>> a_set
{0, 1, 2, 3, 4, 5, 6, 7, 8, 9}

>>> b_set={1,2,2,3}                                    //重复元素
>>> b_set
{1, 2, 3}

>>> b_set=set(['Hello', 'world',2023, 0.5])
>>> b_set
{2023, 0.5, 'Hello', 'world'}

>>> c_set= set('Python')
>>> c_set
{'y', 'o', 't', 'h', 'n', 'P'}
```

注意：

(1) 创建一个空集合必须用 set()而不能用{}，因为{}是用来创建一个空字典的。

(2) 创建集合时，其中的元素必须是可哈希的。

可以使用 in 或者循环遍历访问元素，代码如下：

```
>>> b_set= set(['Hello', 'world',2023, 0.5])
>>> b_set
{2023, 0.5, 'Hello', 'world'}

>>> 2023 in b_set
True
>>> 2022 in b_set
False

>>> for i in b_set:print(i,end=' ')
2023 0.5 Hello world
```

在删除集合时，可以使用 del 命令，代码如下：

```
>>> a_set={0,1,2,3,4,5,6,7,8,9}
>>> a_set
{0, 1, 2, 3, 4, 5, 6, 7, 8, 9}
>>> del a_set
```

```
>>> a_set
Traceback (most recent call last):
  File "<pyshell#66>", line 1, in <module>
    a_set
NameError: name 'a_set' is not defined
```

3.2.2 运算和函数

6min

1. 运算符

Python 语言的运算符按照它们的功能可分以下几种。

(1) 算术运算符：+、-、*、/、**、//、%。

(2) 关系运算符：>、<、>=、<=、==、!=。

(3) 逻辑运算符：and、or、not。

(4) 位运算符：<<、>>、~、|、^、&。

(5) 赋值运算符：=。

(6) 成员运算符：in、not in。

(7) 同一运算符：is、is not。

(8) 下标运算符：[ ]。

(9) 其他，如函数调用运算符()。

常用算术运算符见表 3-3。

表 3-3 常用算术运算符

运 算 符	含 义	优 先 级	结 合 性
+	加法	这些运算符的优先级相同，但比下面的运算符优先级低	左结合
-	减法		
*	乘法	这些运算符的优先级相同，但比上面的运算符优先级高	
/	除法		
//	整除		
**	幂运算		
%	取模		

Python 中除法有/和//两种，在 Python 3.x 中分别表示除法和整除运算，代码如下：

```
>>> 3/5
 0.6

>>> 3//5
```

```
 0

>>> -3.0//5
 -1.0

>>> 3.0//-5
 -1.0
```

**运算符用于实现乘方运算，其优先级高于 * 和/，代码如下：

```
>>> 2**3
 8

>>> 4 * 3**2
 36
```

有些运算符具有多重含义，代码如下：

```
>>> 3 * 5                                     #整数相乘运算
15

>>> 'a' * 10                                  #字符串重复运算
'aaaaaaaaaa'
```

常用的关系运算符见表 3-4。

表 3-4 常用的关系运算符

运 算 符	含 义	优 先 级	结 合 性
>	大于	这些运算符的优先级相同，但比下面的运算符优先级低	左结合
>=	大于或等于		
<	小于		
<=	小于或等于		
==	等于	这些运算符的优先级相同，但比上面的运算符优先级高	
!=	不等于		
<>	不等于		

逻辑运算符见表 3-5。

表 3-5 逻辑运算符

运 算 符	含 义	优 先 级	结 合 性
not	逻辑非	高 ↑ 低	右结合
and	逻辑与		左结合
or	逻辑或		

成员运算符用于判断一个元素是否在某个序列中，或者判断一个字符是否属于这个字符串等，运算结果仍是逻辑值。成员运算符见表 3-6。

表 3-6 成员运算符

运 算 符	含 义	优 先 级	结 合 性
in	存在	相同	左结合
not in	不存在		

同一运算符用于测试两个变量是否指向同一个对象，其运算结果是逻辑值。is 检查用来运算的两个变量是否引用同一对象，如果相同，则返回值为 True，如果不相同，则返回值为 False。is not 检查用来运算的两个变量是否不是引用同一对象，如果不是同一个对象，则返回值为 True，否则返回值为 False。同一运算符见表 3-7。

表 3-7 同一运算符

运 算 符	含 义	优 先 级	结 合 性
is	相同	相同	左结合
is not	不相同		

运算符的优先级和结合性见表 3-8。

表 3-8 运算符的优先级和结合性

优 先 级	运 算 符	结 合 性
高 ↑ 低	()	从左至右
	**	
	*、/、%、//	
	+、-	
	<、<=、>、>=	
	==、!=、<>	
	is、not is	
	in、not in	
	not	从右至左
	and	从左至右
	or	

2. 函数

函数是一组实现某一特定功能的语句集合，是可以重复调用、功能相对独立完整的程序段。

前面章节中已经接触过多个函数(例如 3.2.1 节里提到的 List 常用函数)，这些都是 Python 的内置函数，也叫库函数或标准函数，它们是由系统提供的，在程序前导入该函数原型所在的模块即可使用。使用库函数前应该先了解该函数实现的具体功能，弄清楚函数参数的个数和顺序，以及各参数的意义和数据类型，还要了解该函数返回值的意义和数据类型。

除了可以直接使用的内置函数外，Python 还支持自定义函数，即将一段有规律的、可重复使用的代码定义成函数，从而达到一次编写、多次调用的目的。

Python 中自定义函数的语法如下：

```
def function(parameter):
    "The function definitions"
    expressions
    [return para]
```

其中，def 是定义函数的关键字；function 是函数的名字；圆括号内部的 parameter 为函数的形式参数，可以有 0 个、1 个或多个；冒号后面为函数的具体功能实现代码；" "内部为文档描述(非必要，但是强烈建议为自定义的函数添加描述信息，增加程序的可读性)；expressions 泛指代码块；return 为可选项，如果函数有返回值 para，则在 expressions 的逻辑代码中用 return 返回。函数返回值分 3 种情况：①无返回值(没有 return 的情况)；②返回一个值；③返回一个元组。

下面举个例子，代码如下：

```
//第 3 章/function1.py
def func1():
    print('It is a function')
    a = 2
    print(a)
```

上面定义了一个名字为 func1 的函数，函数没有参数，所以括号内部为空，紧接着是函数的功能代码。

函数的调用通过函数名()即可完成。调用函数 func1()的代码输出结果如下(这里调用函数的括号不能省略)：

```
It is a function
2
```

含有参数的函数定义和调用起来时需要注意参数的使用。参数包括形式参数和实际参数。

形式参数：在定义函数时圆括号中的参数，用来接收参数，称为“形式参数”，简称“形参”。形参不是实际存在的，而是虚拟变量。在定义函数和函数体时使用形参，其目的是在函数调用时接收实际参数(实际参数的个数,以及数据类型应与形参一一对应)。

实际参数:在调用函数时圆括号中的参数,用来将参数值传递给函数,称为"实际参数",简称"实参"。实参可以是常量、变量、表达式,但必须在函数调用时有确定的值且实参与形参的个数相同。

二者的区别是:形参定义时,编译系统并不为其分配存储空间,也无初始值,只有在函数调用时,临时分配存储空间,接受来自实参的值,函数调用结束,内存空间释放;实参是一个变量,占用内存空间,数据传送是单向的,在函数调用时,将各个实参表达式的值计算出来,赋给形参变量,因此,实参与形参必须类型相同或赋值兼容,个数相等,一一对应。在函数调用中,即使实参为变量,形参值的改变也不会改变实参变量的值。

下面举一个简单的例子,定义一个有参数的函数,其参数是两个数值,函数的功能是对两个参数求和并输出,代码如下:

```
//第 3 章/function2.py
def func2(a, b):
    c = a + b
    print(c)
```

func2()函数有两个形参,无返回值。运行脚本后,调用函数 func2(),如果不指定参数,直接写 func2(),则会报错;输入 func2(1,2),表示将 a=1,b=2 传入函数,输出程序运行结果 3。在调用函数时,参数的个数和位置一定要按照函数的定义来。如果忘记了函数形参的次序,只知道各参数的名字,则可以在函数调用的过程中指明特定的参数,如 func2(b = 2,a=1),这样,参数的次序将不受影响,所以 func2(b=2,a=1)可以正确执行。也可以混合使用参数,只指定部分参数,这时指定的参数要放在最后面,代码如下:

```
//第 3 章/function3.py
num1 = 12
num2 =34
func2(num1, num2)     #实参的个数,以及数据类型应与形式参数一一对应
func2 (1,2)           #实参的个数,以及数据类型应与形式参数一一对应
func2 (b=2,a=1)       #关键字参数,调用函数的时候使用的是函数的形参名,与形参顺序无关
func2 (1,b=2)         #混合使用
```

自定义函数中还可以含有缺省参数(也叫默认参数),调用这样的函数时,缺省参数的值如果没有传入,则取默认值。

下面举一个简单的例子,定义一个有缺省参数的函数,并调用这个函数,代码如下:

```
//第 3 章/function4.py
def func3(x,y=2):
print(y)
z=x+y
    print(z)
```

```
func3 (1)                    #调用函数 func3 的时候,如果没有给形参 y 传值,就使用默认值 y=2
func3 (1,y=3)
func3 (1,3)
```

在自定义函数中，可以用 return 语句指定需要返回的值，该返回值可以是任意数据类型。需要注意的是，return 语句在同一函数中可以出现多次，但只要有一个得到执行，就会直接结束函数的执行。

在自定义函数中，使用 return 语句的语法格式如下：

```
return [返回值]
```

其中，返回值参数可以指定，也可以省略不写（将返回空值 None）。

下面举一个简单的例子，定义有一个返回值的函数，通过 return 语句指定返回值后，在调用函数时，既可以将该函数赋值给一个变量，用变量保存函数的返回值，也可以将函数再作为某个函数的实参，代码如下：

```
//第 3 章/function5.py
def func4(a,b):
    c=a+b
return c #返回值

#调用函数,将函数的返回值赋值给变量 c
c=func4(1,2)
print(c)

#将函数的返回值作为其他函数的实参
print(func4(3,4))
```

运行结果如下：

```
3
7
```

下面的例子定义一个含有多个 return 语句的函数，代码如下：

```
//第 3 章/function6.py
def func5(x):
    if x >0:
        return True          #若参数 x 的值大于 0,则程序运行到此结束
    else:
        return False
```

调用这个函数，代码如下：

```
print(func5 (1))
print(func5 (0))
```

运行结果如下：

```
True
False
```

从这个例子中可以看到，函数中可以同时包含多个 return 语句，但最终真正执行的最多只有一个，并且一旦执行，函数会立即结束，后面的 return 没有发挥作用。

在函数的执行过程中可能直接或间接调用该函数本身，这种操作叫作函数的递归调用。递归调用又分为两种：直接递归调用（在函数中直接调用函数本身）和间接递归调用（在函数中调用其他函数，其他函数又调用原函数）。

下面举一个例子，这是一个简单的数学问题：用递归方法求 n 的阶乘。递归方程如下：

$$n! = \begin{cases} 1 & (n=0,1) \\ n \cdot (n-1)! & (n>1) \end{cases} \tag{3-1}$$

实现代码如下：

```
//第 3 章/recursion.py
#首先定义一个表示递归方程的函数 fac
def fac(n):
  if  n in(0,1):
      result=1                          #当 n=0 或 1 时，阶乘为 1
  else:
      result =fac(n-1) * n;             #当 n!=0 时，n 的阶乘递归计算为 n-1 的阶乘乘以 n
#这里直接递归调用了 fac 函数本身
  return result
```

调用该函数，代码如下：

```
n=int(input("please input n: "))
f=fac(n)
print("%d! =%d"%(n,f))
```

程序执行过程分为两个阶段：第一阶段是逐层调用函数自身，直到 n=1 或 0，也就是程序可以直接得到结果为止；第二阶段是逐层返回，把乘积结果返回调用该层的位置。递归调用是多重嵌套调用的一种特殊情况。

当程序中含有多个函数时，定义的每个变量只能在一定的范围内被访问，称为变量的作用域。按作用域来划分，可以将变量分为局部变量和全局变量。

在一个函数内部或者语句块内部定义的变量称为局部变量。局部变量的作用域仅限于定义它的函数体或语句块中，即只能在这个函数中使用，在函数的外部是不能使用的。局部变量的作用是为了临时保存数据。当函数调用时，局部变量被创建，当函数调用完成后这个变量就不能使用了。

在所有函数之外定义的变量称为全局变量，它可以在多个函数中被引用。如果要在函数内部创建全局变量，则可以使用 global 关键字进行定义。

下面举例说明这两种变量，代码如下：

```
//第 3 章/variable.py
x = 30                    #这里的 x 是一个全局变量
def func6():
print('It is a Local variable)
#下面定义的变量 a 是一个局部变量，仅在函数 func6()的内部有效
  a = 1
print(a)

def func7():
  global x
  print('x 的值是', x)  #这里的 x 使用了全局变量，其值为 30
  x=20                  #这里修改了全局变量 x 的值
  print('全局变量 x 改为', x)

func7()                   #这里调用了函数 func7()，在这个函数中，全局变量 x 的值被修改了

print('x 的值是', x)
```

运行结果如下：

```
1
20
```

3.3 本章小结

本章介绍了 Python 的一个集成开发环境 Anaconda 的安装及其中两个常用工具 Spyder 和 Jupyter Notebook 的使用，简单介绍了 Python 程序设计的变量、数据类型、运算和函数等基本内容。

通过本章的学习，读者可以对 Python 的基本概念、特点及应用有一个大致的了解，熟悉 Anaconda 的安装与使用，学习编写基于 Python 语言的简单程序。

第4章 自然语言处理相关工具库

前面几章介绍了自然语言处理的产生、发展、研究内容和应用领域及自然语言处理的首选语言 Python，本章重点讨论在自然语言处理中常用的第三方工具库。4.1 节介绍基于 Python 语言的机器学习库 Scikit-learn；4.2 节介绍用于 n 维数组处理和数值计算的免费开源 Python 库 NumPy；4.3 节介绍基于 Python 构建的专门进行数据操作和分析的开源软件库 Pandas；4.4 节介绍提供大量用于文本分析工具的自然语言工具包 NLTK；4.5 节介绍使用 Python 进行全面二维/三维绘图设计的工具库 Matplotlib；4.6 节介绍目前比较流行的深度学习框架 TensorFlow；4.7 节介绍开源的 Python 机器学习库 PyTorch；4.8 节介绍百度自主研发的集深度学习核心框架、工具组件和服务平台为一体的开源深度学习平台飞桨 Paddle。

4.1 Scikit-learn

6min

在工程应用中，开发者使用 Python 代码从零开始实现一个算法的可能性非常低，更多情况下，是分析采集到的数据，根据数据特征选择适合的算法，借助于工具来完成用户的任务。在工具包中调用算法，调整算法的参数，获取需要的信息，从而实现算法效率和效果之间的平衡，而 Scikit-learn 正是这样一个可以帮助程序员高效实现算法应用的工具包。

Scikit-learn 项目始于 Scikits.learn，这是数据科学家 David Cournapeau 等在谷歌代码之夏 2007 年的年度指导计划中发起的机器学习的开源项目。它的名称源于 Scikit（SciPy 工具包）的概念，由于它提供了机器学习算法，因此被命名为 Scikit-learn。它是 SciPy 的独立开发和分布式第三方扩展，原始代码库后来被其他开发人员重写。到目前为止，Scikit-learn 已成为一款非常成熟的著名机器学习框架，也是 GitHub 上最受欢迎的机器学习库之一。

Scikit-learn 又写作 sklearn，是一个开源的基于 Python 语言的机器学习工具包，提供了多种常用的机器学习算法和工具，包括分类、回归、聚类、降维、模型选择和预处理等，同时也是用于机器学习、可视化、预处理、模型拟合、选择和评估的工具。Scikit-learn 具有大量用于分类、回归和集群的高效算法，提供了高效、丰富的 API 和便捷的数据处理工具，可以使用户快速搭建机器学习模型和进行数据分析。Scikit-learn 还提供了适用于大多数算法的详细文档和示例代码,以及大量在线教程,便于用户学习和使用。

Scikit-learn 建立在 NumPy、SciPy 和 Matplotlib 等科学计算库之上,与这些库很好地集成在一起,例如 Scikit-learn 广泛使用 NumPy 进行高性能的线性代数和数组运算,使用 Matplotlib 和 Plotly 进行绘图,以及使用 NumPy 进行数组向量化等。

Scikit-learn 的优点很多。

(1) 简单易用:Scikit-learn 提供了完善的文档,接口简单易懂,可以让用户很容易地上手进行机器学习。Scikit-learn 的 API 非常统一,各种算法的使用方法基本一致,使学习和使用变得更加方便,另外它的模型相对较简单,所以非常适合机器学习的初学者入门。

(2) 大量实现了机器学习算法:Scikit-learn 实现了各种经典的机器学习算法,而且提供了丰富的工具和函数,使算法的调试和优化变得更加容易。

(3) 开源免费:Scikit-learn 是完全开源的,而且是免费的,任何人都可以使用和修改它的代码。

(4) 丰富的数据集:Scikit-learn 内置了大量数据集,节省了获取和整理数据集的时间。

(5) 高效稳定:Scikit-learn 实现了各种高效的机器学习算法,可以处理大规模数据集,并且在稳定性和可靠性方面表现出色。

Anaconda 自带 Scikit-learn 模块,可以直接使用。

Scikit-learn 中常用的六大任务模块如下。

1. 分类

Scikit-learn 中含有一组分类工具,这组工具可识别机器学习模型中与数据相关的类别。例如,这些工具可用于将电子邮件分类为有效邮件或垃圾邮件。实际上,分类可确定目标所属的类别。常用的算法有支持向量机(Support Vector Machine,SVM)、最近邻(Nearest Neighbors)、随机森林(Random Forest)。常见的应用有垃圾邮件识别、图像识别等。

2. 回归

回归是指创建一个合适的机器学习模型,该模型试图理解输入和输出数据(例如行为或股票价格)之间的关系,用来预测与对象相关联的连续值属性。常见的算法有支持向量回归(Support Vector Regression,SVR)、岭回归(Ridge Regression)、拉索回归(Lasso)等。常见的应用有药物反应、预测股价等。

3. 聚类

Scikit-learn 中的聚类工具自动将具有相似特征的数据以数据集的形式进行分组,例如根据物理位置排列成集的客户数据。常用的算法有 K 均值聚类算法(K-Means)、谱聚类(Spectral Clustering)、均值漂移(Mean-shift)等。常见的应用有客户细分、分组实验结果等。

4. 降维

降维操作可以减少用于分析的随机变量的数量。例如,为了提升可视化的效率,可能会将离散数据排除在外。常见的算法有主成分分析(Principal Component Analysis,PCA)、特征选择(Feature Selection)、非负矩阵分解(Non-negative Matrix Factorization)等。常见的应用有可视化、提高效率等。

5. 模型选择

模型的选择是指从可用的不同模型中选择一个适合特定问题的模型。模型是机器学习的核心组件,它是对数据进行学习和预测的数学表示。不同的模型具有不同的表达能力和假设,适用于不同类型的数据和问题。

6. 预处理

预处理可用于数据分析期间的特征提取和归一化。常用的模块有再处理(Reprocessing)和特征提取(Feature Extraction)等。常见的应用有把输入数据(如文本)转换为机器学习算法可用的数据等。

Scikit-learn 的工作原理如下:Scikit-learn 主要采用 Python 编写,并使用 NumPy 进行高性能线性代数运算及数组运算。一些核心 Scikit-learn 算法则采用 Cython 编写,以提升整体性能。作为更高级别的库,它包含各种机器学习算法的实施,Scikit-learn 让用户仅使用几行代码即可构建、训练和评估模型。Scikit-learn 还提供了一套统一的高级别 API,以供构建机器学习流程或工作流程使用。

Scikit-learn 把所有机器学习的模式整合统一起来,模式通用,其分类、回归、聚类或降维步骤大致一致,基本步骤如下。

(1) 加载数据集:使用 Scikit-learn 自带的数据集或者导入自己的数据集。

(2) 数据预处理:对数据进行缺失值处理、特征标准化、特征选择等操作。

(3) 特征工程:对数据进行特征提取和转换,以便更好地表达数据。

(4) 模型选择和训练:选择合适的机器学习算法,使用训练数据进行模型训练。

(5) 模型评估:使用测试数据对模型进行评估,计算模型的性能指标。

(6) 模型优化:根据模型评估的结果,调整模型参数,重新训练模型,提高模型的性能。

(7) 模型预测:使用训练好的模型对新的数据进行预测。

4.2 NumPy

7min

NumPy 是使用 Python 进行科学计算的基础包,是一个免费的 Python 编程语言开源库。NumPy 是 Numerical Python 的缩写,基于早期的 Numeric 和 Numarray 库构建而成,旨在为 Python 提供快速的数字计算。作为科学计算的核心库,NumPy 是 Pandas、Scikit-learn 和 Scipy 等库的基础,被广泛应用于在大型数组上执行优化的数学运算。

NumPy 包含如下的内容:①一个强大的 N 维数组对象;②复杂的广播功能;③用于集成 Fortran 和 C/C++ 代码的工具;④有用的线性代数运算,傅里叶变换和随机数功能;⑤除了明显的科学用途外,NumPy 还可以用作通用数据的高效多维容器,可以定义任意数据类型,这使 NumPy 能够无缝快速地与各种数据库集成。

标准 Python 不能直接处理高维向量,需要用循环来处理数组中的每个元素,计算效率非常低。NumPy 弥补了这一不足,NumPy 支持两种高级对象:强大的 N 维数组对象 ndarray(n-Dimensional Array)和函数库 ufunc(Universal Function)。ndarray 是存储单一数据类型的高维数组;ufunc 是一种能对数据的每个元素进行操作的函数,是用 C 语言编写及实现的,因此使用 NumPy 可以体验在标准 Python 中永远无法体验到的闪电般的速度。

NumPy 具有以下重要优势和特性:

(1) NumPy 的 ndarray 计算概念是 Python 和 PyData 科学生态系统的核心。

(2) NumPy 为高度优化的 C 函数提供了 Python 前端,可提供简单的 Python 接口,并实现编译代码的高速执行。

(3) NumPy 强大的 N 维数组对象可与各种库集成。

(4) 与使用 Python 的内置列表相比,NumPy 数组可以更高效地使用大型数据集来执行高级数学运算,并且使用的代码更少。对于问题规模大和要求速度快的科学计算而言,这一点至关重要。

Anaconda 中已经安装了 NumPy,可以在代码中使用命令 import numpy as np 导入 NumPy 库。

在 NumPy 中创建 ndarray 对象有下面几种常见的方法。

(1) 使用 array()函数创建数组,代码如下:

```
//第 4 章/array.py
import numpy as np                              #引入 NumPy 库
arr1=np.array([1,2,3,4])                        #创建数组
print('数组:',arr1)
print('数据类型:',arr1.dtype)
arr2=np.array ([[1,2],[3,4]])
print('数组 2:',arr2)
```

运行结果如下。

```
数组: [1 2 3 4]
数据类型: int32
数组 2:  [ [1 2]
           [3 4]]
```

(2) 使用 arange()函数创建数组。

使用 arange()方法可以基于一个数据范围来创建数组,语法如下:

```
np.arange(start, end, step)
```

各参数含义为数组从 start 开始,到 end 结束,不包含 end,步长为 step,可以为小数,默认为 1,示例代码如下:

```
//第 4 章/arange.py
import numpy as np
```

```
arr3=np.arange(0,20,5)                          #利用 arange 函数创建数组
print('数组:',arr3)
print('数据类型:',arr3.dtype)
```

运行结果如下。

```
数组: [0 5 10 15]
数据类型: int32
```

(3) 使用 linspace()函数创建数组。

linspace()函数用于创建指定数量等间隔的序列,实际生成一个等差数列,语法如下:

```
np.linspace(start, end, num, endpoint)
```

其中,参数 start 表示起始位置,end 表示结束位置,num 表示等差数列含有的元素个数,默认值为 50,endpoint 为可选参数,决定终止值(由 end 参数指定的值)是否包含在结果数组中。如果 endpoint=True,则结果中包含中止值,如果 endpoint=False,则不包含,默认值为 True,示例代码如下:

```
//第 4 章/linspace
import numpy as np
arr4=np.linspace(0,20,5)                        #从 0 开始到 20 结束,共 5 个数的等差数列
print(arr4)
```

运行结果如下:

```
[0 5 10 15 20]
```

(4) 使用 logspace()函数创建数组。

logspace()函数用于生成等比数列,语法格式如下:

```
numpy.logspace(start,end,num=50,endpoint=True,base=10.0,dtype=None)
```

函数的参数说明如下。

start:指定范围的起始值,在对数刻度上是 10 的 start 次方。

end:指定范围的结束值,在对数刻度上是 10 的 end 次方。

num:可选参数,生成的数组中的元素数量,默认为 50。

endpoint:可选参数,指定范围的结束值是否包含在生成的数组中,默认值为 True。

base:可选参数,对数刻度的底数,默认为 10.0。

dtype:可选参数,指定生成的数组的数据类型。

返回值:生成的一维数组。

下面举一个简单的例子,生成一个包含 4 个元素的等比间隔数组,范围从 10 的 0 次方到 10 的 3 次方(不包含 10 的 3 次方),底数为 2,代码如下:

```
//第 4 章/logspace.py
import numpy as np
arr5 = np.logspace(0,3,4,base=2)
print(arr5)
```

运行结果如下：

```
[1. 2. 4. 8.]
```

此外，还可以使用 zeros()、ones()等函数创建全 0 和全 1 的矩阵，示例代码如下：

```
//第 4 章/others.py
#使用 zeros()函数创建一个全 0 的数组。函数的参数表示行数和列数(或其维数)
import numpy as np
arr6 = np.zeros((2,4))
print(arr6)
```

运行结果如下：

```
( [[0., 0., 0., 0.],
   [0., 0., 0., 0.] ] )
```

```
#使用 ones()函数创建一个填充了 1 的数组
arr7=np.ones((3,4))
print(arr7)
```

运行结果如下：

```
( [ [1., 1., 1., 1.],
    [1., 1., 1., 1.],
    [1., 1., 1., 1.] ] )
```

```
#使用 empty()函数创建一个数组。它的初始内容是随机的,取决于内存的状态
arr8=np.empty((2,3))
print(arr8)
```

运行结果如下：

```
( [ [0.65670626, 0.52097334, 0.99831087],
    [0.07280136, 0.4416958, 0.06185705] ] )
```

```
#使用 full()函数创建一个填充给定值的 n * n 数组
arr9=np.full((2,2), 3)
print(arr9)
```

运行结果如下：

```
([[3, 3],
  [3, 3]])
```

```
#使用 eye()函数可以创建一个 n * n 矩阵,对角线为 1,其他为 0
arr10=np.eye(3,3)
print(arr10)
```

运行结果如下：

```
([[1., 0., 0.],
  [0., 1., 0.],
  [0., 0., 1.]])
```

ndarray 中常用的属性及含义见表 4-1。

表 4-1 ndarray 中常用的属性及含义

属 性 名	含 义
ndarray.ndim	数组的轴(维度)的数量
ndarray.shape	数组的维度。为一个整数元组,表示每个维度上的大小。对于一个 n 行 m 列的矩阵来讲,shape 就是(n,m)。shape 元组的长度就是秩(或者维度的数量)ndim
ndarray.size	数组的元素的总个数,等于 shape 元素的乘积
ndarray.dtype	用来描述数组中元素类型的对象
ndarray.itemsize	数组的每个元素的字节大小。例如,一种类型为 float64 的元素的数组 itemsize 为 8
ndarray.data	该缓冲区包含了数组的实际元素

ndarray 数组可以使用索引方式和切片方式进行访问,索引从 0 开始,因此第 1 个元素的索引为 0,第 2 个元素的索引为 1,以此类推。当使用切片方式进行访问时,可以通过冒号(:)分隔符指定切片范围,第 1 个数表示起始位置,第 2 个数表示终止位置(不包含该位置的元素),如果省略中间的数,则表示从头或末尾开始,例如 arr[:3]表示从头开始到第 4 个元素(不包含该元素),示例代码如下：

```
//第 4 章/ndarray.py
import numpy as np
arr11 = np.array([1,2,3,4,5])
print(arr11[0])                #输出第 1 个元素 1,索引从 0 开始
print(arr11[2:4])              #输出第 3 到第 4 个元素,使用切片操作
print(arr11[:3])               #输出前 3 个元素
print(arr11[3:])               #输出从第 4 个元素开始到最后的所有元素
arr12=np.array([[0,1,2],
[3,4,5]])                      #二维数组的示例
print(arr12[:,:2])             #输出为[[0,1],[3,4]]。":"表示保留该维度中的所有值
                               #":2"表示保留该维度中的前两个值
```

NumPy 数组可以进行加、减、乘、除等数值运算，如果两个形状一致的数组进行计算，则位置相同的两个值进行相应的运算。如果进行数值计算的两个数组形状不一样，则会触发广播机制。广播机制简单地说就是把形状不同的两个数组变成形状相同的两个数组，然后计算对应位的数值。示例代码如下：

```
//第 4 章/NumPy1.py
import numpy as np
a = np.array([[ 0, 0, 0],
[10,10,10],
[20,20,20],
[30,30,30]])
b = np.array([0,1,2])
print(a + b)
```

运行结果如下：

```
[[ 0  1  2]
 [10 11 12]
 [20 21 22]
 [30 31 32]]
```

图 4-1 展示了数组 b 如何通过广播与数组 a 兼容。4×3 的二维数组与长为 3 的一维数组相加，等效于把数组 b 在第二维上重复 4 次变成 4×3 的二维数组后再运算。

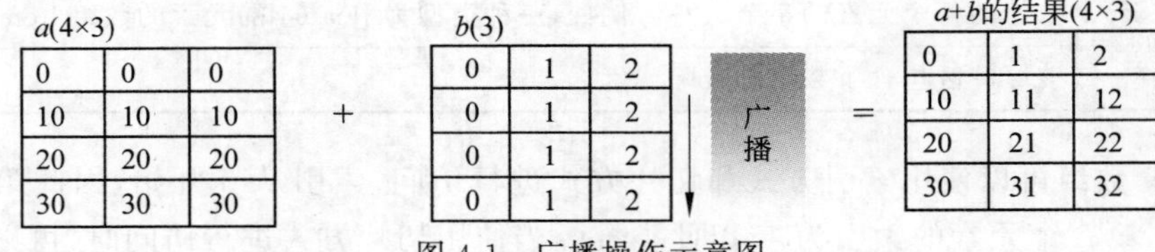

图 4-1　广播操作示意图

广播的规则：

(1) 让所有输入数组都向其中形状最长的数组看齐，形状中不足的部分都通过在前面加 1 补齐。

(2) 输出数组的形状是输入数组形状的各个维度上的最大值。

(3) 如果输入数组的某个维度和输出数组的对应维度的长度相同或者其长度为 1，则这个数组能够用来计算，否则出错。

(4) 当输入数组的某个维度的长度为 1 时，沿着此维度运算时都使用此维度上的第 1 组值。

4.3 Pandas

6min

Pandas 是一个基于 Python 构建的专门进行数据操作和数据分析的开源软件库，当前已跻身于最热门、最广泛使用的数据整理工具之列。Pandas 的名字源自计量经济学术语

Panel Data，Pandas 库可以进行功能强大、灵活且易于使用的数据分析和操作，并为多种热门编程语言赋予了处理类似电子表格的数据的能力，还加快了加载、对齐、操作和合并的速度。Pandas 可以帮助用户任意探索数据，支持导入和导出不同格式的表格数据（如 CSV 或 JSON 文件），还支持各种数据操作运算和数据清理功能，包括连接、合并、分组、插入、拆分、透视、索引、切分、转换等，以及可视化展示、复杂统计、数据库交互、Web 爬取等。同时 Pandas 还可以使用复杂的自定义函数处理数据，并能与 NumPy、Matplotlib、Scikit-learn 等众多科学计算库交互使用。Python 软件包索引（Python 编程语言软件库）的编制者表示，Pandas 非常适合处理多种数据，包括包含异构类型列的表格数据，如 SQL 表或 Excel 电子表格、有序和无序（可能并非固定频率）时间序列数据、具有行和列标签的任意矩阵数据（同构类型或异构类型）及其他任何形式的可观察/统计数据集。实际上，数据完全无须标记即可放入 Pandas 数据结构中。

Pandas 为数据科学家和开发者提供了几个关键优势，主要包括以下几个。

(1) 轻松处理浮点和非浮点数据中的缺失数据（表示为 NaN）。

(2) 大小易变性：可以从 DataFrame 和更高维度的对象中插入和删除列。

(3) 自动数据对齐和显式数据对齐：可以将对象显式对齐到一组标签；或者用户只需忽略标签，让序列、DataFrame 等在计算中自动调整数据。

(4) 强大、灵活的分组功能，对数据集执行分割、应用、组合操作，进行数据聚合和转换。

(5) 可轻松将其他 Python 和 NumPy 数据结构中参差不齐、索引不同的数据转换为 DataFrame 对象。

(6) 大型数据集基于标签的智能切片、精美索引和子集构建。

(7) 直观的数据集合并与连接操作。

(8) 灵活的数据集重塑和旋转。

(9) 坐标轴的分层标记（每个记号可能具有多个标签）。

(10) 强大的 I/O 工具，用于加载平面文件（CSV 和分隔文件）、Excel 文件和数据库中的数据，以及保存/加载 HDF5 格式的数据。

(11) 特定于时间序列的功能：日期范围生成和频率转换、窗口统计数据迁移、日期调整和延迟。

Pandas 库的其他优势还包括缺失数据的数据对齐和集成处理；分层轴索引（以便在低维数据结构中处理高维数据）等。

Anaconda 安装的时候自带了 Pandas、NumPy、Matplotlib 等多种第三方库，在需要使用 Pandas 库的时候可以直接使用 import pandas as pd 命令引入。

Pandas 的主要数据结构是 Series 与 DataFrame，这两种数据结构足以处理金融、统计、社会科学、工程等领域里的大多数典型用例数据。Series 是一种类似于一维数组的对象，它由一组数据（可以是各种 NumPy 数据类型）及一组与之相关的数据标签（索引）组成。DataFrame 是一个二维数组式的数据表格型数据结构，它含有一组有序的列，每列可以是不同的值类型（如数值、字符串、布尔型数值等）。DataFrame 既有行索引也有列索引，它可以被看作由 Series 组成的字典(共同用一个索引)。DataFrame 的结构如图 4-2 所示。

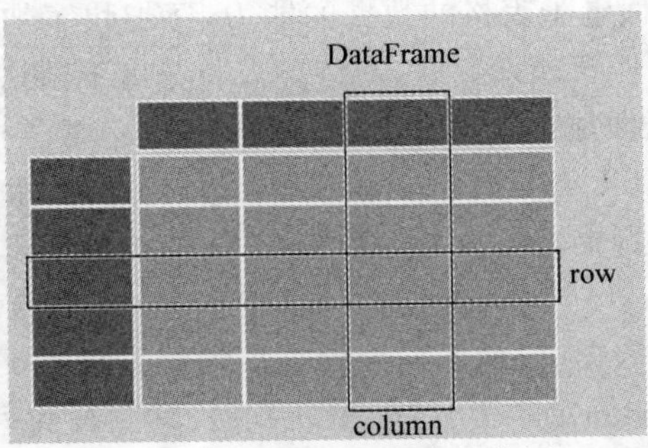

图 4-2　DataFrame 结构示意图

下面简单介绍这两种数据结构。Series 是一种类似于 NumPy 中一维数组的数据对象，它由一维数组(各种 NumPy 数据类型)及一组与之相关的数据标签(索引)组成。下面举例说明 Series 的创建，代码如下：

```
//第 4 章/series1.py
import pandas as pd
print(pd.Series([1, 2, 3, 4]))
```

运行结果如下：

```
0   1                    #从左边起第 1 列是数据的标签，默认从 0 开始编号
1   2                    #第 2 列是对应的数据
2   3
3   4
dtype:int64              #最后一行是 Series 的数据类型
```

也可以使用 index 参数自定义数据标签，示例代码如下：

```
//第 4 章/series2.py
import pandas as pd
print(pd.Series([1, 2, 3, 4],index=['a', 'b', 'c', 'd']))
```

运行结果如下：

```
a    1                   #从左边起第 1 列是数据的标签，这里是自定义的，从 a 开始编号
b    2
c    3
d    4
dtype:int64
```

还可以直接使用字典创建带有自定义数据标签的数据，Pandas 会自动把字典的键作为数据标签，将字典的值作为相对应的数据，示例代码如下：

```
//第 4 章/series3.py
import pandas as pd
print(pd.Series({'a':1, 'b': 2, 'c': 3, 'd':4}))
```

运行结果如下：

```
a   1             #从左边起第 1 列是数据的标签,这里是自定义的,从 a 开始编号
b   2
c   3
d   4
dtype:int64
```

当需要访问 Series 中的数据时，和在 Python 中访问列表和字典元素的方式类似，也是使用方括号加数据标签的方式获取里面的数据，示例代码如下：

```
//第 4 章/series4.py
import pandas as pd
s1= pd.Series([1,2,3,4])
s2= pd.Series({'a': 1, 'b': 2, 'c': 3, 'd':4})
print(s1[0])
print(s2['c'])
```

运行结果如下：

```
1
3
```

Pandas 有着强大的数据对齐功能，可以自动地对带有相同数据标签的数据进行计算，而如果不使用 Series，只用列表或字典，就需要使用循环进行计算。当多个 Series 对象之间进行运算的时候，如果不同 Series 之间具有不同的索引值，则运算会自动对齐不同索引值的数据，如果某个 Series 没有某个索引值，则最终结果会赋值为 NaN，NaN 是 Not a Number（不是一个数字）的缩写，因为其中一个 Series 中没有对应数据标签的数据，无法进行计算，因此返回 NaN，示例代码如下：

```
//第 4 章/series5.py
import pandas as pd
s3= pd.Series({'a': 1, 'b': 2, 'c': 3, 'd': 4})
s4= pd.Series({'a': 5, 'b': 6, 'c': 7})
print(s3+s4)
```

运行结果如下：

```
a   6
b   8
c   10
d   NaN          #因为 s4 中没有 d 标签,所以无法进行加法运算,返回值为 NaN
```

Series 是一维数据，而 DataFrame 是二维数据。DataFrame 的每列可以是不同的值类型(数值型、字符串型、布尔型等)。DataFrame 既有行索引也有列索引，它可以被看作由 Series 组成的字典(共同用一个索引)。按行分，每行数据加上上面的数据标签就是一个 Series；按列分，每列数据加上左边的数据标签也是一个 Series，如图 4-3 所示，这是一个简单的 DataFrame 例子，3 个单列的 Series 合在一起就组成了一个 DataFrame。

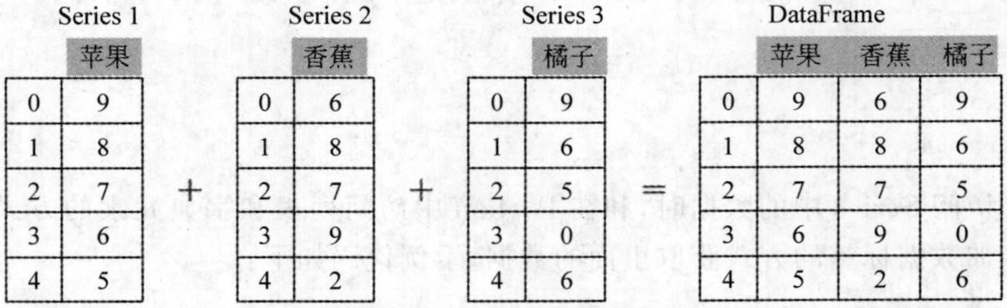

Series 1

	苹果
0	9
1	8
2	7
3	6
4	5

\+

Series 2

	香蕉
0	6
1	8
2	7
3	9
4	2

\+

Series 3

	橘子
0	9
1	6
2	5
3	0
4	6

=

DataFrame

	苹果	香蕉	橘子
0	9	6	9
1	8	8	6
2	7	7	5
3	6	9	0
4	5	2	6

图 4-3　一个简单的 DataFrame 例子

下面介绍常用的 DataFrame 构造方法。Pandas 中的 DataFrame 是一个二维的数组结构，类似二维数组，语法格式如下：

```
pandas.DataFrame(data, index, columns, dtype, copy)
```

各参数的含义如下：

data 表示输入的数据(ndarray、series、map、lists、dict 等类型)，默认为 None；

index 为行索引值，或者可以称为行标签；

columns 为列标签，默认为 RangeIndex(0,1,…,n)；

dtype 为每列的数据类型；

copy 表示从 input 输入中复制数据，默认为 False，不复制。

DataFrame 可以通过等长列表创建，通过 NumPy 数组创建，通过字典创建，通过读取数据文件创建等，下面的例子使用列表创建 DataFrame，代码如下：

```
//第 4 章/dataframe.py
import pandas as pd
list1 = [[1, 2, 3, 4], [5, 6, 7, 8] [8, 7, 6, 5], [4, 3, 2, 1]]
df1=pd.DataFrame(list1)
print(df1)
```

运行结果如下：

```
   0  1  2  3    #默认会添加上行和列的索引,都是从 0 开始依次递增的
0  1  2  3  4
1  5  6  7  8
2  8  7  6  5
3  4  3  2  1
```

下面介绍一些常见的 Pandas 基本操作。

可以使用 read_csv()函数读取 CSV 文件中的数据,或者使用 read_excel()函数读取 Excel 文件中的数据。

示例代码如下:

```
import pandas as pd
data1 = pd.read_csv('data.csv')           #从名字为'data'的 CSV 文件中读取数据
data2 = pd.read_excel('data.xlsx')    #从名字为'data'的 Excel 文件中读取数据
```

可以使用 head()函数查看数据集中的前几行数据,默认为前 5 行。使用 tail()函数可以查看数据集中的后几行数据。使用 info()函数可以查看数据集的基本信息,如列名、数据类型、非空值数量等。

示例代码如下:

```
print(data1.head() )                                    #查看在上面的例子中 data1 的前 5 行数据
print(data1.tail() )                                    #查看在上面的例子中 data1 的后 5 行数据
print(data1.info() )                                    #查看在上面的例子中 data1 的数据集信息
```

可以使用[ ]操作符选择数据集中的特定列或行。使用列名可以选择一列数据,使用行索引可以选择一行数据,或者使用切片语法可以选择多行数据。

语法说明如下:

```
column_data = data [column_name]
```

选择某一列数据,column_name 为列名。

```
row_data = data [row1: row2]
```

选择第 row1 行到第 row2 行的数据,row1、row2 为行索引。

```
subset_data = data.loc [row1: row2, [column_name1: column_name2] ]
```

选择特定行和列的数据,row1、row2 为行索引,column_name1、column_name2 为列名,表示第 row1 行到第 row2 行,第 column_name1 列到第 column_name2 列的数据。

Pandas 的优势在于可轻松处理表格、矩阵和时间序列数据等结构化数据格式。此外,它还可以与其他 Python 科学库结合使用,并且效果良好。未来,其创作者计划将 Pandas 发展为适用于任何编程语言的、功能更加强大更灵活的开源数据分析和数据操作工具。

4.4 NLTK

8min

NLTK 是 Natural Language Toolkit(自然语言处理工具包)的缩写,是自然语言处理领域中最常使用的一个 Python 库。NLTK 是一个开源的项目,由宾夕法尼亚大学计算机和信息科学系的 Steven Bird 和 Edward Loper 开发,以研究和教学为目的而生,因此也特别适合入门学习。NLTK 库的开发初衷是提供一个通用和易用的自然语言处理工具集,同时还提供了可扩展的、可重用的模块和算法,以满足不同用户的需求。NLTK 库的主要目标是促进自然语言处理领域的研究和发展,让更多的人能够参与到自然语言处理的研究和应用中来。在过去的二十多年中,NLTK 得到了广泛的应用和推广,并且逐渐成为自然语言处理领域中的事实标准之一。

NLTK 提供了许多有用的功能和工具,其中包括图形演示和示例数据,其提供的教程解释了工具包支持的语言处理任务背后的基本概念,同时它也包含了大量的自然语言处理工具和语料库,提供了许多功能和算法来分析、操作和生成人类语言的文本数据,为文本分类、标记、语法分析、语义分析、机器翻译等自然语言处理任务提供了丰富的功能库。通过这些工具,使用 NLTK 库的人可以更加方便地进行自然语言处理相关的任务和研究。

在 Anaconda 环境中使用 NLTK 最方便的方法就是打开 Spyder,输入以下两条命令:

```
import nltk
nltk.download()
```

运行后会跳出一个 NLTK 下载器窗口,单击"下载"按钮即可。

NLTK 库包含了各种预处理工具、语法分析器、语义分析器、词汇资源等功能,其中还包含大量的实用程序和数据集。NLTK 库的强大功能使其成为主要的自然语言处理工具之一,下面简要介绍它的主要功能。

1. 分词

分词是将文本分成独立的单词或符号的过程。NLTK 库提供了各种分词器,包括空格分词器、正则表达式分词器和 wordPunct 分词器等。例如,使用 wordPunct 分词器可以将一句话切分成独立的单词和标点符号。这个过程是自然语言处理分析的基础,它可以帮助使用者理解文本中词汇的含义、语法和语境。

2. 词性标注

词性标注是为分词后得到的单词标记词性(如名词、动词、形容词等)。NLTK 库提供了词性标注器,包括朴素贝叶斯词性标注器、霍夫曼词性标注器和最大熵词性标注器等。这个过程可以让使用者更加深入地理解文本的含义和语法,而且可以更好地组织和分类文本数据。

3. 句法分析

句法分析是将分词后得到的单词组织成句子结构的过程。NLTK 库提供了各种句法分析器,包括基于规则的分析器、上下文无关文法分析器和依存句法分析器等。这些分析器可以帮助使用者更加深入地理解文本中的复杂结构和语法规则,并识别出句子中不同部分之间的关系。

4. 语义分析

语义分析是指对文本中的意义和情感进行分析和理解。NLTK 库提供了各种语义分析器,包括基于情感的分析、命名实体识别和语义角色标注等。这些分析器可以使使用者更好地理解语言中的信息,以及掌握文本中的情绪、主题、观点等内容。

5. 词汇资源

NLTK 库还提供了一系列词汇资源，包括 WordNet、Stopwords、FreqDist 和 CMUDict 等。这些资源可以帮助使用者更好地理解文本数据，并进行各种操作和分析。

6. 文本分类

文本分类是指根据给定的预定义类别将文本分组的过程。NLTK 库包括各种文本分类算法，例如朴素贝叶斯分类器、最大熵分类器和决策树分类器等。

7. 命名实体识别

命名实体识别(又称作“专名识别”)是指识别文本中具有特定意义的实体，主要包括人名、地名、机构名、专有名词等。简单地讲，就是识别自然文本中的实体指称的边界和类别。NLTK 库提供了多种命名实体识别算法，例如最大熵分类器、支持向量机分类器等。

8. 情感分析

情感分析是通过自然语言处理技术从文本中分析和提取情感信息的过程。NLTK 库包括多种情感分析算法，例如基于词典的方法、基于机器学习的方法等。

NLTK 中还包含了丰富的语料库，主要有古腾堡语料库(Gutenberg)、网络聊天语料库(Webtext、Nps_chat)、布朗语料库(Brown)、路透社语料库(Reuters)、就职演说语料库(Inaugural)等。

NLTK 库自带大量功能模块，给自然语言处理带来了极大的便利。解决不同自然语言处理任务的 NLTK 模块见表 4-2。

表 4-2 NLTK 模块及功能介绍

语言处理任务	NLTK 模块	功能描述
获取和处理语料库	nltk.corpus	语料库和词典的标准化接口
字符串处理	nltk.tokenize, nltk.stem	分词，句子分解提取主干
搭配发现	nltk.collocations	t-检验，卡方，点互信息 PMI
词性标识符	nltk.tag	N-Gram、backoff、Brill、HMM、TnT
分类	nltk.classify, nltk.cluster	决策树、最大熵、贝叶斯、EM、K-Means
分块	nltk.chunk	正则表达式，N-Gram，命名实体
解析	nltk.parse	图表，基于特征，一致性，概率，依赖
语义解释	nltk.sem, nltk.inference	λ 演算，一阶逻辑，模型检验
指标评测	nltk.metrics	精度，召回率，协议系数
概率与估计	nltk.probability	频率分布，平滑概率分布
应用	nltk.app nltk.chat	图形化的关键词排序，分析器，WordNet 查看器，聊天机器人
语言学领域的工作	nltk.toolbox	处理 SIL 工具箱格式的数据

NLTK 自带的这些模块可以帮助使用者更加方便简单地完成很多自然语言处理任务，例如信息提取，利用 NLTK 的模块，信息提取共分为以下几个步骤。

步骤 1，分句，将 string 型的文本划分为 list 类型的句子，采用 nltk.sent_tokenize(text) 实现。

步骤 2，分词，将每个 list 类型的句子划分成由单词或 chunk 组成的 list，采用 nltk.word_tokenize(sent) for sent in sentences 实现，得到词语。

步骤 3，标记词性，生成一个 list，其组成内容是多个形如 word 和 label 的元组(tuple)，采用 nltk.pos_tag(sent) for sent in sentences 实现，得到元组。

步骤 4，命名实体识别，既识别已定义的实体(指那些约定俗成的习语和专有名词)，也要识别未定义的实体，得到一棵树的列表。

步骤 5，关系识别，寻找实体之间的关系，得到一个元组列表。

与 SpaCy、StanfordNLP、TextBlob 等常用的自然语言处理库相比，NLTK 库主要具有以下优点。

(1) 易于学习：NLTK 库是 Python 语言中自然语言处理最为流行的库之一，其 API 设计简单、易于理解，有完善的文档和教程，学习起来非常容易。

(2) 使用广泛：NLTK 库被广泛地应用于自然语言处理领域的学术研究、商业应用等各方面。大量的自然语言处理任务和应用程序使用了 NLTK 库中提供的工具和算法。

(3) 功能强大：NLTK 库提供了众多的自然语言处理工具和算法，覆盖了自然语言处理的各方面，包括文本预处理、分词、词性标注、命名实体识别、文本分类、语法分析等。

(4) 社区活跃：NLTK 库拥有庞大的用户和开发者社区，使用者积极贡献和分享自己的代码、工具和经验，为 NLTK 库的发展和改进做出了巨大的贡献。同时，NLTK 库的文档、教程等也受到社区的广泛关注和更新。

(5) 可扩展性强：NLTK 库提供了基础的自然语言处理工具和算法，同时也支持用户进行自定义扩展，用户可以使用自己的语料库、模型和算法等，以适应特定的自然语言处理任务和应用。

但是 NLTK 也存在一些不足之处，例如速度较慢，因为 NLTK 库中包括大量自然语言处理算法和函数，这使它的速度相对较慢；文本分析功能较弱，虽然 NLTK 库提供了一些文本分析函数和算法，但它并不是最佳的文本分析工具。

虽然存在这些不足，但是 NLTK 依然因其强大而完备的功能被称为“使用 Python 进行教学和计算语言学工作的绝佳工具”，以及“用自然语言进行游戏的神奇图书馆”。

4.5 Matplotlib

Matplotlib 是 Python 中最受欢迎的数据可视化软件包之一，支持跨平台运行。Matplotlib 发布于 2007 年，其函数设计参考了 MATLAB 相关函数，故命名以 Mat 开头，Plot 表示绘图，Lib 为库。Matplotlib 是 Python 常用的二维绘图库，也有部分三维绘图接口，它提供了一系列函数和工具，可以用于创建各种类型的静态、动态或交互式和可视化图表，使用户可以很方便地对数据进行处理和分析，并将其以图形化的方式呈现出来。

Matplotlib 通常与 NumPy、Pandas 一起使用，是数据分析中不可或缺的重要工具之一。Matplotlib 提供了一套面向对象绘图的 API，它可以轻松地配合 Python GUI 工具包（例如 PyQt、wxPython、Tkinter）在应用程序中嵌入图形。与此同时，它也支持以脚本的形式在 Python、IPython Shell、Jupyter Notebook 及 Web 应用的服务器中使用。

Matplotlib 的主要用途包括以下内容。

（1）绘制线性图和散点图：Matplotlib 提供了大量的函数和参数，可以帮助用户绘制不同类型的线性图和散点图。这些图可以用于显示数据的分布、趋势、相关性等信息。

（2）绘制柱状图和条形图：Matplotlib 支持绘制柱状图和条形图。这些图可以用于比较不同类别之间的数值差异或相关性。

（3）绘制饼图和雷达图：饼图可以用于展示数据的占比分布，而雷达图则可以用于展示多个变量之间的相对大小和关系。

（4）绘制等高线图和热力图：除了常见的二维图表外，Matplotlib 还支持绘制一些更为复杂的三维图表，如等高线图和热力图。这些图可以用于展示数据在不同维度上的分布情况。

（5）完整的绘图自定义：Matplotlib 提供了大量的函数和参数，允许用户对图表的各方面进行定制化设置。用户可以更改轴标签、字体大小、颜色、线型、图例等各种元素。

除了这些基本图之外，Matplotlib 库还支持以下图类型：蜡烛图、箭头图、气泡图、箱形图、堆积面积图、蜘蛛图、阶梯图、带误差棒的图、漏斗图、双坐标系图、条形码图、烛台图、漏斗分析图、区域填充图、范围面积图、词云图、核密度估计图、面积堆叠图、小提琴图、三维散点图、圆形树图、面积堆积图、树状图、带有轮廓线的填充图、玫瑰图等。

通过 Matplotlib 库中不同的图类型，用户可以根据数据的特点和需求进行定制化配置，从而实现高效、精准和美观的数据可视化图表。

4.5.1 Matplotlib 的主要对象

使用 Matplotlib 绘图时，必须理解 Figure、Axes 和 Axis 等几个主要对象。

1. Figure 对象

Figure 是图像窗口对象，是包含 Axes、tiles、legends 等组件的最外层窗口，可以理解为它是一张画布，既包含了一些整体性的参数，如图面大小（figsize）、分辨率（dpi）、图面填充颜色（facecolor）、图面边框颜色（edgecolor）、布局机制（layout）等，也封装了一些整体性的方法，如 add_axes 添加一个 axes 对象、add_subfigure 添加子图、add_subplots 添加一个或一组 axes 对象、savefig 保存图片、一系列 GET 方法（如 gca()获得当前 axes 对象）和一系列 set 方法（如 sca()设置当前 axes 对象）。总之，可以将其理解为一张图中全部图元素的“大管家”。

在进行任何绘制之前都首先要创建一个 Figure 对象，然后在 Figure 对象上添加各种元素，而 Axes 是画布上的子图（subplot），Axis 是子图上的坐标系。

2. Axes 对象

Axes 是子图对象，即画布中图像区域和其相关的数据空间。一个 Figure 对象中可以包含一个或多个 Axes 对象，但至少要有一个能够显示内容的 Axes。

每个 Axes 对象中包含一个子图标题（title）、一个子图 x 轴标签（x_label 对象）和一个子图 y 轴标签（y_label 对象）。

常用的方法如下。

set_xlim()、set_ylim()：设置子图 x 轴和 y 轴对应的数据范围。

set_title()：设置子图的标题。

set_xlabel()、set_ylabel()：设置子图 x 轴和 y 轴指标的描述说明。

3. Axis 对象

Axis 是数轴对象，主要用于控制数据轴上刻度位置和显示数值。一个 Axes 对象中包含两个（二维情况下）或 3 个（三维情况下）Axis 对象。Axis 中使用 Locator 对象来控制刻度的位置，使用 Formattor 对象格式化刻度标签字符串。

4.5.2 图形绘制流程

为了方便快速绘制，Matplotlib 通过 Pyplot 绘图模块提供了一套和 MATLAB 类似的命令 API，这些 API 对应一个个图形元素（如坐标系、曲线、文字等），能很方便地让用户绘制二维和三维图表。Pyplot 包含一系列绘图函数，每个函数会对当前的图像进行一些修改，例如给图像加上标记，生成新的图像，在图像中产生新的绘图区域等。创建好画布后，调用 Pyplot 模块所提供的函数，几行代码就可以完成添加、修改图形元素或在原有图形上绘制新图形等功能。

下面介绍一个 Pyplot 模块绘制图形的流程，使用这个流程可以完成大部分图形的绘制工作。

（1）导入模块。

开始绘图之前，使用 import 命令导入 Pyplot 库，并设置一个别名 plt，代码如下：

```
import numpy as np
import matplotlib.pyplot as plt
```

这样就可以使用 plt 来引用 Pyplot 包的方法了。

（2）创建画布和创建子图。

构建出一张空白的画布，如果需要同时展示几个图形，则可将画布分为多部分，并使用对象方法来完成其余工作，代码如下：

```
fig1=plt.figure(figuresize=(8,8),dpi=80)
#创建画布,尺寸为 8(8,像素值为 80
ax11=fig.add_subplot(2,2,1)
#将画布分为 2(2 的四部分,选择第一部分
```

(3) 添加画布内容。

在画布上完成添加标题、设置坐标轴名称等步骤，要先绘制图形再添加图例。绘制图形和添加各类标签的顺序可以交换。

一些常用的 Pyplot 函数及功能见表 4-3。

表 4-3　Pyplot 常用函数及功能

函　数	功　能
Imshow ()	用于绘制二维的灰度图像或彩色图像
subplots()	用于创建子图
plot()	用于绘制线图和散点图
scatter()	用于绘制散点图
bar()	用于绘制垂直条形图和水平条形图
hist()	用于绘制直方图
pie()	用于绘制饼图

除了这些基本的函数，Pyplot 还提供了很多其他的函数，例如用于设置图表属性的函数、用于添加文本和注释的函数、用于将图表保存到文件的函数等。

下面使用 plot()函数来绘制 1 条通过两个坐标点(0,0)到(50,100)的直线，代码如下：

```
//第 4 章/plotfunc.py
import numpy as np
import matplotlib.pyplot as plt
xpoints = np.array([0, 50])
ypoints = np.array([0, 100])
plt.plot(xpoints, ypoints)
plt.show()
```

plot()函数用于绘制点和线，是绘制二维图形的最基本函数，其语法格式如下。

画单条线：

```
plot(x,y, fmt, * ,data=none,**kwargs)
```

画多条线：

```
plot(x,y,fmt,x2,y2,fmt2,…,**kwargs)
```

参数说明如下。

x, y: 点或线的节点，x 为 x 轴数据，y 为 y 轴数据，数据可以是列表或数组。

fmt: 可选，定义基本格式，如颜色、标记和线条样式。

**kwargs: 可选，用在二维平面图上，设置指定属性，如标签、线的宽度等。

（4）图形保存与展示。

图形绘制完成之后，可以使用 matplotlib.pyplot.savefig 函数保存到指定位置，使用 matplotlib.pyplot.show 函数可以展示图形。

4.6 TensorFlow

TensorFlow 是一款先进的开源库，旨在开发和部署先进的机器学习应用程序。它诞生于 2011 年，一开始作为谷歌公司的一个内部非开源项目，当时被称为 Disbelief。Disbelief 最初由谷歌 Brain 团队开发，用于研究机器学习和深度神经网络。TensorFlow 的第 1 个版本发布于 2017 年 2 月，随后的几年，后续版本陆续发布，提供和更新了大量的新特性。

TensorFlow 的名字来源于张量（Tensors）和流（Flow），强调了该框架在数据流图中执行张量运算的能力。从发布以来，TensorFlow 在学术界和工业界都取得了巨大的成功，成为目前主流的深度学习框架之一。

1. TensorFlow 的特点

1）灵活的计算图

TensorFlow 的核心特点之一是计算图（Computation Graph），它将计算表示为图结构，图中的节点代表数学运算，而图边缘则代表节点间流动的多维数据阵列（张量）。这种灵活的架构允许将机器学习算法描述为相关运算的图形。这使用户可以在不执行计算的情况下构建复杂的模型结构，然后在适当的时候进行实际计算。这种架构设计使用户可以通过张量流进行数据传递和计算，可以清晰地看到张量流动的每个环节。

2）自动微分

TensorFlow 具备自动微分功能，这对于训练神经网络来讲至关重要。它能够自动计算模型的梯度，为各种优化算法提供支持。

3）跨平台支持

TensorFlow 支持多种硬件和操作系统，包括 CPU、GPU 和 TPU（Tensor Processing Unit），以及 Windows、Linux 和 macOS 等操作系统。TensorFlow 可以轻松地在 CPU/GPU 上部署，进行分布式计算，为大数据处理提供计算能力的支撑。跨平台性好，灵活性强。

4）丰富的工具和库

TensorFlow 提供了丰富的工具和库，如 TensorBoard 用于可视化训练过程，TensorFlow Hub 用于共享预训练模型，TensorFlow Lite 用于移动设备部署等。

5）高性能计算

TensorFlow 通过图优化、异步计算等方式提供了高性能的计算能力，适用于大规模深度学习模型的训练和推断。

TensorFlow 的这些特点使它可用于开发自然语言处理、图像识别、手写识别及基于计算的不同模拟（例如偏微分方程）等各种任务模型。

TensorFlow 的主要优势在于其能够跨多个加速平台执行低级运算、自动计算梯度、生产级可扩展性和可互操作的图形导出。

2. TensorFlow 的应用领域

TensorFlow 被广泛应用于各个领域，涵盖了多个重要的应用场景，其中主要包括以下几个。

1）图像处理和视频检测

TensorFlow 在图像处理和视频检测任务中表现出色。通过卷积神经网络(Convolutional Neural Networks，CNN)等模型，它能够识别物体、人脸、车辆等。飞机制造业巨头 Airbus 正在使用 TensorFlow 从卫星图像中提取和分析信息，为客户提供宝贵的实时信息。

2）自然语言处理

在自然语言处理领域，TensorFlow 支持 RNN 和 LSTM，用于语言模型、文本生成、机器翻译等任务。

3）语音识别和文本识别

TensorFlow 也在语音识别方面取得了显著进展。它能够构建语音识别模型，实现语音到文本的转换。瑞士电信公司(Swisscom)自定义构建的 TensorFlow 模型通过对文本进行分类及在接听电话时确定客户意图来改善业务。

4）推荐系统

TensorFlow 在推荐系统中能够构建复杂的模型，从用户行为中挖掘潜在的兴趣，提供个性化的推荐。Twitter 使用 TensorFlow 构建其排序时间线(Ranked Timeline)，确保用户即使关注数千名用户也不会错过重要推文。

5）医疗图像分析

在医疗领域，TensorFlow 能够分析医学图像，如磁共振成像(Magnetic Resonance Imaging，MRI)和电子计算机断层扫描(Computed Tomography，CT)，辅助医生进行疾病诊断。

3. TensorFlow 的基本概念

(1) 张量：多维数组或向量，张量是数据的载体，包含名字、形状、数据类型等属性。

(2) 节点：一般用来表示数学操作，也可以表示数据输入的起点和输出的终点，或者读取写入持久变量的终点。

(3) 线：表示节点之间的输入/输出关系，数据线可以输入多维数据组，即“张量”。一旦输入终端的所有张量准备好，节点将被分配到各种计算设备完成异步并行运算。

(4) 操作：指专门执行计算的节点，TensorFlow 函数或者 API 定义的都是操作，常用的操作包括标量的运算、向量的运算、矩阵的运算、带状态的运算、神经网络组件、存储、恢复、控制流、队列及同步运算等。

(5) 图：描述整个程序结构，TensorFlow 中所有的计算都构建在图中。TensorFlow 程序通常被组织成一个构建阶段和一个执行阶段，在构建阶段，数据与操作的执行步骤被描述成一张图，在执行阶段使用会话执行图中的操作。

（6）会话：用来执行图中的计算，并且保存了计算张量对象的上下文信息会话的主要作用有运行图结构、分配资源、掌握资源。一个会话只能执行一张图的运算，可以在会话对象创建时制定运行的图，如果在构造会话时未指定图参数，则将在会话中使用默认图。如果在同一进程中使用多张图，则必须为每张图使用不同的会话，但每张图可以在多个会话中使用。

4. TensorFlow 的未来展望

TensorFlow 作为一款领先的深度学习框架，其未来发展前景仍然充满着潜力。

（1）模型的可解释性：在深度学习领域，模型的可解释性一直是一个挑战。未来，TensorFlow 有望在提高模型可解释性方面做出更多努力。

（2）自动化深度学习：随着自动机器学习技术的发展，TensorFlow 可能会进一步集成自动化深度学习的功能，使更多人能够利用深度学习技术。

（3）更广泛的应用领域：TensorFlow 的应用领域将不断扩展，涵盖更多领域，如自动驾驶、金融分析、气候预测等。

综上所述，TensorFlow 作为主流深度学习框架，以其灵活的计算图、自动微分、跨平台支持等特点，在多个领域取得了显著的成功。从图像识别到自然语言处理，从医疗图像分析到推荐系统，TensorFlow 都为人工智能领域的发展贡献了重要力量。未来，TensorFlow 将持续推动深度学习技术的发展，为各个领域带来更多可能性。

4.7 PyTorch

PyTorch 是一个开源的 Python 机器学习库，前身是 Torch，于 2017 年 1 月由 Facebook 人工智能研究院（Facebook Artificial Intelligence Research，FAIR）Torch 7 团队基于 Torch 推出，2022 年 9 月，扎克伯格亲自宣布 PyTorch 基金会成立，并归入 Linux 基金会旗下。

PyTorch 是一个以 Python 优先的深度学习框架，不仅能实现强大的 GPU 加速，同时还支持动态神经网络，用于自然语言处理等应用程序。PyTorch 既可以看作加入了 GPU 支持的 NumPy，也可以看成一个拥有自动求导功能的强大的深度神经网络。PyTorch 的底层和 Torch 框架一样，但是使用 Python 重新写了很多内容，不仅更加灵活，支持动态图，而且提供了 Python 接口。

PyTorch 是一个可续计算包，提供了两个高级功能：第一是具有强大的 GPU 加速的张量计算；其次是包含自动求导系统的深度神经网络。目前 PyTorch 的运行环境已兼容 Windows（CUDA、CPU）、macOS（CPU）、Linux（CUDA、ROCm、CPU）。

PyTorch 的主要优点如下：

（1）PyTorch 是相当简洁且高效快速的框架，它提供了灵活的编程环境，使研究人员和开发者可以更方便地进行实验和快速迭代。

（2）设计追求最少的封装。

(3) 设计符合人类思维,它让用户尽可能地专注于实现自己的想法。

(4) 与谷歌的 TensorFlow 类似,FAIR 的支持足以确保 PyTorch 获得持续的开发更新。

(5) PyTorch 作者亲自维护的论坛供用户交流和求教问题,PyTorch 拥有庞大而活跃的社区,提供了丰富的教程、文档和示例代码,开发者可以从中获取支持和帮助。

(6) 入门简单,易用。PyTorch 的 API 设计简洁明了,易于学习和使用。它采用了动态图的方式,使调试和可视化模型变得更加容易。

(7) PyTorch 使用动态计算图,根据代码在运行时动态生成计算图,使它更加灵活和易于调试。

(8) 高效的 GPU 加速,PyTorch 可以在 GPU 上高效运行,使它能够处理大规模的数据集和模型。

(9) 强大的自动微分功能,PyTorch 内置了自动微分功能,使开发者可以轻松地计算模型的导数,加快模型的训练和优化过程。

(10) PyTorch 拥有大量的预训练模型,包括 ImageNet、COCO、CIFAR 等,这些模型可以用于各种计算机视觉和自然语言处理任务,使开发者能快速构建模型并取得优秀的效果。

这些特点使 PyTorch 成为机器学习领域中广泛使用的框架之一。

使用 PyTorch 完成一个具体任务的过程如下。

(1) 准备数据:先准备好需要使用的数据,例如训练集、验证集、测试集等。PyTorch 提供各种数据加载器(DataLoader)来加载数据,还提供了各种数据变换函数(Transformer)来对数据进行预处理。

(2) 建立模型:创建一个模型来学习数据集中的模式,PyTorch 提供了丰富的模型构建接口,使用这些接口可以很方便地定义各种神经网络结构。

(3) 模型训练:将模型拟合到数据。已经有了数据和模型,现在让模型尝试在训练集中找到模式。训练过程通常包括前向传播、计算损失、反向传播和更新模型参数等步骤。PyTorch 提供的自动求导功能可以自动计算梯度,简化模型训练的流程。

(4) 做出预测和评估模型:模型训练完成后,可以使用模型进行预测,将其预测结果与测试集进行比较,再对模型进行评估。PyTorch 提供了各种评估指标和评估方法,包括准确率、F1 值和混淆矩阵等。

(5) 保存模型:训练完成后,可以将训练好的模型保存下来,方便后续使用。

4.8 飞桨

飞桨(PaddlePaddle)以百度多年的深度学习技术研究和业务应用为基础,集核心框架、基础模型库、端到端开发套件、丰富的工具组件、星河社区于一体,是中国首个自主研发、功能丰富、开源开放的产业级深度学习平台。

飞桨的前身是百度于 2013 年自主研发的深度学习平台,并且一直为百度内部工程师研发使用。2016年9月1日在百度世界大会上,百度首席科学家吴恩达(Andrew Ng)首次宣布将百度深度学习平台对外开放,命名为PaddlePaddle。几年来飞桨持续创新,已经在业内率先实现了动静统一的框架设计,兼顾科研和产业需求,在开发便捷的深度学习框架、大规模分布式训练、高性能推理引擎、产业级模型库等技术上处于国际领先水平。国际权威数据调研机构IDC(International Data Corporation)发布的《中国深度学习框架和平台市场份额,2022H2》报告显示,百度稳居中国深度学习平台市场综合份额第一。中国信息通信研究院的《深度学习平台发展报告(2022)》指出,飞桨已经成为中国深度学习市场应用规模第一的深度学习框架和赋能平台。当前飞桨已凝聚800万名开发者,基于飞桨创建80万个模型,服务22万家企事业单位,广泛服务于金融、能源、制造、交通等领域。

目前飞桨的领先技术主要包括以下几方面。

1. 开发便捷的深度学习框架

飞桨深度学习框架基于编程一致的深度学习计算抽象及对应的前后端设计,拥有易学易用的前端编程界面和统一高效的内部核心架构,对普通开发者而言更容易上手并具备领先的训练性能。飞桨自然完备兼容命令式和声明式两种编程范式,默认采用命令式编程范式,并实现了业内首个动静统一编程范式,开发者使用飞桨可以实现动态图编程调试,一行代码转静态图训练部署。飞桨框架还提供了低代码开发的高层API,并且高层API和基础API采用了一体化设计,两者可以互相配合使用,做到高低融合,兼顾开发的便捷性和灵活性。

2. 超大规模深度学习模型训练技术

飞桨突破了超大规模深度学习模型训练技术,率先实现了千亿稀疏特征、万亿参数、数百节点并行训练的能力,解决了超大规模深度学习模型的在线学习和部署难题。此外,飞桨还覆盖支持包括模型并行、流水线并行在内的广泛并行模式和加速策略,推出了业内首个通用异构参数服务器架构、4D混合并行策略和端到端自适应分布式训练技术,引领大规模分布式训练技术的发展趋势。

3. 多端多平台部署的高性能推理引擎

飞桨对推理部署提供全方位支持,可以将模型便捷地部署到云端、边缘端和设备端等不同平台上,结合训推一体的优势,让开发者拥有一次训练、随处部署的体验;飞桨从硬件接入、调度执行、高性能计算和模型压缩4个维度持续对推理功能深度优化,整体性能领先;在硬件接入方面,飞桨拥有硬件统一适配方案,携手各大硬件厂商软硬一体协同优化,大幅降低硬件厂商的对接成本,并带来领先的开发体验,特别是对国产硬件做到了广泛的适配。

4. 产业级开源模型库

飞桨建设了大规模的官方模型库,算法总数达到500多个,包含经过产业实践长期打磨的主流模型及在国际竞赛中的夺冠模型;提供面向语义理解、图像分类、目标检测、图像分割、文字识别、语音合成等场景的多个端到端开发套件,满足企业低成本开发和快速集成的需求,助力快速产业应用。飞桨的模型库是基于丰富的产业实践打造的产业级模型库,服务企业遍布能源、金融、工业、农业等多行业,其中产业级知识增强的文心大模型,已经形成涵盖基础大模型、任务大模型和行业大模型的三级体系。

飞桨提供了丰富的模型库及开发套件，可以在应用场景中为开发者节约大量烦琐的外围工作，使开发者可以更多地关注业务场景和模型设计本身。这些模型和开发套件主要有以下几种。

1. PaddleHub

使用 PaddleHub 可以便捷地获取飞桨生态下的预训练模型，完成模型的管理和一键预测。配合使用 Fine-tune API，可以基于大规模预训练模型快速完成迁移学习，让预训练模型能更好地服务于用户特定场景的应用。

2. PaddleOCR

PaddleOCR 旨在创建多语言、出色、领先且实用的文字识别工具，帮助用户训练更好的模型并将其应用到实践中，多语言模型支持的语言种类提升到 80 多种。

3. PaddleDetection

飞桨端到端目标检测开发工具包 PaddleDetection 以模块化设计实现了多种主流目标检测、实例分割、跟踪和关键点检测算法，具有网络组件、数据增强和损失等可配置模块，并发布了多种最新行业实践模型，集模型压缩和跨平台高性能部署能力于一体，旨在帮助开发者更快更好地进行端到端的整体开发。

4. PaddleX

飞桨全流程开发工具 PaddleX 集飞桨核心框架、模型库、工具及组件等深度学习开发所需全部能力于一身，打通深度学习开发全流程。PaddleX 同时提供了简明易懂的 Python API，以及一键下载并安装的图形化开发客户端。用户可根据实际生产需求选择相应的开发方式，获得飞桨全流程开发的最佳体验。

5. PaddleCV

飞桨视觉模型库 PaddleCV 提供了大量高精度、高推理速度、经过产业充分验证的智能视觉模型，覆盖各类任务场景。PaddleClas、PaddleDet 和 PaddleSeg 等端到端的开发套件，打通模型开发、训练、压缩、部署全流程，并支持超大规模分类等进阶功能，为开发者提供了高效顺畅的开发体验。

6. PaddleNLP

飞桨自然语言处理核心开发库 PaddleNLP 拥有覆盖多场景的模型库、简捷易用的全流程 API 与动静统一的高性能分布式训练能力，旨在为飞桨开发者提升文本领域建模效率，并提供基于飞桨 2.0 的自然语言处理领域最佳实践。

PaddlePaddle 官方还有很多其他的自然语言处理模型，覆盖了包括语义表示、语义匹配、阅读理解、机器翻译、语言模型、情感倾向分析、词法分析等各项自然语言处理任务。下面进行简单介绍。

1）语义表示

知识增强的语义表示模型 ERNIE（全称 Enhanced Representation through Knowledge Integration）通过对词、实体等语义单元的掩码使模型学习完整概念的语义表示。相较于

BERT 学习原始语言信号，ERNIE 直接对先验语义知识单元进行建模，增强了模型语义表示能力。ERNIE 模型本身保持基于字特征输入建模，使模型在应用时不需要依赖其他信息，具备更强的通用性和可扩展性。相对词特征输入模型，字特征可建模字的组合语义，例如建模红色、绿色、蓝色等表示颜色的词语时，通过相同字的语义组合学到词之间的语义关系。

2）语义匹配

语义匹配是一种用来衡量文本相似度的自然语言处理任务。很多自然语言处理任务可以转换为语义匹配问题。例如搜索可以认为是查询词与文档之间的语义匹配问题，对话系统、智能客服可以认为是问题和回答之间的语义匹配问题。PaddlePaddle 官方提供了两种语义匹配相关的模型：DAM（深度注意力匹配网络，Deep Attention Matching Network）和 AnyQ-SimNet。

3）阅读理解

机器阅读理解是指让机器像人类一样阅读文本，提炼文本信息并回答相关问题。机器阅读理解能力也是新一代机器人应具备的基础能力。

DuReader 是一个解决阅读理解问题的端到端模型，可以根据已给的文章段落来回答问题。模型通过双向 Attention 机制捕捉问题和原文之间的交互关系，生成 Query-Aware 的原文表示，最终基于 Query-Aware 的原文表示通过 Point Network 预测答案范围。

DuReader 模型在最大的中文 MRC 开放数据集（百度阅读理解数据集）上达到了当前最好效果。该数据集聚焦于回答真实世界中的开放问题，相比其他数据集，它的优点包括真实的问题、真实的文章、真实的回答、真实的场景和翔实的标注。

4）机器翻译

Transformer 最早是由谷歌提出的一种用以完成机器翻译等学习任务的一种全新网络结构，它完全使用 Attention 机制实现序列到序列的建模，相比于以往自然语言处理模型里使用 RNN 或者编码-解码结构，具有计算复杂度小、并行度高、容易学习长程依赖等优势。

5）语言模型

飞桨提供了基于 Penn Tree Bank (PTB)数据集的经典循环神经网络 LSTM 语言模型实现，通过学习训练数据中的序列关系，可以预测一个句子出现的概率。

飞桨也提供了基于 Penn Tree Bank (PTB)数据集的经典循环神经网络 GRU 语言模型实现，在 LSTM 模型的基础上做了一些简化，在保持效果基本持平的前提下，模型参数更少、速度更快。

6）情感倾向分析

情感倾向分析针对带有主观描述的中文文本，可自动判断该文本的情感极性类别并给出相应的置信度。情感类型分为积极、消极、中性。情感倾向分析能够帮助企业理解用户消费习惯、分析热点话题和危机舆情监控，为企业提供有力的决策支持。

Senta 模型是目前最好的中文情感分析模型，可自动判断中文文本的情感极性类别并给出相应的置信度。飞桨给出了下载脚本，可供用户下载使用，该模型在百度自建数据集上的效果分类准确率为 90%。

7）中文词法分析

飞桨提供的中文词法分析 LAC(Lexical Analysis of Chinese)是一个联合的词法分析模型，能够整体性地完成中文分词、词性标注、专名识别等自然语言处理任务。LAC 基于一个堆叠的双向 GRU 结构，在长文本上准确复刻了百度 AI 开放平台上的词法分析算法。效果方面，分词、词性、专名识别的整体准确率可达 95.5%；单独评估专名识别任务，F 值可达 87.1%(准确率为 90.3%，召回率为 85.4%)，总体略优于开放平台版本。在效果优化的基础上，LAC 的模型简洁高效，内存开销不到 100MB，而速度则比百度 AI 开放平台提高了 57%。

4.9　本章小结

本章简单介绍了在自然语言处理中常用的几个工具库，有针对 Python 编程语言的免费机器学习库 Scikit-learn；用于快速处理任意维度数组的开源科学计算库 NumPy；为解决数据分析任务而创建的 Pandas 库；在自然语言处理领域中最常使用的自然语言处理工具包 NLTK；能生成出版质量级别的图形绘图工具库 Matplotlib；被广泛地应用于各类机器学习算法的基于数据流编程的 TensorFlow；实现 GPU 加速且支持动态神经网络的机器学习库 PyTorch；中国首个自主研发、功能丰富、开源开放的产业级深度学习平台飞桨。这些库的具体使用方法会在后续章节详细介绍。

第 5 章 深度学习基础

深度学习是目前比较成功的表示学习方法,是机器学习的一个分支。本章重点讨论深度学习的基本原理和神经网络结构。5.1 节介绍神经网络最简单的结构感知机。5.2 节介绍神经网络的基本结构及函数、模型、算法。5.3 节介绍深度学习的雏形三层神经网络。5.4 节介绍深度学习在自然语言处理中的应用。

5.1 感知机

1min

深度学习的灵感来源于人脑过滤信息的方式,其初衷是通过模拟人脑运行模式来做些不一样的事情。人脑中有大约 1 亿个神经元。每个神经元都与另外约 10 万个同类相连,人类现在正试图将类似的工作原理应用到机器上。

人脑中的神经元分为胞体(Body)、树突(Dendrites)和轴突(Axon)。神经元发出的信号经由轴突传送到下一个神经元的树突。这种信号连接被称作神经元突触(Synapse)。单个的神经元其实没多大用处,但如果有很多神经元互相合作就能发挥奇效。这就是深度学习算法背后的理念。从观察中获得输入数据,再对输入数据进行筛选,这类筛选产生的输出数据就是下一层筛选的输入数据,这个过程不断进行,直到获得最后的输出信号。

最简单的人工神经网络:只有一个神经元的单层神经网络,即感知机。它可以完成简单的线性分类任务。

为了形象地说明感知机的工作机理,可以用神经网络中的感知机模型来描述,如图 5-1 所示。

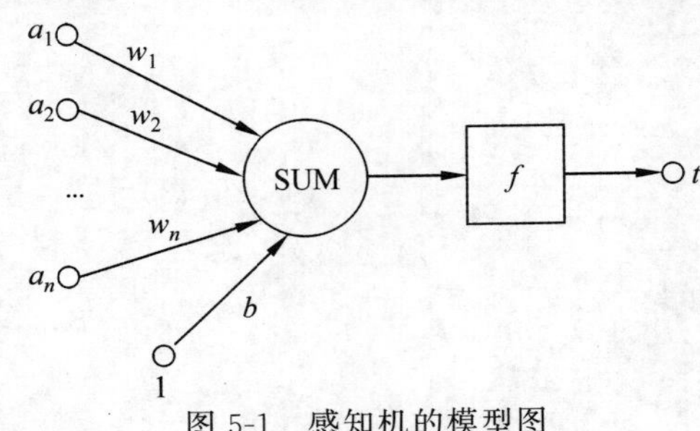

图 5-1 感知机的模型图

图 5-1 中，n 维向量$(a_1,a_2,\cdots,a_n)^{\mathrm{T}}$ 作为感知机的输入，$(w_1,w_2,\cdots,w_n)^{\mathrm{T}}$ 为输入分量连接到感知机的权重(weight)，b 为偏置(bias)，f 为激活函数，t 为感知机的输出。t 的数学表示如式(5-1)所示。

$$t=f\left(\sum_{i=1}^{n} w_i x_i+b\right)=f(\boldsymbol{W}^{\mathrm{T}}\boldsymbol{X}) \tag{5-1}$$

另外，这里的 f 用的是符号函数，如式(5-2)所示。

$$f(x)=\begin{cases}+1, & x\geqslant 0\\ -1, & x\leqslant 0\end{cases} \tag{5-2}$$

符号函数的函数图像如图 5-2 所示。

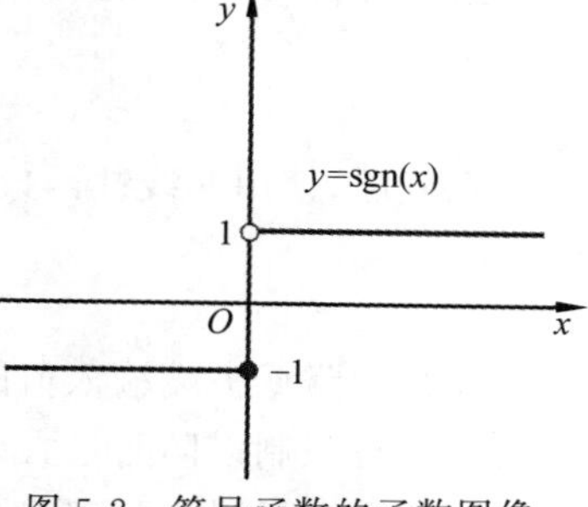

图 5-2 符号函数的函数图像

可以看出，符号函数是非连续的，不光滑的，这只是激活函数的一种。

5.2 简单神经网络

在机器学习和认知科学领域，人工神经网络(简称神经网络或类神经网络)是一种模仿生物神经网络的结构和功能的计算模型，用于对函数进行估计或近似。神经网络是一种机器学习算法，经过 70 多年的发展，逐渐成为人工智能的主流。

5.2.1 简单神经网络框架

神经网络可以被理解为一种分层的“神经元”网络结构。预测变量(或输入)构成底层，响应变量(或输出)构成顶层，还可能存在包含“隐藏神经元”的中间层。

最简单的网络不包含中间的隐藏层，等价于线性回归，如图 5-3 所示，展示了等价于线性回归且包含 4 个预测变量的神经网络。这些预测变量对应的系数称为“权重”，响应变量由输入项的线性组合得到。在神经网络框架中，通过“学习算法”最小化，诸如 MSE 等“损失函数”，从而确定权重大小。在这个简单的案例中，可以使用线性回归，这是一种更有效的训练模型的方法。

如果增加一个包含隐藏神经元的中间层，神经网络就成为非线性形式。一个简单的例子如图 5-4 所示。

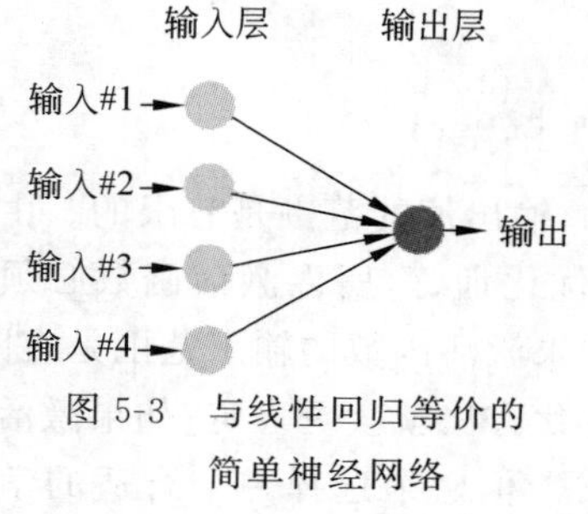

图 5-3 与线性回归等价的简单神经网络

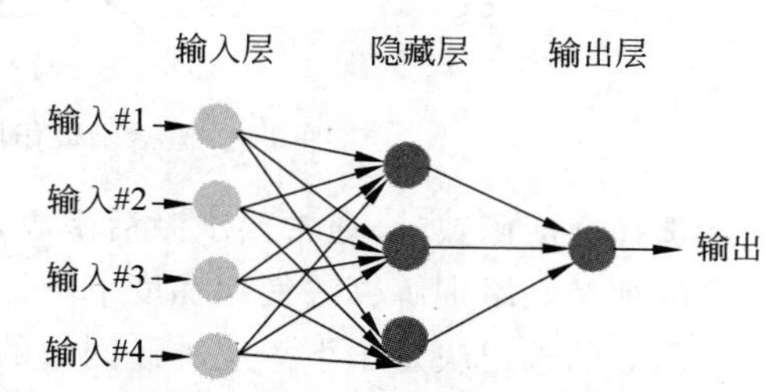

图 5-4 包含 4 个输入及 1 个隐藏层的神经网络，其中隐藏层中包含 3 个隐藏神经元

这是一个多层前馈网络,其中每层节点都接收来自先前层的输入,每层节点的输出是下一层的输入,每一节点接收输入后会对它们进行加权线性组合。在输出之前,用一个非线性函数对结果进行修改。如式(5-3)所示,对第 j 个隐藏神经元的输入进行线性组合。

$$z_j = b_j + \sum_{i=1}^{4} w_{i,j} x_i \tag{5-3}$$

在隐藏层,使用非线性函数(如 Sigmoid)对其进行修改,见式(5-4):

$$s(z) = \frac{1}{1+\mathrm{e}^{-z}} \tag{5-4}$$

这往往会降低极端输入值的影响,从而使神经网络对异常值具有稳健性。通常需要对权重大小进行限制以防其过大。限制权重的参数称为"衰减参数",通常设置为0.1。权重最初取随机值,然后根据观察到的数据进行更新,因此,根据神经网络产生的预测中存在的随机性因素,通常选取不同的随机起点进行多次训练,并对得到的结果进行平均。

在神经网络中,必须提前确定隐藏层的个数及每个隐藏层中的节点数。

7min

5.2.2 激活函数

激活函数可以为神经网络提供非线性特征,对神经网络的功能影响很大。20 世纪 70 年代,神经网络研究一度陷入低谷的主要原因是,明斯基证明了当时的神经网络由于没有 Sigmoid 这类非线性的激活函数,无法解决非线性可分问题,例如异或问题。从某种意义上讲,非线性激活函数拯救了神经网络。

激活函数对于人工神经网络模型去学习、理解非常复杂和非线性的函数来讲具有十分重要的作用。它们将非线性特性引入网络中。在神经元中,输入(Inputs)通过加权和求和后,还被作用在一个函数上,这个函数就是激活函数,如图 5-5 所示。

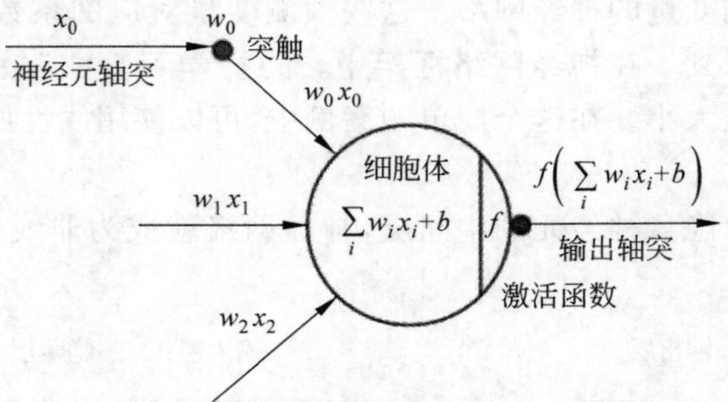

图 5-5 激活函数作用在神经元上

在实际选择激活函数时,通常要求激活函数是可微的、输出值的范围是有限的。由于基于反向传播的神经网络训练算法使用梯度下降法来进行优化训练,所以激活函数必须是可微的。激活函数的输出决定了下一层神经网络的输入,如果激活函数的输出范围是有限的,则特征表示受到有限权重的影响会更显著,基于梯度的优化方法就会更稳定;如果激活函数的输出范围是无限的,则神经网络的训练速度可能会很快,但必须选择一个合适的学习率

(Learning Rate)。

常用的激活函数：Sigmoid、Tanh、ReLU、Leaky ReLU、PReLU、ELU、Maxout、SELU。

1. Sigmoid 函数

Sigmoid 函数又称 Logistic 函数，用于隐含层神经元输出，取值范围为(0,1)，可以用来做二分类。Sigmoid 函数表达式如式(5-5)所示。

$$f(x)=\frac{1}{1+\mathrm{e}^{-x}} \tag{5-5}$$

优点：Sigmoid 函数的输出在(0,1)之间，输出范围有限，优化稳定，可以用作输出层；连续函数，便于求导。

缺点：Sigmoid 函数在变量取绝对值非常大的正值或负值时会出现饱和现象，意味着函数会变得很平，并且对输入的微小改变会变得不敏感。在反向传播时，当梯度接近于 0 时，权重基本不会更新，很容易就会出现梯度消失的情况，从而无法完成深层网络的训练。Sigmoid 函数的输出不是 0 均值的会导致后层的神经元的输入是非 0 均值的信号，这会对梯度产生影响。计算复杂度高，因为 Sigmoid 函数是指数形式。

2. Tanh 函数

Tanh 函数也称为双曲正切函数，取值范围为[−1,1]。Tanh 函数的定义如式(5-6)所示。

$$f(x)=\frac{1-\mathrm{e}^{-2x}}{1+\mathrm{e}^{-2x}} \tag{5-6}$$

Tanh 函数与 Sigmoid 函数相比，输出均值为 0，这就使其收敛速度要比 Sigmoid 快，从而可以减少迭代次数。缺点就是同样具有软饱和性，会造成梯度消失。

3. ReLU 函数

整流线性单元(Rectified Linear Unit，ReLU)是现代神经网络中最常用的激活函数，是大多数前馈神经网络默认使用的激活函数。ReLU 函数的定义如式(5-7)所示。

$$f(x)=\begin{cases}x, & x\geqslant 0\\ 0, & x<0\end{cases}$$

$$f(x)=\max(0,x) \tag{5-7}$$

它在 $x>0$ 时不存在饱和问题，保持梯度不衰减，从而解决了梯度消失问题。能直接以监督的方式训练深度神经网络，而无须依赖无监督的逐层预训练。随着训练的推进，部分输入会落入硬饱和区，导致对应权重无法更新，这种现象称为“神经元死亡”。

与 Sigmoid 类似，ReLU 的输出均值也大于 0，所以偏移现象和神经元死亡共同影响网络的收敛性。

4. Leaky ReLU 函数

渗漏整流线性单元(Leaky ReLU)，为了解决 Dead ReLU 现象。用一个类似 0.01 的小值来初始化神经元，从而使 ReLU 在负数区域更偏向于激活而不是死掉。这里的斜率都是确定的。

Leaky ReLU 激活函数是 ReLU 的衍变版本,主要就是为了解决 ReLU 输出为 0 的问题。在输入小于 0 时,虽然输出值很小,但是值不为 0。Leaky ReLU 激活函数的一个缺点就是它有些近似线性,导致在复杂分类中效果不好,如式(5-8)所示。

$$f(x)=\begin{cases}x, & x\geqslant 0\\ \alpha x, & x<0\end{cases} \tag{5-8}$$

5. ELU 指数线性单元

具有 ReLU 的优势,没有 Dead ReLU 问题,输出均值接近 0,实际上 PReLU 和 Leaky ReLU 都有这一优点。有负数饱和区域,从而对噪声有一些稳健性。可以看作介于 ReLU 和 Leaky ReLU 之间的一个函数。这个函数也需要计算 EXP,从而计算量上更大一些。它结合了 Sigmoid 和 ReLU 函数,左侧软饱和,右侧无饱和。右侧线性部分使 ELU 能缓解梯度消失,而左侧软饱和能让 ELU 对输入变化或噪声更稳健。由于 ELU 的输出均值接近于 0,所以收敛速度更快。如式(5-9)所示。

$$f(x)=\begin{cases}x, & x\geqslant 0\\ \alpha(e^{x}-1), & x<0\end{cases} \tag{5-9}$$

8min

5.2.3 损失函数

一言以蔽之,损失函数(Loss Function)就是用来度量模型的预测值 $f(x)$ 与真实值 Y 的差异程度的运算函数,它是一个非负实值函数,通常使用 $L(Y,f(x))$ 来表示,损失函数越小,模型的稳健性就越好。

损失函数主要使用在模型的训练阶段,每个批次的训练数据送入模型后,通过前向传播输出预测值,然后损失函数会计算出预测值和真实值之间的差异值,也就是损失值。得到损失值之后,模型通过反向传播去更新各个参数,以此来降低真实值与预测值之间的损失,使模型生成的预测值往真实值方向靠拢,从而达到学习的目的。

1. 均方误差损失函数(Mean Square Error, MSE)

均方误差损失函数如式(5-10)所示。

$$L(Y\mid f(x))=\frac{1}{n}\sum_{i=1}^{n}(Y_i-f(x_i))^2 \tag{5-10}$$

在回归问题中,MSE 用于度量样本点到回归曲线的距离,通过最小化平方损失使样本点可以更好地拟合回归曲线。MSE 的值越小,表示预测模型描述的样本数据具有越好的精确度。由于无参数、计算成本低和具有明确物理意义等优点,MSE 已成为一种优秀的距离度量方法。尽管 MSE 在图像和语音处理方面表现较弱,但它仍是评价信号质量的标准,在回归问题中,MSE 常被作为模型的经验损失或算法的性能指标。

2. L1 损失函数

L1 损失函数的公式如式(5-11)所示。

$$L(Y\mid f(x))=\sum_{i=1}^{n}\left|Y_i-f(x_i)\right| \tag{5-11}$$

L1 损失又称为曼哈顿距离，表示残差的绝对值之和。L1 损失函数对离群点有很好的稳健性，但它在残差为 0 处却不可导。另一个缺点是更新的梯度始终相同，也就是说，即使很小的损失值，梯度也很大，这样不利于模型的收敛。针对它的收敛问题，一般的解决办法是在优化算法中使用变化的学习率，在损失接近最小值时降低学习率。

3. L2 损失函数

L2 损失函数的公式如式(5-12)所示。

$$L(Y \mid f(x)) = \sqrt{\frac{1}{n}\sum_{i=1}^{n}(Y_i - f(x_i))^2} \tag{5-12}$$

L2 损失又被称为欧氏距离，是一种常用的距离度量方法，通常用于度量数据点之间的相似度。由于 L2 损失具有凸性和可微性，并且在独立、同分布的高斯噪声情况下，它能提供最大似然估计，使它成为回归问题、模式识别、图像处理中最常使用的损失函数。

4. Smooth L1 损失函数

Smooth L1 损失函数的公式如式(5-13)所示。

$$L(Y \mid f(x)) = \begin{cases} \frac{1}{2}(Y - f(x))^2, & |Y - f(x)| < 1 \\ |Y - f(x)| - \frac{1}{2}, & |Y - f(x)| \geqslant 1 \end{cases} \tag{5-13}$$

Smooth L1 损失是由格尔希克在 Fast R-CNN 中提出的，主要用在目标检测中以防止梯度爆炸。

5. Huber 损失函数

Huber 损失函数的公式如式(5-14)所示。

$$L(Y \mid f(x)) = \begin{cases} \frac{1}{2}(Y - f(x))^2, & |Y - f(x)| \leqslant \delta \\ \delta |Y - f(x)| - \frac{1}{2}\delta^2, & |Y - f(x)| > \delta \end{cases} \tag{5-14}$$

Huber 损失是平方损失和绝对损失的综合，它克服了平方损失和绝对损失的缺点，不仅使损失函数具有连续的导数，而且利用 MSE 梯度随误差减小的特性，可取得更精确的最小值。尽管 Huber 损失对异常点具有更好的稳健性，但是，它不仅引入了额外的参数，而且选择合适的参数比较困难，这也增加了训练和调试的工作量。

6. KL 散度函数(相对熵)

KL 散度函数(相对熵)的公式如式(5-15)所示。

$$L(Y \mid f(x)) = \sum_{i=1}^{n} Y_i \times \log\left(\frac{Y_i}{f(x_i)}\right) \tag{5-15}$$

式中，Y 代表真实值，$f(x)$ 代表预测值。

KL 散度(Kullback-Leibler Divergence)也被称为相对熵，是一种非对称度量方法，常用于度量两个概率分布之间的距离。KL 散度也可以衡量两个随机分布之间的距离，两个随机分布的相似度越高，它们的 KL 散度越小，当两个随机分布的差别增大时，它们的 KL 散度也会增大，因此KL散度可以用于比较文本标签或图像的相似性。基于KL散度的演化损失函数有JS散度函数(Jensen-Shannon Divergence)。JS散度也称JS距离，用于衡量两个概率分布之间的相似度，它是基于KL散度的一种变形，消除了KL散度非对称的问题，与KL散度相比，它使相似度判别更加准确。相对熵是恒大于或等于0的。当且仅当两分布相同时，相对熵才等于0。

7. 交叉熵

交叉熵损失的公式如式(5-16)所示。

$$L(Y \mid f(x)) = -\sum_{i=1}^{n} Y_i \log f(x_i) \tag{5-16}$$

交叉熵是信息论中的一个概念，最初用于估算平均编码长度，引入机器学习后，用于评估当前训练得到的概率分布与真实分布的差异情况。为了使神经网络的每层输出从线性组合转换为非线性逼近，以提高模型的预测精度，在以交叉熵为损失函数的神经网络模型中一般选用Tanh、Sigmoid、Softmax或ReLU作为激活函数。

交叉熵损失函数刻画了实际输出概率与期望输出概率之间的相似度，也就是交叉熵的值越小，两个概率分布就越接近，特别是在正负样本不均衡的分类问题中，常用交叉熵作为损失函数。目前，交叉熵损失函数是卷积神经网络中最常使用的分类损失函数，它可以有效地避免梯度消散。在二分类情况下也叫作对数损失函数。

8. Softmax损失函数

Softmax损失函数的公式如式(5-17)所示。

$$L(Y \mid f(x)) = -\frac{1}{n}\sum_{i=1}^{n} \log \frac{e^{f Y_i}}{\sum_{j=1}^{c} e^{f_j}} \tag{5-17}$$

从标准形式上看，Softmax损失函数应归到对数损失的范畴，在监督学习中，由于它被广泛使用，所以单独形成一个类别。Softmax损失函数本质上是逻辑回归模型在多分类任务上的一种延伸，常作为CNN模型的损失函数。Softmax损失函数的本质是将一个k维的任意实数值向量x映射成另一个k维的实数值向量，其中，输出向量中的每个元素的取值范围都是(0,1)，即Softmax损失函数输出每个类别的预测概率。由于Softmax损失函数具有类间可分性，被广泛用于分类、分割、人脸识别、图像自动标注和人脸验证等问题中，其特点是类间距离的优化效果非常好，但类内距离的优化效果比较差。

Softmax损失函数具有类间可分性，在多分类和图像标注问题中，常用它解决特征分离问题。在基于卷积神经网络的分类问题中，一般使用Softmax损失函数作为损失函数，但是Softmax损失函数学习到的特征不具有足够的区分性，因此它常与对比损失或中心损失组合使用，以增强区分能力。

5.2.4 梯度法

梯度算法是一种常用的优化算法，广泛应用于机器学习和深度学习领域。它通过不断调整参数来最小化或最大化一个目标函数，以达到优化的目的。

梯度算法的核心思想是基于目标函数的梯度信息来决定参数的更新方向和步长。梯度是一个向量，表示函数在某一点上的变化率。对于一个多元函数，其梯度是一个向量，包含了各个自变量的偏导数。函数在某一点的梯度是这样一个向量，它的方向与取得最大方向导数的方向一致，而它的模为方向导数的最大值。以山为例，就是坡度最陡的地方，梯度值就是描述坡度有多陡的。

1. 梯度下降法

梯度下降法沿着负梯度方向逐步更新优化参数，函数在某一点的梯度是在该方向单位步长上升最快的向量。梯度下降法是利用待优化变量，沿着负梯度方向不断迭代寻找最优值，如图 5-6 所示。

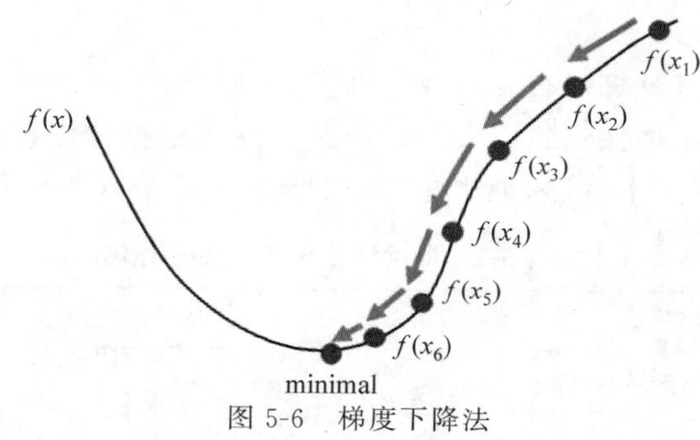

图 5-6 梯度下降法

梯度下降法算法流程见表 5-1。

表 5-1 梯度下降法算法流程

Algorithm1：梯度下降法
Require：步长 α，初始参数 x_0
repeat：
梯度计算：$\nabla f(x_i)$
参数更新：$x_{i+1}=x_i-\alpha\nabla f(x_i)$
until：达到收敛条件

以下是使用 Python 编写的一个简单的梯度下降法代码示例：

```
//第 5 章/GradientDescent.python
import numpy as np
#定义函数及其导数
def f(x):
    return x ** 2 + 2 * x + 1
def df(x):
    return 2 * x + 2
#定义梯度下降函数
def gradient_descent(x, learning_rate, num_iterations):
```

```
    for i in range(num_iterations):
        grad = df(x)
        x = x - learning_rate * grad
    return x
#初始化参数
x0 = np.random.randn(1)
#调用梯度下降函数
learning_rate = 0.1
num_iterations = 100
x_min = gradient_descent(x0, learning_rate, num_iterations)
#打印最小值
print('Minimum value: ', f(x_min))
```

2. 最优梯度法

最优梯度法利用梯度计算步长，减小在谷底的来回振动，梯度法设置固定步长，可能出现的情况是在谷底左右来回波动难以收敛。最优梯度法根据梯度模长设置步长，越接近最优点，步长越短。相比梯度下降法，最优梯度法的核心在于利用梯度计算步长，见表 5-2。

表 5-2　最优梯度法算法流程

Algorithm2：最优梯度下降法
Require：初始步长 α_0，初始参数 x_0 　repeat： 　　梯度计算：$\nabla f(x_i)$、$\lVert \nabla f(x_i) \rVert$ 　　计算搜索方向：$\theta_i = \nabla f(x_i) / \lVert \nabla f(x_i) \rVert$ 　　步长计算：$\alpha = -\nabla f(x_i)\theta / \theta_i^T \nabla\nabla f(x_i)\theta_i$ 　　参数更新：$x_{i+1} = x_i - \alpha\theta_i$ 　until：达到收敛条件

以下是使用 Python 编写的最优梯度法代码示例：

```
//第 5 章/GradientDescent.python
def gradient_descent(x, learning_rate, num_iterations):
    for _ in range(num_iterations):
        gradient = 2 * x                        #函数 f(x) = x^2 的导数为 2x
        x = x - learning_rate * gradient
    return x
#初始化参数
x0 = 1.0
learning_rate = 0.1
num_iterations = 100
#调用最优梯度法
x_min = gradient_descent(x0, learning_rate, num_iterations)
#打印最小值
```

```
print('Minimum value: ', x_min)
print('Function minimum: ', x_min ** 2)
```

3. 共轭梯度法

共轭梯度法每次搜索方向与上次方向共轭，理论上 k 维变量经过 k 次迭代可找到最优解。共轭梯度法对最优梯度法进行了修正，搜索方向为共轭方向，将负梯度方向旋转了一个角度，每次最优方向需要在负梯度方向进行修正，见表 5-3。

表 5-3 共轭梯度法算法流程

Algorithm3：共轭梯度法
Require：初始参数 x_0 确定初始优化方向 $P_0=-\nabla f(x_0)$： repeat： 步长计算：$\lambda_i=\frac{-\nabla f(x_i)P_i}{P_i^T\nabla^2 f(x_i)P_i}$ 参数更新：$x_{i+1}=x_i+\lambda_i P_i$ 梯度计算：$g_i=\nabla f(x_i)$，$g_{i+1}=\nabla f(x_{i+1})$ 步长计算：$\alpha_i=\|g_{i+1}\|^2/\|g_i\|^2$ 方向更新：$P_{i+1}=-g_{i+1}+\alpha_i P_i$ until：达到收敛条件

以下是使用 Python 编写的共轭梯度法代码示例：

```
//第 5 章/ConjugateGradient.python
import numpy as np
#定义函数及其导数
def f(x):
    return x ** 2 + 2 * x + 1
def df(x):
    return 2 * x + 2
#定义共轭梯度法
def conjugate_gradient(x, num_iterations):
    r = -df(x)
    p = r
    rs_old = np.dot(r, r)
    for i in range(num_iterations):
        Ap = df(p)
        alpha = rs_old / np.dot(p, Ap)
        x = x + alpha * p
        r = r - alpha * Ap
        rs_new = np.dot(r, r)
        if np.sqrt(rs_new) < 1e-8:
            break
        p = r + (rs_new / rs_old) * p
```

```
        rs_old = rs_new
    return x
#初始化参数
x0 = np.random.randn(1)
#调用共轭梯度法
num_iterations = 100
x_min = conjugate_gradient(x0, num_iterations)
#打印最小值
print('Minimum value: ', f(x_min))
```

13min

5.2.5 神经网络构建线性回归模型

线性回归是机器学习中最基础、最经典的算法之一，它利用线性函数对一个或多个自变量和因变量之间的关系进行建模，建模过程就是使用数据点来寻找最佳拟合线。线性回归分为两种类型：单变量线性回归（Linear Regression with One Variable），一个自变量和一个结果变量能在二维平面可视化；多变量线性回归（Linear Regression with Multiple Variables），至少有两组自变量。

线性回归是一种最简单的机器学习方法。线性回归的目标是找到一些点集合背后的规律。例如，一个点集合可以用一条直线来拟合，这条拟合出来的直线的参数特征就是线性回归找到的点集背后的规律。

优点：线性回归的理解与解释都十分直观，并且还能通过正则化来降低过拟合的风险。另外，线性模型很容易使用随机梯度下降和新数据更新模型权重。

缺点：在面对样本属性数量（维度）较大的复杂模型时会因为计算量过大而无能为力，例如图像识别问题。

人工神经网络的训练和预测过程与线性回归基本上是一致的。例如，要训练一个识别动物的神经网络，首先要找到大量不同类型的动物样本并打上标记，然后调整神经网络模型的参数，以使神经网络的输出和标记之间的误差（损失函数）尽可能小；在使用神经网络做预测时，给神经网络一张未带标记的动物图像，神经网络根据训练拟合好的模型，可以给出它对图中动物模型的判断。

5.2.6 神经网络构建逻辑回归模型

逻辑回归是解决分类问题最基础、最经典的算法，通常用于二分类（只有两种结果标签），通过估计预测事件发生的可能性来推断是否发生，从而进行二分类。例如某用户购买某商品的可能性，某病人患有某种疾病的可能性，以及某广告被用户单击的可能性等。有一点需要注意：虽然名叫“逻辑回归”，但它并不属于回归，而是一种分类算法。

与线性回归的联系：逻辑回归与线性回归都是一种广义线性模型（Generalized Linear Model）。逻辑回归假设因变量 y 服从伯努利分布，故使用最大似然法作为参数估计方法，而线性回归假设因变量 y 服从高斯分布，故使用最小二乘法作为参数估计方法，因此它们有很多相同之处，去除 Sigmoid 联系函数，逻辑回归算法就是一个线性回归。逻辑回归是以线性回归为理论支持的，但是逻辑回归通过 Sigmoid 联系函数引入了非线性因素，从而可以轻松地处理 0/1 分类问题。

5.3 三层神经网络

神经单元概念，将一个神经单元视为一个逻辑回归模型，因此，神经网络可以看作逻辑回归在(宽度，深度)上的延伸，然后前向传播是一个复合函数不断传播的过程，最终视目标而定损失函数；最后，反向传播则是对复合函数求导的过程。三层神经网络只是深度学习的雏形，如今深度学习已经包罗万象。

一个三层神经网络是由一个输入层、一个隐含层和一个输出层组成的，它们由可修正的权值互连。在此基础上构建的神经网络是由 3 个输入层、3 个隐含层和一个输出层组成的。隐含层单元对它的各个输入进行加权求和运算而形成标量的“净激活”。也就是说，净激活是输入信号与隐含层权值的内积。通常可把净激活写成：

$$\text{net}_j = \sum_{i=1}^{d} x_i w_{ji} + w_{j0} = \sum_{i=0}^{d} x_i w_{ji} \equiv w_j^t x \tag{5-18}$$

其中，x 为增广输入特征向量(附加一个特征值 $x_0=1$)，w 为权向量(附加一个值 w_0)。由上面的公式可知，这里的下标 i 是输入层单元的索引值，j 是隐含层单元的索引。w_{ji} 表示输入层单元 i 到隐含层单元 j 的权值。为了跟神经生物学作类比，这种权或连接被称为“突触”，连接的值叫“突触权”。每个隐含层单元激发出一个输出分量，这个分量是净激活 net 的非线性函数 $f(\text{net})$，如式(5-19)所示。

$$y_j = f(\text{net}_j) \tag{5-19}$$

这里需要重点认识激活函数的作用。激活函数的选择是构建神经网络过程中的重要环节，下面简要介绍常用的激活函数。

线性函数(Liner Function)的公式如下：

$$f(x) = kx \tag{5-20}$$

阈值函数(Threshold Function)的公式如下：

$$f(x) = \begin{cases} 1, & x \geqslant c \\ 0, & x < c \end{cases} \tag{5-21}$$

以上激活函数都属于线性函数，下面是两个常用的非线性激活函数。

S 形函数(Sigmoid Function)的公式如下：

$$f(x) = \frac{1}{1+\mathrm{e}^{-ax}} \tag{5-22}$$

双极 S 形函数的公式如下：

$$f(x) = \frac{2}{1+\mathrm{e}^{-ax}} - 1 \tag{5-23}$$

S 形函数与双极 S 形函数的图像如图 5-7 所示。

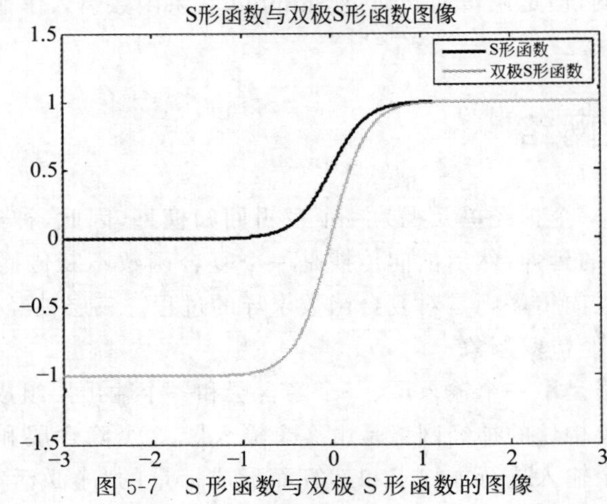

图 5-7　S 形函数与双极 S 形函数的图像

由于 S 形函数与双极 S 形函数都是可导的，因此适合用在 BP 神经网络中（BP 算法要求激活函数可导）。

5.4　深度学习与自然语言处理

自然语言处理是计算机科学的一个重要分支，旨在让机器能够理解和生成人类语言。随着深度学习的崛起，其在自然语言处理领域也展现出了不俗的性能。深度学习为自然语言处理带来了革命性的改变。

1. 自然语言处理典型任务

自然语言处理涉及众多任务，但以下几种最为经典：

(1) 文本分类：如情感分析，将文本分类为正面或负面。

(2) 命名实体识别：识别文本中的特定实体，如人名、地名。

(3) 机器翻译：将一种语言的文本翻译成另一种语言。

(4) 自动摘要：为长文本生成简短的摘要。

(5) 问答系统：基于用户问题给出直接答案。

2. 词表示

在传统的自然语言处理中，单词通常使用 One-Hot 编码，但这种方法无法捕获单词之间的关系，而在深度学习中，使用词嵌入，这是一个连续的向量，它可以捕获单词的语义。

Word2Vec 和 GloVe 是最流行的词嵌入方法。它们可以将单词转换为固定大小的向量，而相似的单词在这个空间中是接近的。

3. 使用神经网络进行文本分类

文本分类是一个常见的任务，例如判断电影评论是正面还是负面。对于这样的任务，可以使用卷积神经网络或循环神经网络。

4. 使用神经网络进行机器翻译

机器翻译是一个复杂的任务，但神经网络，特别是序列到序列的模型，已经在这方面取得了很大进展。这种模型使用两个 RNN，一个作为编码器，另一个作为解码器。

以下是几个用 Python 写深度学习与自然语言相关的代码示例。

使用卷积神经网络进行文本分类。以下是一个简单的实现示例：

```
//第 5 章/CNN.python
from keras.preprocessing.text import Tokenizer
from keras.preprocessing.sequence import pad_sequences
from keras.models import Sequential
from keras.layers import Embedding, Conv1D, GlobalMaxPooling1D, Dense
#加载数据和标签
data = ['This is a positive sentence', 'This is a negative sentence']
labels = [1, 0]
#使用 Tokenizer 将文本转换为数字序列
tokenizer = Tokenizer(num_words=1000)
tokenizer.fit_on_texts(data)
sequences = tokenizer.texts_to_sequences(data)
#将序列填充到相同的长度
max_len = max([len(seq) for seq in sequences])
data = pad_sequences(sequences, maxlen=max_len)
#定义模型
model = Sequential()
model.add(Embedding(input_dim=1000, output_dim=32, input_length=max_len))
model.add(Conv1D(filters=32, kernel_size=3, activation='relu'))
model.add(GlobalMaxPooling1D())
model.add(Dense(units=1, activation='sigmoid'))
#编译并训练模型
model.compile(optimizer='adam', loss='binary_crossentropy', metrics=
['accuracy'])
model.fit(data, labels, epochs=10, batch_size=16)
```

使用循环神经网络(RNN)进行机器翻译。以下是一个简单的实现示例：

```
//第 5 章/RNN.python
from keras.preprocessing.text import Tokenizer
from keras.preprocessing.sequence import pad_sequences
from keras.models import Sequential
from keras.layers import Embedding, LSTM, Dense
#加载数据和标签
source_data = ['I love you', 'You love me']
target_data = ['Je t\'aime', 'Tu m\'aimes']
#使用 Tokenizer 将文本转换为数字序列
```

```
source_tokenizer = Tokenizer(num_words=1000)
source_tokenizer.fit_on_texts(source_data)
source_sequences = source_tokenizer.texts_to_sequences(source_data)
target_tokenizer = Tokenizer(num_words=1000)
target_tokenizer.fit_on_texts(target_data)
target_sequences = target_tokenizer.texts_to_sequences(target_data)
#将序列填充到相同的长度
source_max_len = max([len(seq) for seq in source_sequences])
target_max_len = max([len(seq) for seq in target_sequences])
source_data = pad_sequences(source_sequences, maxlen=source_max_len)
target_data = pad_sequences(target_sequences, maxlen=target_max_len)
#定义模型
model = Sequential()
model.add(Embedding(input_dim=1000, output_dim=32, input_length=source_max_
len))
model.add(LSTM(units=32))
model.add(Dense(units=1000, activation='Softmax'))
#编译并训练模型
model.compile(optimizer='adam', loss='categorical_crossentropy', metrics=
['accuracy'])
model.fit(source_data, target_data, epochs=10, batch_size=16)
```

使用条件随机场(Conditional Random Field,CRF)进行命名实体识别。以下是一个简单的实现示例：

```
//第 5 章/CRF.python
from sklearn_crfsuite import CRF
from sklearn_crfsuite.metrics import flat_classification_report
#加载数据和标签
train_data = [
    [('I', 'O'), ('love', 'O'), ('you', 'O')],
    [('She', 'B-PER'), ('is', 'O'), ('my', 'O'), ('friend', 'O')]
]
train_labels = [['O', 'O', 'O'], ['B-PER', 'O', 'O', 'O']]
#定义特征函数
def word2features(sent, i):
    word = sent[i][0]
    features = {
        'word': word,
        'bias': 1.0,
        'word.lower()': word.lower(),
        'word[-3:]': word[-3:],
        'word[-2:]': word[-2:],
        'word.isupper()': word.isupper(),
        'word.istitle()': word.istitle(),
```

```
            'word.isdigit()': word.isdigit(),
        }
        if i > 0:
            prev_word = sent[i-1][0]
            features.update({
                'prev_word': prev_word,
                'prev_word.lower()': prev_word.lower(),
                'prev_word.istitle()': prev_word.istitle(),
                'prev_word.isupper()': prev_word.isupper(),
            })
        else:
            features['BOS'] = True
        if i < len(sent)-1:
            next_word = sent[i+1][0]
            features.update({
                'next_word': next_word,
                'next_word.lower()': next_word.lower(),
                'next_word.istitle()': next_word.istitle(),
                'next_word.isupper()': next_word.isupper(),
            })
        else:
            features['EOS'] = True
        return features
#定义特征集
def sent2features(sent):
    return [word2features(sent, i) for i in range(len(sent))]
#训练模型
crf = CRF(algorithm='lbfgs', c1=0.1, c2=0.1, max_iterations=100)
train_features = [sent2features(sent) for sent in train_data]
crf.fit(train_features, train_labels)
#预测标签并评估模型
test_data = [('He', 'O'), ('is', 'O'), ('my', 'O'), ('brother', 'O')]
test_features = sent2features(test_data)
test_labels = crf.predict_single(test_features)
print(flat_classification_report([[label] for label in test_labels], [['O'] *
len(test_labels)]))
```

5.5 本章小结

深度学习的完整工作原理：第 1 层，对神经网络的权重随机赋值，由于是对输入数据进行随机变换，因此跟预期值可能差距很大，相应地，损失值也很高。第 2 层，根据损失值，利用反向传播算法来微调神经网络每层的参数，从而较低损失值。第 3 层，根据调整的参数继续计算预测值，并计算预测值和预期值的差距，即损失值。第 4 层，重复步骤 2 和步骤 3，直到整个网络的损失值达到最小，即算法收敛。

应该说，从浅层神经网络向深层神经网络发展，并不是很难想象的事情，但是，深度学习的真正兴起从2006年才开始。除了杰弗里·辛顿（Geoffrey Hinton）、杨立昆（Yann LeCun）和约书亚·本吉奥（Yoshua Bengio）等人的推动外，深度学习之所以能成熟壮大，得益于ABC三方面的影响：A是Algorithm（算法），B是Big Data（大数据），C是Computing（算力）。算法方面，深层神经网络训练算法日趋成熟，其识别精度越来越高；大数据方面，互联网企业有足够多的大数据来做深层神经网络的训练；算力方面，现在的一个深度学习处理器芯片的计算机能力比当初的100个CPU还要强。

第 6 章 卷积神经网络

本章重点讨论深度学习代表性的卷积神将网络。6.1 节介绍卷积神经网络基本概念。6.2 节介绍卷积神经网络模型结构。6.3 节介绍卷积神经网络的核心卷积层。6.4 节介绍卷积神经网络的池化层。6.5 节介绍常见代表性卷积神经网络的原理和实现。

6.1 卷积神经网络概念

卷积神经网络(Convolutional Neural Networks,CNN)是深度学习的代表算法之一。

卷积神经网络作为本设计的不可或缺的核心算法,其原理是图像由输入层开始传输,之后依次通过卷积层、池化层等多层的执行,对人像特征进行提取并抽象化。最终训练信息量最高的特征并从全连接层输入 Softmax 层进行分类归一化。

输入层,顾名思义就是整个 CNN 的数据输入,通常把一个经过预处理的图像像素矩阵输入这一层中,对于不同类型的图片输入时需定义图片类型,黑白图像是一种单通道图像,RGB 图像是由 R、G、B 三通道构成的彩像。

当图像进入卷积神经网络中后,经过卷积层和池化层运算传参,以及全连接层降维,因此图片的数量和分辨率都会对模型的性能造成一定的影响。

6.2 卷积神经网络模型结构

13min

卷积神经网络好比生物的大脑,通过视觉上的呈现,提取并反馈相应信息,它像是一种投影,从对其输入的样本再到它通过给予的样本反馈出数据,通过学习大量输入的信息并反向传递反馈,通过反馈反复迭代完善自身的参数,卷积神经网络无须遵守各种计算法则,使用者将要得到的模型模式对卷积网络加以调参投入大量样本开始训练,即可学习到特征并反馈出有效的抽象化数据实体,神经网络本体就有着对投入的样本进行反复训练学习和强大的信息映射的能力,如图 6-1 所示。

常见的经典卷积神经网络的组成通常是由输入层、卷积层、池化层、全连接层、输出层这

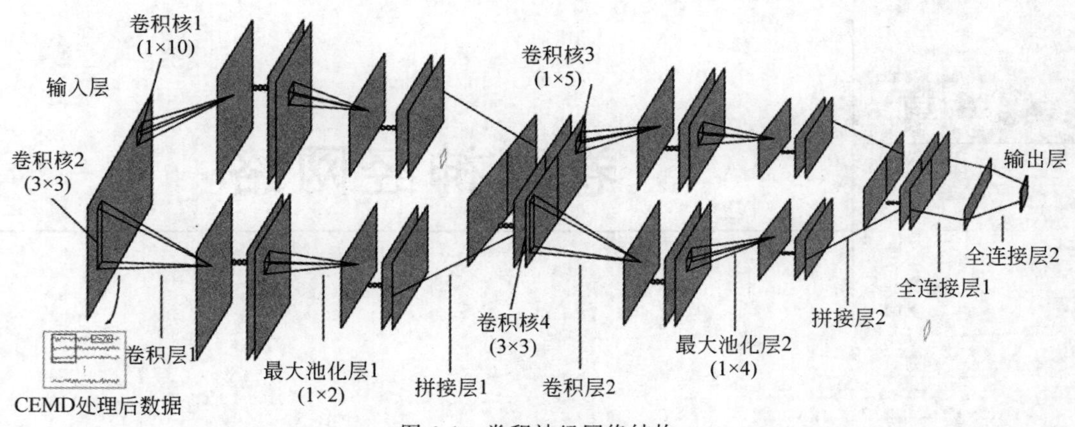

图 6-1 卷积神经网络结构

5 种结构结合而成。图像由输入层开始传输,之后依次通过卷积层、池化层等多层的执行,对人像特征进行提取并抽象化,最终训练信息量最高的特征并从全连接层输入 Softmax 层进行分类归一化。

6.3 卷积层

卷积层是整个卷积神经网络的核心部分,用于提取图像特征并进行数据降维。卷积层包含多个卷积核,该卷积核的尺寸通常由人工指定为 3×3 或 5×5。卷积核的大小为 3×3,其中卷积核如式(6-1)所示。

$$\text{conv} = \begin{bmatrix} 0 & 1 & 1 \\ 1 & 0 & 0 \\ 1 & 0 & 0 \end{bmatrix} \tag{6-1}$$

首先选取图 6-1 中的 3×3 尺寸的 conv 卷积核,接下来从矩阵 **A** 的左上角开始划分出一个和卷积核尺寸同样大小的矩阵,将这个矩阵与 conv 对应位置上的元素逐个相乘,然后求和,得到的值即为新矩阵的第 1 行第 1 列的值,然后按照从左到右从上到下的窗口滑动顺序,这就是特征提取的核心原理,最终得到一个新的矩阵(Step 9 右侧矩阵即新得到的矩阵),这个矩阵保存了图像卷积操作后的所有特征。卷积操作的运算过程如图 6-2 所示。

对于图片的边界线点,CNN 的卷积核有两种处理方式。一种是对输入的矩阵不采取任何操作,直接按照图 6-2 所示的顺序进行卷积操作,但经过该处理方式后输出矩阵的大小发生改变,输入矩阵大于输出矩阵。另一种处理方式是对原矩阵边界进行全 0 填充(Zero-padding)后再进行卷积计算,这种处理方式使矩阵在输出后尺寸仍然不发生改变,如图 6-3 所示。

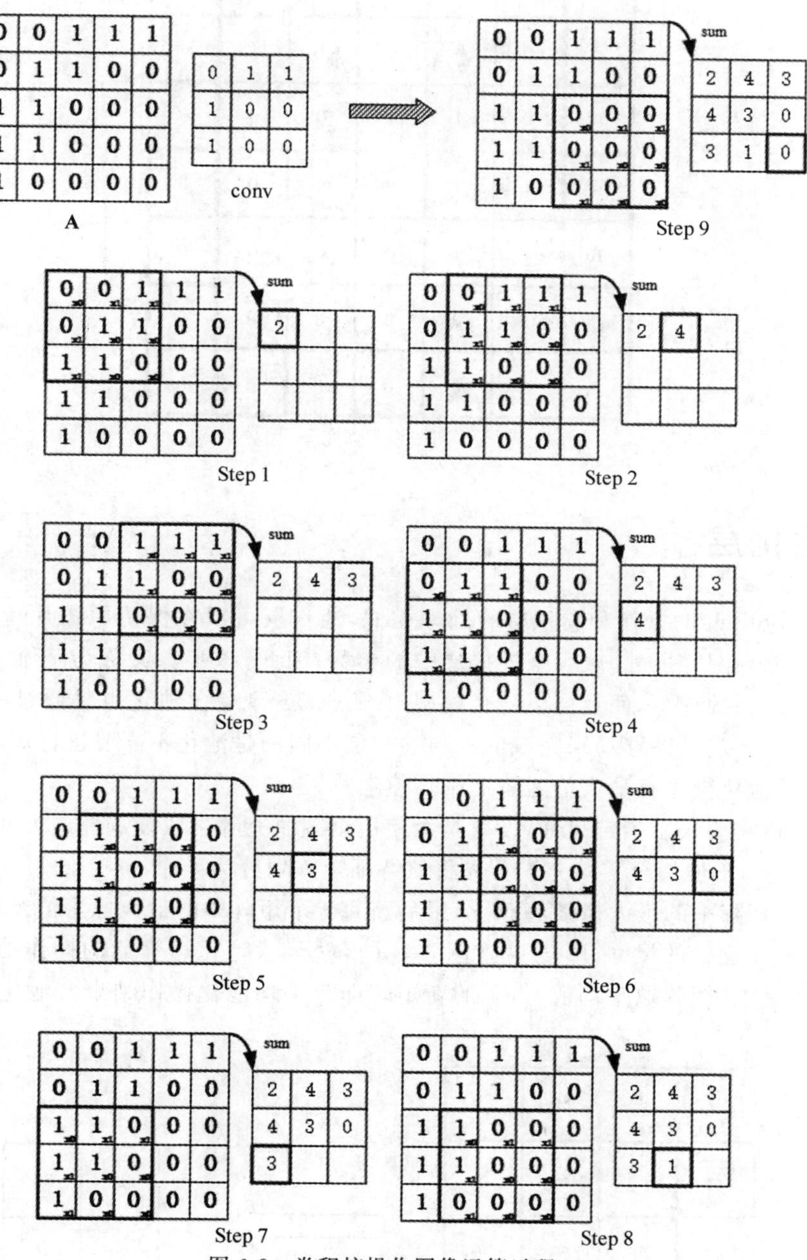

图 6-2　卷积核操作图像运算过程

0	0	0	0	0	0	0
0	0	0	1	1	1	0
0	0	1	1	0	0	0
0	1	1	0	0	0	0
0	1	1	0	0	0	0
0	1	0	0	0	0	0
0	0	0	0	0	0	0

图 6-3　填充

6.4　池化层

池化(Pooling)的操作和卷积层的处理相似，池化层可以在保留原图片特征的前提下，非常有效地缩小图片尺寸，减少全连接层中的参数，因此，该步骤又称为降维。添加池化层不仅加速了模型的计算，而且可以防止模型出现过拟合现象。池化也是通过一个类似于卷积核的窗口按一定顺序移动来完成的。与卷积层不同的是池化不需要进行矩阵节点的加权运算，常用的池化操作有最大值运算和平均值运算。

池化窗口需要人工指定尺寸，设置是否使用全零填充等。假设选择最大池化层，池化窗口尺寸为 2×2，不使用全零填充。首先将该特征矩阵划分为 4 个 2×2 的矩阵，然后分别取出每个 2×2 矩阵中的最大像素值 Max，最后将每 4 个矩阵中的最大像素值组成一个新的矩阵，大小为池化窗口的尺寸，即 2×2。图 6-4 是经过最大池化运算后的操作结果。同样地，分别对每个 2×2 矩阵取平均值，得到的新矩阵即为平均池化操作结果。池化过程如图 6-4 所示。

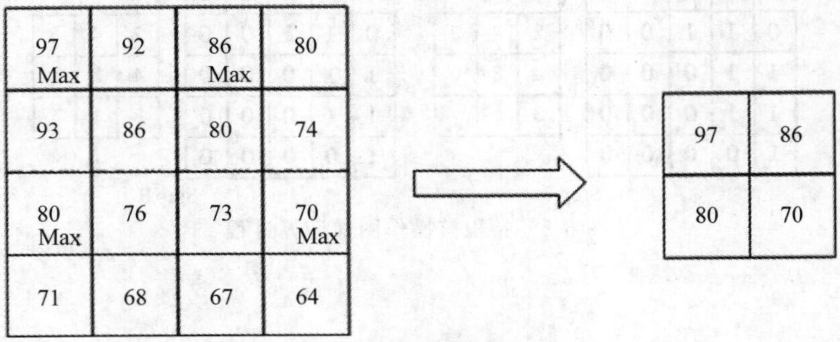

97 Max	92	86 Max	80
93	86	80	74
80 Max	76	73	70 Max
71	68	67	64

⇒

97	86
80	70

图 6-4　池化原理

6.5　代表性卷积神经网络

6.5.1　LeNet

LeNet 即 LeNet-5。LeNet-5 是一个经典的深度卷积神经网络，在 1998 年由 Yann LeCun 提出，其目的在于解决手写数字识别问题。LeNet-5 被认为是卷积神经网络的开创性工作之一。

LeNet-5 这个网络虽然很小，但是它包含了深度学习的基本模块：卷积层、池化层、全链接层，是其他深度学习模型的基础，这里对 LeNet-5 进行深入分析。同时，通过实例分析，加深对卷积层和池化层的理解，如图 6-5 所示。

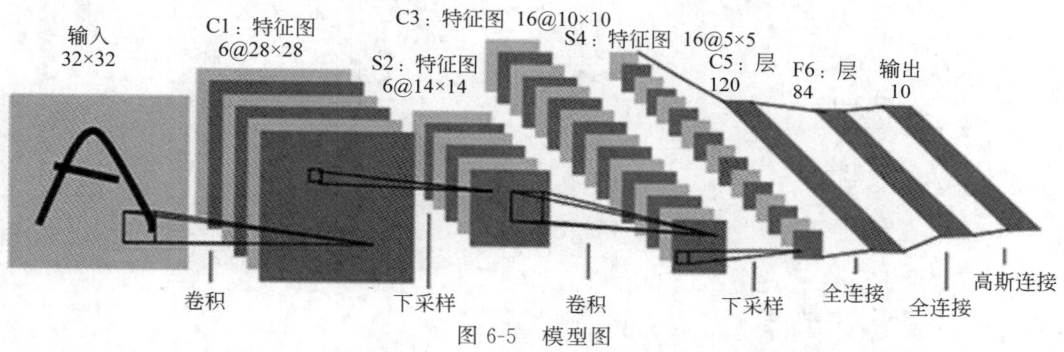

图 6-5　模型图

LeNet-5 共有 7 层，不包含输入，每层都包含可训练参数；每层有多张特征图（Feature Map），每个 Feature Map 通过一种卷积滤波器提取输入的一种特征，然后每个 Feature Map 有多个神经元。

使用 PyTorch 实现 LeNet，并使用 MNIST 数据集进行训练和测试，代码如下：

```
//第 6 章/LeNet.python
import torch
import torchvision
//数据准备
train_dataset = torchvision.datasets.MNIST(root='./data', train=True, transform=torchvision.transforms.ToTensor(), download=True)
test_dataset = torchvision.datasets.MNIST(root='./data', train=False, transform=torchvision.transforms.ToTensor(), download=True)
//模型定义
class LeNet(torch.nn.Module):
    def __init__(self):
        super(LeNet, self).__init__()
        self.conv1 = torch.nn.Conv2d(1, 6, kernel_size=5)
        self.pool1 = torch.nn.MaxPool2d(kernel_size=2)
```

```
        self.conv2 = torch.nn.Conv2d(6, 16, kernel_size=5)
        self.pool2 = torch.nn.MaxPool2d(kernel_size=2)
        self.fc1 = torch.nn.Linear(16 * 4 * 4, 120)
        self.fc2 = torch.nn.Linear(120, 84)
        self.fc3 = torch.nn.Linear(84, 10)
    def forward(self, x):
        x = self.pool1(torch.relu(self.conv1(x)))
        x = self.pool2(torch.relu(self.conv2(x)))
        x = x.view(-1, 16 * 4 * 4)
        x = torch.relu(self.fc1(x))
        x = torch.relu(self.fc2(x))
        x = self.fc3(x)
        return x
//模型训练
model = LeNet()
criterion = torch.nn.CrossEntropyLoss()
optimizer = torch.optim.SGD(model.parameters(), lr=0.01)
for epoch in range(10):
    for i, (images, labels) in enumerate(train_loader):
        optimizer.zero_grad()
        outputs = model(images)
        loss = criterion(outputs, labels)
        loss.backward()
        optimizer.step()

        if (i+1) % 100 == 0:
            print('Epoch [{}/{}], Step [{}/{}], Loss: {:.4f}'.format(epoch+1, 10,
i+1, len(train_loader), loss.item()))
//模型测试
correct = 0
total = 0
with torch.no_grad():
    for images, labels in test_loader:
        outputs = model(images)
        _, predicted = torch.max(outputs.data, 1)
        total += labels.size(0)
        correct += (predicted == labels).sum().item()

print('Accuracy of the network on the 10000 test images: {} %'.format(100 *
correct / total))
```

6.5.2 AlexNet

由于受到计算机性能的影响,虽然 LeNet 在图像分类中取得了较好的成绩,但是并没有引起很多的关注。直到 2012 年,Alex 等人提出的 AlexNet 网络在 ImageNet 大赛上以远超第二名的成绩夺冠，卷积神经网络乃至深度学习重新引起了广泛的关注。AlexNet 是在 LeNet 的基础上加深了网络的结构，学习更丰富更高维的图像特征。AlexNet 的特点如下：

(1) 更深的网络结构。

(2) 使用层叠的卷积层，即卷积层、卷积层、池化层来提取图像的特征。

(3) 使用 DropOut 抑制过拟合。

(4) 使用数据增强 Data Augmentation 抑制过拟合。

(5) 使用 ReLU 替换之前的 Sigmoid 作为激活函数。

(6) 多 GPU 训练。

AlexNet 体系结构是卷积层、池化层、归一化层、conv-pool-norm、几个卷积层、池化层，然后是几个全连接层。实际上看起来与 LeNet 网络非常相似，只是有更多层。在最终的全连接层进入输出类之前有 5 个 conv 层和两个全连接层。

使用 PyTorch 构建 AlexNet，代码如下：

```
//第 6 章/AlexNet.python
import time
import torch
from torch import nn, optim
import torchvision

class AlexNet(nn.Module):
    def __init__(self):
        super(AlexNet, self).__init__()
        self.conv = nn.Sequential(
            nn.Conv2d(1, 96, 11, 4),
                        #in_channels, out_channels, kernel_size, stride, padding
            nn.ReLU(),
            nn.MaxPool2d(3, 2),                  #kernel_size, stride
            #减小卷积窗口，填充为 2，以此来使输入与输出的高和宽一致，并且增大输出通道数
            nn.Conv2d(96, 256, 5, 1, 2),
            nn.ReLU(),
            nn.MaxPool2d(3, 2),
            #连续 3 个卷积层，并且使用更小的卷积窗口。除了最后的卷积层外，进一步增大了
            #输出通道数
            #前两个卷积层后不使用池化层来减小输入的高和宽
            nn.Conv2d(256, 384, 3, 1, 1),
            nn.ReLU(),
            nn.Conv2d(384, 384, 3, 1, 1),
            nn.ReLU(),
            nn.Conv2d(384, 256, 3, 1, 1),
            nn.ReLU(),
            nn.MaxPool2d(3, 2)
        )
```

```
        #这里全连接层的输出个数比 LeNet 中的个数大数倍。使用丢弃层来缓解过拟合
        self.fc = nn.Sequential(
            nn.Linear(256 * 5 * 5, 4096),
            nn.ReLU(),
            nn.DropOut(0.5),
            nn.Linear(4096, 4096),
            nn.ReLU(),
            nn.DropOut(0.5),
            #输出层,由于这里使用 Fashion-MNIST,所以类别数为 10,而非论文中的 1000
            nn.Linear(4096, 10),
        )

    def forward(self, img):
        feature = self.conv(img)
        output = self.fc(feature.view(img.shape[0], -1))
        return output
```

6.5.3 VGGNet

2014 年，牛津大学计算机视觉组 Visual Geometry Group 和 Google DeepMind 公司的研究员一起研发出了新的深度卷积神经网络（Visual Geometry Group Network，VGGNet）并取得了 LSVRC2014 比赛分类项目的第二名，取得第一名的 GoogLeNet 也是同年提出的。论文主要针对卷积神经网络的深度对大规模图像集识别精度的影响，主要贡献是使用很小的卷积核（3×3）构建各种深度的卷积神经网络结构，并对这些网络结构进行了评估，最终证明 16 和 19 层的网络深度，能够取得较好的识别精度。这也就是常用来提取图像特征的 VGG-16 和 VGG-19。

VGG 可以看成加深版的 AlexNet，整个网络由卷积层和全连接层叠加而成，和 AlexNet 不同的是，VGG 中使用的都是小尺寸的卷积核（3×3）。VGG 的主要特点如下：

(1) 结构简洁。

(2) 小卷积核和连续的卷积层。

(3) 小池化核，使用的是 2×2。

(4) 通道数更多，特征度更宽。

(5) 层数更深。

(6) 全连接转卷积（测试阶段）。

使用 PyTorch 构建 VGGNet，代码如下：

```
//第 6 章/VGGNet.python
import torch.nn as nn
import torch

#official pretrain weights
```

```
model_urls = {
    'VGG-11': 'https://download.pytorch.org/models/VGG-11-bbd30ac9.pth',
    'VGG-13': 'https://download.pytorch.org/models/VGG-13-c768596a.pth',
    'VGG-16': 'https://download.pytorch.org/models/VGG-16-397923af.pth',
    'VGG-19': 'https://download.pytorch.org/models/VGG-19-dcbb9e9d.pth'
}

class VGG(nn.Module):
    def __init__(self, features, num_classes=1000, init_weights=False):
        super(VGG, self).__init__()
        self.features = features
        self.classifier = nn.Sequential(
            nn.Linear(512 * 7 * 7, 4096),
            nn.ReLU(True),
            nn.DropOut(p=0.5),
            nn.Linear(4096, 4096),
            nn.ReLU(True),
            nn.DropOut(p=0.5),
            nn.Linear(4096, num_classes)
        )
        if init_weights:
            self._initialize_weights()

    def forward(self, x):
        #N x 3 x 224 x 224
        x = self.features(x)
        #N x 512 x 7 x 7
        x = torch.flatten(x, start_dim=1)
        #N x 512 * 7 * 7
        x = self.classifier(x)
        return x

    def _initialize_weights(self):
        for m in self.modules():
            if isinstance(m, nn.Conv2d):
                #nn.init.kaiming_normal_(m.weight, mode='fan_out',
nonlinearity='relu')
                nn.init.xavier_uniform_(m.weight)
                if m.bias is not None:
                    nn.init.constant_(m.bias, 0)
            elif isinstance(m, nn.Linear):
                nn.init.xavier_uniform_(m.weight)
                #nn.init.normal_(m.weight, 0, 0.01)
                nn.init.constant_(m.bias, 0)

def make_features(cfg: list):
```

```
    layers = []
    in_channels = 3
    for v in cfg:
        if v == "M":
            layers += [nn.MaxPool2d(kernel_size=2, stride=2)]
        else:
            conv2d = nn.Conv2d(in_channels, v, kernel_size=3, padding=1)
            layers += [conv2d, nn.ReLU(True)]
            in_channels = v
    return nn.Sequential(* layers)

cfgs = {
    'VGG-11': [64, 'M', 128, 'M', 256, 256, 'M', 512, 512, 'M', 512, 512, 'M'],
    'VGG-13': [64, 64, 'M', 128, 128, 'M', 256, 256, 'M', 512, 512, 'M', 512, 512, 'M'],
    'VGG-16': [64, 64, 'M', 128, 128, 'M', 256, 256, 256, 'M', 512, 512, 512, 'M',
512, 512, 512, 'M'],
    'VGG-19': [64, 64, 'M', 128, 128, 'M', 256, 256, 256, 256, 'M', 512, 512, 512,
512, 'M', 512, 512, 512, 512, 'M'],
}

def vgg(model_name="VGG-16", **kwargs):
    assert model_name in cfgs, "Warning: model number {} not in cfgs dict!".format
(model_name)
    cfg = cfgs[model_name]

    model = VGG(make_features(cfg), **kwargs)
    return model
```

6.5.4 GoogLeNet

GoogLeNet(Google Inception Net)取得了 2014 年 ImageNet 比赛的冠军，它的主要特点是网络不仅有深度，还在横向上具有“宽度”。从名字 GoogLeNet 可以知道这是来自谷歌工程师所设计的网络结构，而名字中 GoogLeNet 更是致敬了 LeNet。GoogLeNet 中最核心的部分是其内部子网络结构 Inception，该结构的灵感来源于 NIN(Network In Network)。

由于图像信息在空间尺寸上的巨大差异，如何选择合适的卷积核来提取特征就显得比较困难了。空间分布范围更广的图像信息适合用较大的卷积核来提取其特征，而空间分布范围较小的图像信息则适合用较小的卷积核来提取其特征。为了解决这个问题，GoogLeNet 提出了一种被称为 Inception 模块的方案。

使用 PyTorch 构建 GoogLeNet，代码如下：

```
//第 6 章/GoogleLeNet.python
import torch.nn as nn
import torch
```

```
import torch.nn.functional as F

class GoogLeNet(nn.Module):
    def __init__(self, num_classes=1000, aux_logits=True, init_weights=False):
        super(GoogLeNet, self).__init__()
        self.aux_logits = aux_logits
        self.conv1 = BasicConv2d(3, 64, kernel_size=7, stride=2, padding=3)
        self.maxpool1 = nn.MaxPool2d(3, stride=2, ceil_mode=True)
        self.conv2 = BasicConv2d(64, 64, kernel_size=1)
        self.conv3 = BasicConv2d(64, 192, kernel_size=3, padding=1)
        self.maxpool2 = nn.MaxPool2d(3, stride=2, ceil_mode=True)
        self.inception3a = Inception(192, 64, 96, 128, 16, 32, 32)
        self.inception3b = Inception(256, 128, 128, 192, 32, 96, 64)
        self.maxpool3 = nn.MaxPool2d(3, stride=2, ceil_mode=True)
        self.inception4a = Inception(480, 192, 96, 208, 16, 48, 64)
        self.inception4b = Inception(512, 160, 112, 224, 24, 64, 64)
        self.inception4c = Inception(512, 128, 128, 256, 24, 64, 64)
        self.inception4d = Inception(512, 112, 144, 288, 32, 64, 64)
        self.inception4e = Inception(528, 256, 160, 320, 32, 128, 128)
        self.maxpool4 = nn.MaxPool2d(3, stride=2, ceil_mode=True)
        self.inception5a = Inception(832, 256, 160, 320, 32, 128, 128)
        self.inception5b = Inception(832, 384, 192, 384, 48, 128, 128)

        if self.aux_logits:
            self.aux1 = InceptionAux(512, num_classes)
            self.aux2 = InceptionAux(528, num_classes)
        self.avgpool = nn.AdaptiveAvgPool2d((1, 1))
        self.DropOut = nn.DropOut(0.4)
        self.fc = nn.Linear(1024, num_classes)
        if init_weights:
            self._initialize_weights()
    def forward(self, x):
        #N x 3 x 224 x 224
        x = self.conv1(x)
        #N x 64 x 112 x 112
        x = self.maxpool1(x)
        #N x 64 x 56 x 56
        x = self.conv2(x)
        #N x 64 x 56 x 56
        x = self.conv3(x)
        #N x 192 x 56 x 56
        x = self.maxpool2(x)
        #N x 192 x 28 x 28
        x = self.inception3a(x)
        #N x 256 x 28 x 28
        x = self.inception3b(x)
```

```
        #N x 480 x 28 x 28
        x = self.maxpool3(x)
        #N x 480 x 14 x 14
        x = self.inception4a(x)
        #N x 512 x 14 x 14
        if self.training and self.aux_logits:    #eval model lose this layer
            aux1 = self.aux1(x)
        x = self.inception4b(x)
        #N x 512 x 14 x 14
        x = self.inception4c(x)
        #N x 512 x 14 x 14
        x = self.inception4d(x)
        #N x 528 x 14 x 14
        if self.training and self.aux_logits:    #eval model lose this layer
            aux2 = self.aux2(x)
        x = self.inception4e(x)
        #N x 832 x 14 x 14
        x = self.maxpool4(x)
        #N x 832 x 7 x 7
        x = self.inception5a(x)
        #N x 832 x 7 x 7
        x = self.inception5b(x)
        #N x 1024 x 7 x 7
        x = self.avgpool(x)
        #N x 1024 x 1 x 1
        x = torch.flatten(x, 1)
        #N x 1024
        x = self.DropOut(x)
        x = self.fc(x)
        #N x 1000 (num_classes)
        if self.training and self.aux_logits:    #eval model lose this layer
            return x, aux2, aux1
        return x

    def _initialize_weights(self):
        for m in self.modules():
            if isinstance(m, nn.Conv2d):
                nn.init.kaiming_normal_(m.weight, mode='fan_out', nonlinearity
='relu')
                if m.bias is not None:
                    nn.init.constant_(m.bias, 0)
            elif isinstance(m, nn.Linear):
                nn.init.normal_(m.weight, 0, 0.01)
                nn.init.constant_(m.bias, 0)

class Inception(nn.Module):
```

```
    def __init__(self, in_channels, ch1x1, ch3x3red, ch3x3, ch5x5red, ch5x5, pool
_proj):
        super(Inception, self).__init__()
        self.branch1 = BasicConv2d(in_channels, ch1x1, kernel_size=1)
        self.branch2 = nn.Sequential(
            BasicConv2d(in_channels, ch3x3red, kernel_size=1),
            BasicConv2d(ch3x3red, ch3x3, kernel_size=3, padding=1)
            #保证输出大小等于输入大小
        )
        self.branch3 = nn.Sequential(
            BasicConv2d(in_channels, ch5x5red, kernel_size=1),
            #在官方的实现中,其实是 3x3 的 Kernel 并不是 5x5,这里不修改了,具体可以参考
            #下面的 issue
            #Please see https://github.com/pytorch/vision/issues/906 for details.
            BasicConv2d(ch5x5red, ch5x5, kernel_size=5, padding=2)
            #保证输出大小等于输入大小
        )
        self.branch4 = nn.Sequential(
            nn.MaxPool2d(kernel_size=3, stride=1, padding=1),
            BasicConv2d(in_channels, pool_proj, kernel_size=1)
        )

    def forward(self, x):
        branch1 = self.branch1(x)
        branch2 = self.branch2(x)
        branch3 = self.branch3(x)
        branch4 = self.branch4(x)
        outputs = [branch1, branch2, branch3, branch4]
        return torch.cat(outputs, 1)

class InceptionAux(nn.Module):
    def __init__(self, in_channels, num_classes):
        super(InceptionAux, self).__init__()
        self.averagePool = nn.AvgPool2d(kernel_size=5, stride=3)
        self.conv = BasicConv2d(in_channels, 128, kernel_size=1)
                                                    #output[batch, 128, 4, 4]
        self.fc1 = nn.Linear(2048, 1024)
        self.fc2 = nn.Linear(1024, num_classes)

    def forward(self, x):
        #aux1: N x 512 x 14 x 14, aux2: N x 528 x 14 x 14
        x = self.averagePool(x)
        #aux1: N x 512 x 4 x 4, aux2: N x 528 x 4 x 4
        x = self.conv(x)
        #N x 128 x 4 x 4
        x = torch.flatten(x, 1)
```

```
        x = F.DropOut(x, 0.5, training=self.training)
        #N x 2048
        x = F.relu(self.fc1(x), inplace=True)
        x = F.DropOut(x, 0.5, training=self.training)
        #N x 1024
        x = self.fc2(x)
        #N x num_classes
        return x

class BasicConv2d(nn.Module):
    def __init__(self, in_channels, out_channels, **kwargs):
        super(BasicConv2d, self).__init__()
        self.conv = nn.Conv2d(in_channels, out_channels, **kwargs)
        self.relu = nn.ReLU(inplace=True)
    def forward(self, x):
        x = self.conv(x)
        x = self.relu(x)
        return x
```

6.5.5 ResNet

神经网络的层从表面上看，更多的层可以增强网络的表达能力，但层数多了不仅会带来各种问题，如梯度消失、参数开销增大、容易过拟合等，而且随意增加的层数并不一定会起到好的作用。

ResNet（Residual Neural Network）的核心思想正好可以解决这一问题。假设一个设计好的神经网络可以表达一部分函数，但是要拟合的目标函数不包含在神经网络可表达的范围内，因此这一网络只能在可选范围内找到一个最接近目标函数的参数组合。增加层虽然可以扩大可表达函数的范围，但却有可能让可选范围变得离最优解更远，但如果增加的层可以实现恒等映射，则当其为恒等映射时，整个神经网络与之前并无区别，而增加的这一层参数又可以变化，实现了表达能力的增强，拓宽了可表达函数的范围，这时增加的层才是有益的。

ResNet 通过 ResNet Unit 成功地训练出了 152 层的神经网络，并在 ILSVRC2015 比赛中取得了冠军，在 Top5 上的错误率为 3.57%，同时参数量比 VGGNet 低，效果非常突出。ResNet 的结构可以极快地加速神经网络的训练，模型的准确率也有比较大的提升。同时 ResNet 的推广性非常好，甚至可以直接用到 InceptionNet 网络中。

使用 PyTorch 构建 ResNet，代码如下：

```
//第 6 章/ResNet.python
import torch.nn as nn
import torch
```

```
class BasicBlock(nn.Module):
    expansion = 1
    def __init__(self, in_channel, out_channel, stride=1, downsample=None, **
kwargs):
        super(BasicBlock, self).__init__()
        self.conv1 = nn.Conv2d(in_channels=in_channel, out_channels=out_
channel,
                               kernel_size=3, stride=stride, padding=1, bias=False)
        self.bn1 = nn.BatchNorm2d(out_channel)
        self.relu = nn.ReLU()
        self.conv2 = nn.Conv2d(in_channels=out_channel, out_channels=out_
channel,
                               kernel_size=3, stride=1, padding=1, bias=False)
        self.bn2 = nn.BatchNorm2d(out_channel)
        self.downsample = downsample

    def forward(self, x):
        identity = x
        if self.downsample is not None:
            identity = self.downsample(x)
        out = self.conv1(x)
        out = self.bn1(out)
        out = self.relu(out)
        out = self.conv2(out)
        out = self.bn2(out)
        out += identity
        out = self.relu(out)
        return out

class Bottleneck(nn.Module):
    """
    注意:原论文中,在虚线残差结构的主分支上,第 1 个 1x1 卷积层的步距是 2,第 2 个 3x3 卷积
层的步距是 1。
    但在 PyTorch 官方实现过程中是第 1 个 1x1 卷积层的步距是 1,第 2 个 3x3 卷积层的步距是
2,这么做的好处是能够在 Top1 上提升大概 0.5%的准确率。
    可参考 ResNet v1.5 https://ngc.nvidia.com/catalog/model-scripts/nvidia:
resnet_50_v1_5_for_pytorch
    """
    expansion = 4
    def __init__(self, in_channel, out_channel, stride=1, downsample=None,
                 groups=1, width_per_group=64):
        super(Bottleneck, self).__init__()
        width = int(out_channel * (width_per_group / 64.)) * groups
        self.conv1 = nn.Conv2d(in_channels=in_channel, out_channels=width,
                               kernel_size=1, stride=1, bias=False)
                                                              #squeeze channels
```

```
        self.bn1 = nn.BatchNorm2d(width)
        #-----------------------------------------
        self.conv2 = nn.Conv2d(in_channels=width, out_channels=width, groups=
groups,
                      kernel_size=3, stride=stride, bias=False, padding=1)
        self.bn2 = nn.BatchNorm2d(width)
        #-----------------------------------------
        self.conv3 = nn.Conv2d(in_channels=width, out_channels=out_channel *
self.expansion,
                        kernel_size=1, stride=1, bias=False)
                                                        #unsqueeze channels
        self.bn3 = nn.BatchNorm2d(out_channel * self.expansion)
        self.relu = nn.ReLU(inplace=True)
        self.downsample = downsample

    def forward(self, x):
        identity = x
        if self.downsample is not None:
            identity = self.downsample(x)
        out = self.conv1(x)
        out = self.bn1(out)
        out = self.relu(out)
        out = self.conv2(out)
        out = self.bn2(out)
        out = self.relu(out)
        out = self.conv3(out)
        out = self.bn3(out)
        out += identity
        out = self.relu(out)
        return out

class ResNet(nn.Module):
    def __init__(self,
                 block,
                 blocks_num,
                 num_classes=1000,
                 include_top=True,
                 groups=1,
                 width_per_group=64):
        super(ResNet, self).__init__()
        self.include_top = include_top
        self.in_channel = 64
        self.groups = groups
        self.width_per_group = width_per_group
        self.conv1 = nn.Conv2d(3, self.in_channel, kernel_size=7, stride=2,
                        padding=3, bias=False)
```

```
        self.bn1 = nn.BatchNorm2d(self.in_channel)
        self.relu = nn.ReLU(inplace=True)
        self.maxpool = nn.MaxPool2d(kernel_size=3, stride=2, padding=1)
        self.layer1 = self._make_layer(block, 64, blocks_num[0])
        self.layer2 = self._make_layer(block, 128, blocks_num[1], stride=2)
        self.layer3 = self._make_layer(block, 256, blocks_num[2], stride=2)
        self.layer4 = self._make_layer(block, 512, blocks_num[3], stride=2)
        if self.include_top:
            self.avgpool = nn.AdaptiveAvgPool2d((1, 1))  #output size = (1, 1)
            self.fc = nn.Linear(512 * block.expansion, num_classes)

        for m in self.modules():
            if isinstance(m, nn.Conv2d):
                nn.init.kaiming_normal_(m.weight, mode='fan_out', nonlinearity
='relu')

    def _make_layer(self, block, channel, block_num, stride=1):
        downsample = None
        if stride != 1 or self.in_channel != channel * block.expansion:
            downsample = nn.Sequential(
                nn.Conv2d(self.in_channel, channel * block.expansion, kernel_
size=1, stride=stride, bias=False),
                nn.BatchNorm2d(channel * block.expansion))
        layers = []
        layers.append(block(self.in_channel,
                            channel,
                            downsample=downsample,
                            stride=stride,
                            groups=self.groups,
                            width_per_group=self.width_per_group))
        self.in_channel = channel * block.expansion
        for _ in range(1, block_num):
            layers.append(block(self.in_channel,
                                channel,
                                groups=self.groups,
                                width_per_group=self.width_per_group))
        return nn.Sequential(*layers)

    def forward(self, x):
        x = self.conv1(x)
        x = self.bn1(x)
        x = self.relu(x)
        x = self.maxpool(x)
        x = self.layer1(x)
        x = self.layer2(x)
        x = self.layer3(x)
```

```
        x = self.layer4(x)
        if self.include_top:
            x = self.avgpool(x)
            x = torch.flatten(x, 1)
            x = self.fc(x)
        return x

def resnet34(num_classes=1000, include_top=True):
    #https://download.pytorch.org/models/resnet34-333f7ec4.pth
    return ResNet(BasicBlock, [3, 4, 6, 3], num_classes=num_classes, include_top
=include_top)

def resnet50(num_classes=1000, include_top=True):
    #https://download.pytorch.org/models/resnet50-19c8e357.pth
    return ResNet(Bottleneck, [3, 4, 6, 3], num_classes=num_classes, include_top
=include_top)

def resnet101(num_classes=1000, include_top=True):
    #https://download.pytorch.org/models/resnet101-5d3b4d8f.pth
    return ResNet(Bottleneck, [3, 4, 23, 3], num_classes=num_classes, include_
top=include_top)

def ResNeXt50_32x4d(num_classes=1000, include_top=True):
    #https://download.pytorch.org/models/ResNeXt50_32x4d-7cdf4587.pth
    groups = 32
    width_per_group = 4
    return ResNet(Bottleneck, [3, 4, 6, 3],
                  num_classes=num_classes,
                  include_top=include_top,
                  groups=groups,
                  width_per_group=width_per_group)

def ResNeXt101_32x8d(num_classes=1000, include_top=True):
    #https://download.pytorch.org/models/ResNeXt101_32x8d-8ba56ff5.pth
    groups = 32
    width_per_group = 8
    return ResNet(Bottleneck, [3, 4, 23, 3],
                  num_classes=num_classes,
                  include_top=include_top,
                  groups=groups,
                  width_per_group=width_per_group)
```

以下是使用 Python 编写的一个简单的 CNN 模型的代码示例，它包括了卷积层、池化层和全连接层：

```
//第 6 章/CNN.python
import torch
import torch.nn as nn
class CNN(nn.Module):
    def __init__(self):
        super(CNN, self).__init__()
        #定义卷积层
        self.conv1 = nn.Conv2d(1, 16, kernel_size=3, stride=1, padding=1)
        self.relu = nn.ReLU()
        self.pool = nn.MaxPool2d(kernel_size=2, stride=2)
        #定义全连接层
        self.fc1 = nn.Linear(16 * 7 * 7, 10) #输入尺寸为 16 * 7 * 7,输出尺寸为 10
    def forward(self, x):
        x = self.conv1(x)
        x = self.relu(x)
        x = self.pool(x)
        #将特征图展平成一维向量
        x = x.view(x.size(0), -1)
        x = self.fc1(x)
        return x
#创建模型实例
model = CNN()
#随机生成输入数据
input_data = torch.randn(64, 1, 28, 28) #输入尺寸为 64 * 1 * 28 * 28
#前向传播
output = model(input_data)
#打印输出尺寸
print(output.size())
```

6.6 本章小结

CNN由纽约大学的杨立昆于1998年提出，其本质是一个多层感知机，成功的原因在于其所采用的局部连接和权值共享的方式：一方面减少了权值的数量使网络易于优化；另一方面降低了模型的复杂度，也就是减小了过拟合的风险。

该优点在网络的输入是图像时表现得更为明显，它使图像可以直接作为网络的输入，避免了传统识别算法中复杂的特征提取和数据重建的过程，在二维图像的处理过程中有很大的优势，如网络能够自行抽取图像的特征，包括颜色、纹理、形状及图像的拓扑结构，在处理二维图像的问题上，特别是识别位移、缩放及其他形式扭曲不变性的应用上具有良好的稳健性和运算效率等。

CNN基本上是几层具有非线性激活函数的卷积，以及将池化层应用于卷积的结果。每层应用不同的滤波器（成百上千个）。理解的关键是滤波器不是预先设定好的，而是在训练阶段学习的，以使恰当的损失函数被最小化。已经观察到，较低层会学习检测基本特征，而较高层检测更复杂的特征，例如形状或面部。

CNN在时间维度上对音频和文本数据进行一维卷积和池化操作，沿（高度×宽度）维度对图像进行二维处理，沿（高度×宽度×时间）维度对视频进行三维处理。对于图像，在输入上滑动滤波器会生成一张特征图，为每个空间位置提供滤波器的响应。换句话说，一个CNN由多个滤波器堆叠在一起，学习识别在图像中独立于位置信息的具体视觉特征。这些视觉特征在网络的前面几层很简单，然后随着网络的加深，组合成更加复杂的全局特征。

应用篇

第 7 章

文本的局部式表示

在自然语言处理中，一项非常重要的技术就是如何把人类的自然语言进行合理充分地表示，以便计算机能够进行高效处理。文本的表示通常可以分为局部式表示（Local Representation）与分布式表示（Distributed Representation）两种方式。本章重点讨论文本的局部式表示方法。7.1 节阐述向量空间模型的基本概念，以及向量空间和自然语言处理的关系。7.2 节～7.5 节分别讲解独热编码（One-Hot Encoding）、词袋模型（Bag-of-Words，BoW）、TF-IDF 模型（Term Frequency-Inverse Document Frequency）和 N-Gram 模型。每节分别介绍相应模型的概念，展示相应的示例，通过具体例子的 Python 代码实现详细分析模型的构建过程，讨论各类模型的优缺点和有效的解决方法。

7.1 向量空间模型

在计算机科学和数据分析领域，向量空间模型是一种常用的数学框架，常被用于表示和处理高维数据。

向量空间模型将数据表示为向量的集合，每个向量代表数据的一个样本。在向量空间模型中，每个维度对应于一个特征或属性，而每个向量则代表了数据样本在这些特征上的取值，向量的维度取决于所选择的特征或属性的数量。

向量空间模型是实现许多自然语言处理任务和应用的基础，它为文本数据提供了一种结构化和数值化的表示方式，方便计算和处理各种数据任务。在自然语言处理中，向量空间模型可被用于表示文本数据。通过将文本数据映射到向量空间，把自然语言中的单词、句子或文档转换为向量的形式。例如，对于文本数据，可以将每个词语作为一个维度，并计算词语的频率或权重作为向量的值。在向量空间模型中，通过将文本转换为向量表示后，可以使用数学和统计方法对文本进行计算和分析，可以实现文本相似性比较等功能。

向量和向量空间模型在自然语言处理中有广泛的实际应用，例如文本分类、文本聚类、信息检索、情感分析等。常用的表示方法或者模型包括局部式表示方法，例如 One-Hot Encoding、BoW 模型、TF-IDF、N-Gram 等模型；分布式表示方法，例如 Word2Vec、GloVe、

BERT、GPT 等模型。

向量空间模型的关键概念包括以下几个。

(1) 特征选择：选择用于表示数据的特征或属性。在文本数据中，特征通常是单词、多个连续的单词等。

(2) 向量表示：将数据样本映射为向量表示，其中每个维度对应于选定的特征。

(3) 相似性度量：通过计算向量之间的相似性来比较数据样本。常见的相似性度量方法包括余弦相似度、欧氏距离等。

(4) 数据分析和处理：使用向量空间模型可以进行各种数据分析任务，如聚类、分类、推荐等。通过计算向量之间的关系，可以发现模式、进行分类预测等。

5min

7.2 One-Hot Encoding

7.2.1 One-Hot Encoding 简介

One-Hot Encoding 是一种常用的向量表示方法。One-Hot Encoding 在自然语言处理中有着广泛的应用。在处理文本数据时，一种常见的做法是将单词或字符进行 One-Hot Encoding，以便深度学习算法能够处理和理解文本。

One-Hot Encoding 可用于表示特征的取值情况，它将离散的特征表示为二进制向量，其中只有一个元素为 1，其余元素均为 0。在 One-Hot Encoding 中，每个不同的特征取值都被映射为一个唯一的整数索引，然后根据该索引，将对应位置设置为 1，将其余位置设置为 0，从而形成了一个高维的稀疏向量，该向量的维度等于特征取值的总数。因为这种独特的向量中只能有一个 1，所以常被称作为独热。

7.2.2 One-Hot Encoding 示例

在自然语言处理任务中，可以将每个单词或字符视为一个离散的特征，并为其分配一个唯一的整数索引，然后使用 One-Hot Encoding 将这些特征转换为对应的二进制向量表示。整个文本可以被表示为由这些向量组成的矩阵。例如，针对句子 I love natural language processing，如果以单词为基本单元进行 One-Hot Encoding，则编码输出的结果如下：

```
"I": [1, 0, 0, 0, 0]
"love": [0, 1, 0, 0, 0]
"natural": [0, 0, 1, 0, 0]
"language": [0, 0, 0, 1, 0]
"processing": [0, 0, 0, 0, 1]
```

通过这样的编码方式，每个单词被表示为一个长度为词汇表大小的向量，其中只有一个元素为 1，其他元素为 0。

在深度学习算法中，由于分类数据不能直接被处理，因此需要将分类数据转换为数字表示。从上面的例子中可以看出，One-Hot Encoding 方式能够保留词汇之间的独立性，这种独特编码方式常被用于分类数据的编码转换。

例如，假设有一个特征表示颜色，特征的取值为［红色，蓝色，绿色］。通过 One-Hot Encoding，每种颜色被表示为一个长度为 3 的向量，其中只有一个元素为 1，表示该颜色的存在。对数据进行 One-Hot Encoding，输出如下：

```
"红色":[1, 0, 0]
"蓝色":[0, 1, 0]
"绿色":[0, 0, 1]
```

7.2.3 One-Hot Encoding 的 Python 实现

Scikit-learn 中的类 OneHotEncoder 可用于将整数分类值转换成 One-Hot Encoding。假定某数据集包含 4 个样本，每个样本包含 4 个特征值，样本特征的取值情况见表 7-1。

表 7-1　One-Hot Encoding 数据集样本

样本＼特征	特征一	特征二	特征三	特征四
样本一	'Male'	1	1	2
样本二	'Female'	1	3	5
样本三	'Female'	2	2	1
样本四	'Male'	3	5	2

使用 One-Hot Encoding 对数据集进行模型化，代码如下：

```
//第 7 章/Onehot.py
#从 sklearn 库中加载 OneHotEncoder 类
from sklearn.preprocessing import OneHotEncoder
#定义数据集
X = [
['Male', 1, 1, 2],
['Female', 1, 3, 5],
['Female', 2, 2, 1],
['Male', 3, 5, 2]
    ]
#定义 One-Hot Encoding 模型
enc = OneHotEncoder()
#将模型 fit 到数据集
enc = enc.fit(X)
#输出每列特征值的分类情况
print(enc.categories_)
#对原有数据集进行 One-Hot Encoding
```

```
print(enc.transform([['Male', 1, 1, 2], ['Female', 1, 3, 5], ['Female', 2, 2, 1],
['Male', 3, 5, 2] ]).toarray())
#执行代码,输出如下
#特征分类标签
[array(['Female', 'Male'], dtype=object), array([1, 2, 3], dtype=object), array
([1, 2, 3, 5], dtype=object), array([1, 2, 5], dtype=object)]
#数据集的 One-Hot Encoding
[[0. 1. 1. 0. 0. 1. 0. 0. 0. 0. 1. 0.]
[1. 0. 1. 0. 0. 0. 0. 1. 0. 0. 0. 1.]
[1. 0. 0. 1. 0. 0. 1. 0. 0. 1. 0. 0.]
[0. 1. 0. 0. 1. 0. 0. 0. 1. 0. 1. 0.]]
```

数据集中 4 个样本的 One-Hot Encoding 结果，如图 7-1 所示。

数据集样本特征一的值[Male，Female，Female，Male]，有 Male 和 Female 两种取值分类，对应的编码分别为 01 和 10，如图 7-1(a)所示。

特征二的值[1，1，2，3]，有 1、2、3 共 3 种取值分类，对应的编码分别为 100、010 和 001，如图 7-1(b)所示。

特征三的值[1，3，2，5]，有 1、2、3、5 共 4 种取值分类，对应的编码分别为 1000、0100、0010 和 0001，如图 7-1(c)所示。

特征四的值 [2，5，1，2]，有 1、2、5 共 3 种取值，对应的编码为 100、010 和 001，如图 7-1(d)所示。

特征一	One-Hot Encoding	
Male	0	1
Female	1	0
Female	1	0
Male	0	1

(a) 特征一的编码结果

特征二	One-Hot Encoding		
1	1	0	0
1	1	0	0
2	0	1	0
3	0	0	1

(b) 特征二的编码结果

特征三	One-Hot Encoding			
1	1	0	0	0
3	0	0	1	0
2	0	1	0	0
5	0	0	0	1

(c) 特征三的编码结果

特征四	One-Hot Encoding		
2	0	1	0
5	0	0	1
1	1	0	0
2	0	1	0

(d) 特征四的编码结果

图 7-1　One-Hot Encoding

现在使用建立的 One-Hot Encoding 模型对新数据['Female'，1，1，1]编码，代码如下：

```
#使用训练的 One-Hot Encoding 模型对新数据编码
print(enc.transform([['Female', 1, 1, 1]]).toarray())
```

输出如下：

```
#新数据['Female', 1, 1, 1]的 One-Hot Encoding
[[1. 0. 1. 0. 0. 1. 0. 0. 0. 1. 0. 0.]]
```

如果输入一个训练模型中没有的分类值，例如样本['Male',1, 2, 6]，则输出如下：

```
ValueError: Found unknown categories [6] in column 3 during transform
```

报错的原因是样本['Male',1, 2, 6]的特征四的分类取值[6]在原有训练模型中没有定义。

7.2.4 One-Hot Encoding 的特点

使用 One-Hot Encoding 用于特征表示具有简单高效的优点，但也存在维度灾难和信息冗余的缺点。通过特征选择、嵌入方法、稀疏矩阵优化和选择适应性更好的模型或算法，可以解决这些问题并提升 One-Hot Encoding 的性能。

1. One-Hot Encoding 的优点

(1) 简单直观：One-Hot Encoding 易于理解和实现，不需要进行复杂的数学计算或特征工程。

(2) 保留了离散信息：每个特征的每个可能取值都有一个独立的二进制特征位，能够完整地表示离散信息，特别适合用于对分类标签值进行有效编码。

2. One-Hot Encoding 的缺点和解决办法

(1) 维度灾难：One-Hot Encoding 会导致特征空间的维度增加，当特征取值较多时会引起维度爆炸的问题，增加了计算和存储的复杂度。可以采用稀疏表示方法，只记录特征值为 1 的位置，减少存储和计算的开销。

(2) 特征相关性丢失：One-Hot Encoding 将每个特征都视为相互独立的，忽略了特征之间的相关性，无法准确捕捉特征之间的相互关系。可以使用其他编码方法，如特征嵌入(如 Word2Vec、GloVe 等)、特征哈希(Feature Hashed)等，将高维特征映射到低维连续向量空间中，以便更好地保留特征之间的相关性。

(3) 不适用于连续型特征：One-Hot Encoding 主要适用于离散型特征，对于连续型特征不适用。因为连续型特征的取值无限多，无法进行 One-Hot Encoding，可以采用数据离散化方法对连续的数据进行分组，然后进行 One-Hot Encoding，例如二值化分组、等宽分组、单变量分组、信息熵分组等方法。

(4) 无法处理未知特征：在测试集中可能会出现训练集中未出现的特征取值，导致无法进行 One-Hot Encoding。可以采用特殊编码或预留特征位来处理未知特征，例如使用全零向量表示未知特征，或者将未知特征映射到一个特殊的编码。

7.3 BoW 模型

5min

7.3.1 BoW 模型简介

BoW 模型是在自然语言处理中一种简单的文本表示方法。这种模型不考虑词语之间的顺序、语法结构和语义关系，仅统计每个单词在文本中出现的频次。

BoW 模型的基本思想是将文本表示为一个固定长度的向量，向量的每个维度对应词汇表中的一个单词。文本中某个单词出现时，向量中对应位置的值为该词语在文本中的出现次数，或者为二进制表示的出现与否(例如出现为 1，不出现为 0)。BoW 模型通过统计文本中每个单词的频次，可以得到一个稀疏的高维向量。

BoW 模型可以分为以下几类。

(1) 基本 BoW 模型：基本 BoW 模型统计文本中每个词汇的出现次数，用于构建特征向量。为了讨论方便，如果没有特别指出，则本书后续提到的 BoW 模型均指使用词汇统计次数的基本 BoW 模型。

(2) 二元 BoW 模型：二元 BoW 模型是基本 BoW 模型的一种变体，它只考虑词汇的出现与否，将出现的词汇表示为 1，将未出现的词汇表示为 0。这种表示方式可以简化向量表示，减少计算和存储的开销。

(3) TF-IDF 模型：TF-IDF 模型是基本 BoW 模型的一种扩展。这种模型结合了单词词频(Term Frequency，TF)和逆文本频率(Inverse Document Frequency，IDF)。它使用 TF 表示文本的局部特征，使用 IDF 表示词汇的全局特征，对特征向量进行加权。TF-IDF 模型能够减小常见词汇的权重，突出稀有词汇的重要性。

这些不同类型的 BoW 模型适用于不同的应用场景。基本 BoW 模型是最基础的 BoW 模型形式，适用于常见的文本分析任务。二元 BoW 模型适用于关注词汇出现与否的任务，如文本分类。TF-IDF 模型则在基本 BoW 模型的基础上引入了全局信息，适用于信息检索、关键词提取等任务，能够更好地区分重要词汇和常见词汇。BoW 模型的选择取决于具体的任务需求和数据特点。

7.3.2 基本 BoW 模型

构建 BoW 模型的基本步骤如下。

(1) 分词：将数据集合中的文本分割成词的序列。

(2) 构建词汇表：收集文本数据集，提取其中的词汇并去重，构建一个词汇表，每个词对应一个唯一的索引。

(3) 文本特征向量表示：对于每个文本样本，统计词汇表中每个词在文本中出现的频次，形成一个特征向量。将每个文本样本表示为一个稀疏的向量，向量的维度等于词汇表中的词的数量，每个维度的值表示对应词在文本中的频次。

下面来看一个具体的例子。假定某书籍的评论数据集合中包含 4 个评论文本，见表 7-2。

表 7-2 书籍评论数据集样本

评论 ID	评 论 文 本
1	This book is not expensive and is good.
2	This book is quite good and cheap.
3	This book is cheap and excellent.
4	This book is so great and cheap.

如果使用 BoW 模型对该数据集合进行编码，则构建的词汇表一共包含 11 个单词，每个评论文本可以被表示为相应的向量，见表 7-3。统计词汇表中的数字表示每个单词在文本中出现的频次。

表 7-3 书籍评论文本 BoW 模型表示

单词 文本	and	book	cheap	excellent	expensive	good	great	is	not	quite	so	this
1	1	1	0	0	1	1	0	2	1	0	0	1
2	1	1	1	0	0	1	0	1	0	1	0	1
3	1	1	1	1	0	0	0	1	0	0	0	1
4	1	1	1	0	0	0	1	1	0	0	1	1

7.3.3 基本 BoW 模型的 Python 实现

Scikit-learn 工具库中的 CountVectorizer 类可以构建 BoW 模型。使用 BoW 模型对表 7-2 列出的评论数据集进行模型构建，代码如下：

```
//第 7 章/BoW.py
#从 Scikit-learn 库中加载 Countervectorizer
from sklearn.feature_extraction.text import CountVectorizer
#声明数据集合
corpus = [
'This book is not expensive and is good',
'This book is quite good and cheap',
'This book is cheap and excellent',
'This book is so great and cheap',
]
#定义 BoW 模型
bowvector = CountVectorizer()
#构建模型
bow = bowvector.fit_transform(corpus)
#输出词汇表
```

```
print("基于 BoW 的词汇表为",'\n',bowvector.vocabulary_)
#输出文本的向量表示
for i in range (0, len(corpus)):
    print("评论",i+1,"的 BoW 的向量表示为", bow.toarray()[i])
```

执行代码，基于数据集构建的词汇表，输出如下：

```
基于 BoW 的词汇表为
{'this': 11, 'book': 1, 'is': 7, 'not': 8, 'expensive': 4, 'and': 0, 'good': 5,
'quite': 9, 'cheap': 2, 'excellent': 3, 'so': 10, 'great': 6}
评论 1 的 BoW 的向量表示为 [[1 1 0 0 1 1 0 2 1 0 0 1]]
评论 2 的 BoW 的向量表示为 [[1 1 1 0 0 1 0 1 0 1 0 1]]
评论 3 的 BoW 的向量表示为 [[1 1 1 1 0 0 0 1 0 0 0 1]]
评论 4 的 BoW 的向量表示为 [[1 1 1 0 0 0 1 1 0 0 1 1]]
```

可以看到，代码输出结果和之前 7.3.2 节的示例展示结果一样。代码输出结果中词汇表后面的数字表示该单词在词汇表中按照字母顺序的排序结果。

7.3.4 基本 BoW 模型的特点

1. BoW 模型的优点

BoW 模型能够将非结构化的文本数据转换为结构化的数值型数据，便于机器学习模型的训练和预测，主要具有以下优点。

(1) 简单直观：BoW 模型的实现相对简单，易于理解和实现。

(2) 上下文无关：BoW 模型将文本中的词汇作为独立的特征，不考虑词汇的顺序和上下文关系，适用于许多自然语言处理任务。

(3) 高效性：BoW 模型通过向量化文本，将其转换为数值特征表示，适合大规模地对文本数据进行处理和计算。

2. BoW 模型的缺点

(1) 丢失顺序信息：BoW 模型忽略了词汇之间的顺序关系，因此无法捕捉词汇的上下文含义，可能会导致信息丢失。

(2) 词汇表膨胀：BoW 模型的特征向量维度与词汇表大小相关，当词汇表很大时，特征向量的维度会变得非常高，造成存储和计算资源的浪费。

(3) 忽略语义等特征：BoW 模型仅考虑词汇的出现频次或二进制表示，无法捕捉词汇之间的语义相似性，从而导致无法区分同义词或相似词汇。由于 BoW 模型没有考虑单词之间的关系，所以无法捕捉到短语、句子或文档的整体含义。

3. BoW 模型的改进方法

为了克服 BoW 模型的局限性，研究者提出了许多改进方法，如 TF-IDF 模型、N-Gram 模型、词嵌入等。这些方法可以在一定程度上提高文本表示的表达能力和语义理解能力，改善 BoW 模型的局限性，提高其性能和表达能力，使其更适用于各种自然语言处理任务。

根据具体任务和数据的特点，可以选择合适的方法进行改进。以下是基本 BoW 模型的一些改进方法。

（1）停用词过滤：常见的停用词（如 and、the 等）对文本分类和信息检索等任务没有太大的贡献，可以通过移除这些词汇来减少特征向量的维度，提高模型的效率。

（2）词干提取和词形还原：将词汇还原为其原始形式，可以减少特征向量中的冗余，同时考虑不同形式的词汇，提高模型的泛化能力。

（3）TF-IDF 模型加权：通过引入词汇的 IDF 作为权重，可以降低常见词汇的权重，突出重要词汇的重要性。这样可以减少一些常见词汇对文本表示的干扰，提高模型对关键词汇的重视程度。

（4）N-Gram 模型。N-Gram 模型可以在一定程度上捕捉词汇的上下文信息。通过考虑相邻词汇的组合，提高模型对语境的理解能力。

（5）使用分布式的表示方式：词嵌入模型（如 Word2Vec、GloVe 等）可以将词汇映射到低维向量空间，捕捉词汇之间的语义相似性，并提供更富有信息的特征表示。通过词嵌入模型，可以更好地表示词汇之间的关系，改善 BoW 模型中的语义缺失问题。

（6）结合上下文信息：BoW 模型忽略了词汇的顺序和上下文关系。为了更好地捕捉词汇之间的依赖关系，可以结合上下文信息，使用更高级的模型，如循环神经网络（Recurrent Neural Network，RNN）或 Transformer 模型。这些模型能够处理变长的序列数据，并在建模时考虑词汇之间的顺序和依赖关系。

总而言之，BoW 模型是一种简单而常用的文本表示方法，将文本转换为数值向量，仅考虑单词出现的频率。它适用于大规模文本数据的处理，但忽略了单词顺序和语义信息。在实际应用中，可以根据具体任务的需求选择适合的文本表示方法，以更好地理解和处理文本数据。

7.4 TF-IDF 模型

8min

7.4.1 TF-IDF 模型简介

TF-IDF 模型是一种基于 TF 和 IDF 的统计算法。

同局部式表示方法 One-Hot Encoding 方式或者 BoW 模型相比较，TF-IDF 模型的一个明显优点是该模型不仅考虑了一个单词的频率，还考虑了单词的 IDF，因此可用于评估一个词语在整个文档集中或者语料库中的重要性。

TF-IDF 模型在文本处理和信息检索中具有较为广泛的应用，可用于关键词提取、文档摘要生成、文本分类、搜索引擎排名等任务。

7.4.2 TF-IDF 的计算

TF-IDF 模型的计算基于两个主要的指标：TF 和 IDF。

TF 表示一个单词在文档中出现的频率，而 IDF 则表示一个单词在整个文档集或语料库中的普遍或者重要程度。TF-IDF 模型通过将 TF 和 IDF 的值相乘计算出一个得分。当一个词在某个文档中的词频较高，同时在整个文档集中的频率较低时，其得分会更高，表明该词对于该文档的重要性较高，反之，得分越低，词的重要性越低。通过每个词的 TF-IDF 得分的高低，可以有效地识别出在文档中最具代表性和关键性的词语，从而更好地理解文本内容和提取有用的信息。

下面介绍 TF 和 IDF 的计算公式。

1. TF 的计算公式

8min

TF 表示一个词在文本中的重要程度，TF 越高，该词对文本的重要性越大。

1）TF 标准计算公式

假定单词 t 在文档 d 中的 TF 记作 $\mathrm{tf}_{t,d}$，根据 TF 的定义，其标准计算公式为单词在文档中出现的次数，也称作为原始计数，如式(7-1)所示。

$$\mathrm{tf}_{t,d}=n_{t,d} \tag{7-1}$$

2）TF 计算公式的变体

TF 的计算方法，除了标准的计算公式，还有许多变体形式。

(1) 一种简化的 TF 计算方法是使用布尔频率。例如，如果该单词出现在文档中，则为 TF 赋值 1；如果该单词未出现，则赋值为 0。

(2) 为了消除文档长度本身的影响，一种常用的变体是根据文档长度调整的 TF 值，其计算公式如式(7-2)所示。这种计算方法相当于对标准 TF 值进行了标准化(Normalization)处理，有效地降低了文档长度差异性的影响。

$$\mathrm{tf}_{t,d}=\frac{n_{t,d}}{\text{number of terms in the document}} \tag{7-2}$$

其中，分子部分的 $n_{t,d}$ 表示单词 t 在文档 d 中出现的次数，分母则是文档 d 的单词的总数量或者文档的长度。例如，假设某文本的内容为 This book is not expensive and is good，文本包含的单词数量或者文本长度为 8，单词 book 出现了 1 次，那么，单词 book 的 TF 值为 1/8，单词 is 的 TF 值为 2/8=1/4。

(3) 另外一种常见的变体形式是采用对数表示频率，如式(7-3)所示。

$$\mathrm{tf}_{t,d}=\log(1+n_{t,d}) \tag{7-3}$$

这种变体采用对数函数对标准 TF 计算方法进行变换，避免了 TF 的单纯线性增长。

(4) 也有研究提出了双重 K 值归一化的计算方法，如式(7-4)所示。

$$\mathrm{tf}_{t,d}=K+(1-K)\times\frac{n_{t,d}}{\max(n_{t',d})\{t'\in d\}} \tag{7-4}$$

2. 逆向文档频率的计算公式

IDF 表示一个词在整个文档集中的重要程度，值越大，词越重要。

1）IDF 标准计算公式

假定单词 t 在数据集 D 中的逆文本词频记作 $\mathrm{idf}_{t,D}$，根据 IDF 的定义，其标准计算公式如式(7-5)所示。

$$\mathrm{idf}_{t,D}=\log\frac{N}{N_t} \tag{7-5}$$

其中，log 函数分子部分的 N 表示整个数据集中的文本的总数量，分母部分 N_t 为有单词 t 出现的文本的数量。可以看出，IDF 的值不是基于单个文档的，而是基于整个数据集合计算得到的。IDF 的值体现了单词 t 的重要程度，分母 N_t 越大，表示有单词 t 出现的文本越多，t 就越常见，反之，则越重要。

以 7.3.2 节的评论数据集合为例，单词 book 出现在所有 4 个文档中，因此，book 的 IDF 值为 $\log(4/4)=\log1=0$。对于单词 excellent，它仅仅出现在一个文档中，该单词的 IDF 为 $\log(4/1)=\log4=0.602$。

2）IDF 计算公式的变体

在不同任务实现中，IDF 的公式可能较标准的计算公式有所变化。

一种常用的变体是进行平滑（Smoothing）处理，例如式(7-6)或者式(7-7)。

$$\mathrm{idf}_{t,D}=\log\left(1+\frac{N}{N_t}\right) \tag{7-6}$$

$$\mathrm{idf}_{t,D}=\log\left(\frac{N}{1+N_t}\right) \tag{7-7}$$

通过平滑处理，可以避免 log 取值为 0；或者避免分母为 0 的情况出现，即所有文档都不包含该词。

3. TF-IDF 的计算公式

将计算得到的 TF 和 IDF 值相乘，得到某个单词 t 在文档 d 中的 TF-IDF 值，如式(7-8)所示。

$$(\text{tf-idf})_{t,d}=\mathrm{tf}_{t,d}\times\mathrm{idf}_{t,D} \tag{7-8}$$

4. TF-IDF 计算示例

现在使用 TF-IDF 模型对表 7-2 的某书籍评论数据集合进行建模，每个文本的 TF 值、IDF 值及 TF-IDF 值，见表 7-4。计算过程如下：

第 1 步，计算 TF。考虑到文章有长短之分，为了便于不同文章的比较，对原始计数进行 TF 标准化，这里采用式(7-2)的计算方法。在每个样本中，单词对应的 TF 值分别如相应样本区间列的第 1 列所示。

第 2 步，计算 IDF，如表格 7-1 第 2 列所示，可以看出如果一个词在训练数据集合中越常见，则其 IDF 就越小，越接近 0。例如，单词 and、book、is、this。如果一个词在训练数据集合中越重要，则其 IDF 就越大，例如单词 excellent、expensive、great、not。

第 3 步，计算 TF-IDF，得到相应的结果值，见表 7-4。

表 7-4　书籍评论文本的 TF-IDF 计算

词汇表	IDF 值	文本 1		文本 2		文本 3		文本 4	
		TF 值	TF-IDF 值	TF 值	TF-IDF 值	TF 值	TF-IDF 值	TF 值	TF-IDF 值
and	log(4/4)	1/8	0	1/7	0	1/6	0	1/7	0
book	log(4/4)	1/8	0	1/7	0	1/6	0	1/7	0

续表

词汇表	IDF 值	文本 1		文本 2		文本 3		文本 4	
		TF 值	TF-IDF 值	TF 值	TF-IDF 值	TF 值	TF-IDF 值	TF 值	TF-IDF 值
cheap	log(4/3)	0	0	1/7	1/7 * log(4/3)	1/6	1/6 * log(4/3)	1/7	1/7 * log(4/3)
excellent	log(4/1)	0	0	0	0	1/6	1/6 * log(4/1)	0	0
expensive	log(4/1)	1/8	1/8 * log(4/1)	0	0	0	0	0	0
good	log(4/2)	1/8	1/8 * log(4/2)	1/7	1/7 * log(4/2)	0	0	0	0
great	log(4/1)	0	0	0	0	0	0	1/7	1/7 * log(4/1)
is	log(4/4)	2/8	0	1/7	0	1/6	0	1/7	0
not	log(4/1)	1/8	1/8 * log(4/1)	0	0	0	0	0	0
quite	log(4/1)	0	0	1/7	1/7 * log(4/1)	0	0	0	0
so	log(4/1)	0	0	0	0	0	0	1/7	1/7 * log(4/1)
this	log(4/4)	1/8	0	1/7	1/7 * log(4/4)	1/6	0	1/7	0

▷ 4min

7.4.3 TF-IDF 模型的 Python 实现

1. Python 代码实现

TF-IDF 模型通过计算每个词汇的 TF-IDF 值,将文本表示为一个向量,其中向量的每个维度对应一个词。

在实际应用中,可以使用 Python 的 Scikit-learn 库来计算 TF-IDF 特征向量。例如,该库提供的 TfidfVectorizer 类可以有效地进行文本的 TF-IDF 向量化操作。

仍旧使用 7.3.2 节中表 7-2 的数据集作为训练集合,实现 TF-IDF 模型,代码如下:

```
//第 7 章/Tfidf.py
#从 sklearn 库中加载 Countervectorizer 和 TfidfTransformer
from sklearn.feature_extraction.text import TfidfTransformer
from sklearn.feature_extraction.text import CountVectorizer
corpus = [
'This book is not expensive and is good',
'This book is quite good and cheap',
'This book is cheap and excellent',
'This book is so great and cheap',
]
#分词
vectorizer = CountVectorizer()
#定义 tfidf 模型
transformer = TfidfTransformer(smooth_idf=False, norm=None)
```

```
#将定义好的 tfidf 模型 fit 到数据集
tfidf = transformer.fit_transform(vectorizer.fit_transform(corpus))
#输出文本的向量表示
print("评论的 TF-IDF 的向量表示为")
for i in range (0, len(corpus)):
    print(tfidf.toarray()[i])
```

输出如下：

```
评论的 TF-IDF 的向量表示为
[1.          1.        0.          0.          2.38629436 1.69314718
 0.          2.        2.38629436  0.          0.          1.        ]
[1.          1.        1.28768207  0.          0.          1.69314718
 0.          1.        0.          2.38629436  0.          1.        ]
[1.          1.        1.28768207  2.38629436  0.          0.
 0.          1.        0.          0.          0.          1.        ]
[1.          1.        1.28768207  0.          0.          0.
 2.38629436  1.        0.          0.          2.38629436 1.        ]
```

2. 代码分析

下面来具体分析一下程序代码的详细计算过程。

查看 IDF 的计算结果，代码如下：

```
//第 7 章/Tfidf-2.py
#从 sklearn 库中加载 Countervectorizer,TfidfTransformer
from sklearn.feature_extraction.text import TfidfTransformer
from sklearn.feature_extraction.text import CountVectorizer
corpus = [
'This book is not expensive and is good',
'This book is quite good and cheap',
'This book is cheap and excellent',
'This book is so great and cheap',
]
#分词
vectorizer = CountVectorizer()
#定义 tfidf 模型
transformer = TfidfTransformer(smooth_idf=False, norm=None)
#定义好的 tfidf 模型 fit 到数据集
tfidf = transformer.fit_transform(vectorizer.fit_transform(corpus))
#输出 IDF 值
df_idf = pd.DataFrame(tfidf_transformer.idf_, index=cv.get_feature_names_out
(),columns=["idf_weights"])
#按照 IDF 值大小进行倒排
idfvalue= df_idf.sort_values(by=['idf_weights'])
```

执行代码，输出如下：

```
             idf_weights
and          1.000000
book         1.000000
is           1.000000
this         1.000000
cheap        1.287682
good         1.693147
excellent    2.386294
expensive    2.386294
great        2.386294
not          2.386294
quite        2.386294
so           2.386294
```

同时，根据 TF 的定义，Python 代码实现部分使用了库标准 TF 的统计结果，也就是式(7-2)的计算方法。

将上述分析结果得到的 TF 和 IDF 值进行整理，并计算得到每个文本的 TF-IDF 值，即使用 Scikit-learn 库中 TfidfVectorizer 类计算得到的 TF-IDF 结果值，见表 7-5。

表 7-5 基于 Scikit-learn 库中 TfidfVectorizer 类计算的 TF-IDF 值

词汇表	IDF 值	文本 1		文本 2		文本 3		文本 4	
		TF 值	TFIDF 值	TF 值	TFIDF 值	TF 值	TFIDF 值	TF 值	TFIDF 值
and	1	1	1	1	1	1	1	1	1
book	1	1	1	1	1	1	1	1	1
cheap	1.287682	0	0	1	1.287682	1	1.287682	1	1.287682
excellent	2.386294	0	0	0	0	1	2.386294	0	0
expensive	2.386294	1	2.386294	0	0	0	0	0	0
good	1.693147	1	1.693147	1	1.693147	0	0	0	0
great	2.386294	0	0	0	0	0	0	1	2.386294
is	1	2	2	1	1	1	1	1	1
not	2.386294	1	2.386294	0	0	0	0	0	0
quite	2.386294	0	0	1	2.386294	0	0	0	0
so	2.386294	0	0	0	0	0	0	1	2.386294
this	1	1	1	1	1	1	1	1	1

通过对比表 7-4 和表 7-5 可以发现，使用 Scikit-learn 库和手动计算的 TF-IDF 结果值不一样，其原因是 Scikit-learn 库中的 IDF 计算采用自然对数 ln，而非标准计算公式中的以 10 为底数的 log 函数，并且在执行的 Python 脚本中设置了参数 smooth_idf=False，即不进行平滑操作。针对 TF 的计算方法，表格中的 TF 值采用了标准化的计算公式(7-1)，而 Scikit-learn 库采用的则是式(7-2)的计算方法。因为使用了不同的 TF 和 IDF 计算公式，造成了两张表格的结果值不一致，所以在使用 TfidfVectorizer 类实现 TF-IDF 值的计算时，需要注意参数的选择和配置。

7.4.4 TF-IDF 模型的特点

虽然和 One-Hot Encoding 或者 BoW 模型相比较，TF-IDF 模型具有一定的优势，但是 TF-IDF 模型仍旧存在一定的局限性。下面将分别介绍并提供相应的解决办法。

1. TF-IDF 模型的优点

(1) 简单有效：TF-IDF 模型是一种简单而有效的文本特征表示方法，易于理解和实现。

(2) 重要性衡量：TF-IDF 模型能够衡量一个词语在文本中的重要程度，突出关键词的作用，有助于理解文本的主题和内容。

(3) 适应多领域：TF-IDF 模型适用于不同领域和类型的文本数据，可以应用于文本分类、信息检索、文本聚类等多种自然语言处理任务。

2. TF-IDF 模型的缺点

(1) 忽略语义信息：TF-IDF 模型忽略了词与词之间的语义关系，仅通过 TF 和 IDF 进行衡量，这可能导致一些词在不同语境下的重要性被低估或高估。

(2) 高频词权重过高：TF-IDF 模型在计算 TF 时，通常会给予高频词较高的权重。这可能导致常见词汇对文本特征的影响过大，而忽略了其他更有意义的词汇。

(3) 无法处理新词：TF-IDF 模型基于已有的词汇表计算特征，对于未在词汇表中出现的新词无法准确处理。

3. TF-IDF 模型的改进方法

针对 TF-IDF 模型的一些常见缺点的解决办法，可以使用平滑技术等方法，改进 TF-IDF 模型的不足之处，提高模型的性能和预测能力，使其更适用于各种自然语言处理任务。

(1) 使用词嵌入模型：为了捕捉词与词之间的语义关系，可以使用词嵌入模型，例如使用 Word2Vec、GloVe 等来生成词向量表示，代替 TF-IDF 模型中的特征表示。

(2) 引入词频平滑技术：为了避免高频词汇对结果的影响过大，可以引入词频平滑技术改进标准词频的计算方法，如平滑词频、对数词频等技术方法，以此来调整词频的权重计算方式。

(3) 动态更新词汇表：为了处理新词，可以使用动态词汇表的方式，根据新的训练数据动态地更新词汇表，并计算相应的 TF-IDF 值。

7.4.5 TF-IDF 模型的应用

TF-IDF 模型能够提取文本的关键信息,可用于各类自然语言处理的场景任务,以下是几种常见的应用。

(1) 文本分类:TF-IDF 模型常用于文本分类任务中,通过计算文档中每个词的 TF-IDF 值来表示文本的特征,然后可以将这些特征输入分类算法中进行分类。

(2) 信息检索:在搜索引擎中,TF-IDF 模型被广泛地用于计算查询词与文档的相关性。通过将查询词的 TF-IDF 值与文档中对应词的 TF-IDF 值进行匹配,可以确定文档与查询的相关程度,从而对搜索结果进行过滤和排序。

(3) 文本摘要:TF-IDF 模型可以用于自动生成文本摘要。通过计算文档中每个句子中词的 TF-IDF 值,可以确定句子的重要性,从而选择具有高重要性的句子作为摘要的内容。

(4) 关键词提取:TF-IDF 模型可以用于自动提取文本中的关键词。通过计算文档中每个词的 TF-IDF 值,可以确定词的重要性,从而选择具有高重要性的词作为关键词。

(5) 文本相似度计算:TF-IDF 模型可以用于计算文本之间的相似度。通过计算文档中词的 TF-IDF 值,并使用相似度度量方法(如余弦相似度),可以比较两个文本之间的相似程度。

(6) 文本聚类:TF-IDF 模型可用于文本聚类,将相似的文档归为同一类别。通过计算文档中词的 TF-IDF 值,并使用聚类算法(如 K-Means)进行聚类,可以将具有相似主题或内容的文档聚集在一起。

7.5 N-Gram 模型

7.5.1 N-Gram 模型简介

N-Gram 模型是一种基于统计语言模型的算法,该模型能够有效地捕捉文本中的词序信息。从模型输出结果上看,N-Gram 模型的输出是文本中 N 个连续符号的集合,这些连续符号可以由单词或更小的单位(例如音节)、数字或者标点等符号组成。

N-Gram 模型可看作对 BoW 模型的扩展,通过统计语料库中词的频率和条件概率,可以对新的句子进行概率计算、生成文本或进行其他自然语言处理任务。

N-Gram 模型的基本思想是计算一个词在给定其前面 $N-1$ 个词的条件下出现的概率,该模型基于一个假设,即当前词的出现概率与前面 $N-1$ 个词相关。具体来讲,N-Gram 模型将文本看作一个词序列,根据词之间的顺序关系来建模。模型的核心是计算词的概率和条件概率,其中概率表示一个词在整个语料库中出现的频率,条件概率表示在给定前面 $N-1$ 个词的情况下,当前词出现的概率。以 2-Gram(又称为 Bigram)为例,模型假设当前词的出现概率只与前面一个词相关。那么,2-Gram 模型可以计算句子中每个词出现的概率,以及在给定前一个词的条件下当前词的出现概率。

下面来看使用 N-Gram 建模输出的一个具体例子。

例如，给定一个句子"It is a wonderful day!"，对其进行词组的 N-Gram 构建，建模后的输出结果见表 7-6，其中，表中第 2 行表示连续符号中仅包含单词，第 3 行表示连续符号中包含单词和标点符号。

表 7-6　N-Gram 建模示例

N-Gram 建模规则	1-Gram(Unigram)	2-Gram(Bigram)	3-Gram(Trigram)
不包含标点符号	'it', 'is', 'a', 'wonderful', 'day'	'it is', 'is a', 'a wonderful', 'wonderful day'	'it is a', 'is a wonderful', 'a wonderful day'
包含单词和标点符号	'it', 'is', 'a', 'wonderful', 'day', '!'	'it is', 'is a', 'a wonderful', 'wonderful day', 'day !'	'it is a', 'is a wonderful', 'a wonderful day', 'wonderful day !'

7.5.2　N-Gram 模型的 Python 实现

N-Gram 模型的具体应用实现通常包括以下步骤。

(1) 构建词汇表：从语料库中收集所有的词，并给每个词分配一个唯一的标识。

(2) 统计词频：计算每个词在语料库中出现的频率。

(3) 计算概率：根据词频计算每个词在整个语料库中的概率。

(4) 计算条件概率：根据词频统计给定前面 $N-1$ 个词的条件下当前词的出现概率。

(5) 应用模型：使用 N-Gram 模型进行文本生成、句子概率计算、文本分类等自然语言处理任务。

当进行 N-Gram 模型的实现时，一个关键的步骤是将文本数据转换为 N-Gram 序列。下面是两个使用 Python 脚本实现 N-Gram 模型的例子，一个是基于字符的 N-Gram 模型，另一个是基于单词的 N-Gram 模型。

1. 基于字符的 N-Gram 模型

使用句子"It is a wonderful day!"构建基于字符的 3-Gram 模型，代码如下：

```
//第 7 章/Ngram-character.py
import nltk
#定义文本
text = "It is a wonderful day!"
#将文本划分为字符
chars = list(text)
#使用 nltk 的 ngrams 函数生成 3-Gram 列表
n = 3
ngrams = list(nltk.ngrams(chars, n))
#输出 3-Gram 列表
for gram in ngrams:
    print(gram)
```

执行命令,输出如下:

```
('I', 't', ' ')
('t', ' ', 'i')
(' ', 'i', 's')
('i', 's', ' ')
('s', ' ', 'a')
(' ', 'a', ' ')
('a', ' ', 'w')
(' ', 'w', 'o')
('w', 'o', 'n')
('o', 'n', 'd')
('n', 'd', 'e')
('d', 'e', 'r')
('e', 'r', 'f')
('r', 'f', 'u')
('f', 'u', 'l')
('u', 'l', ' ')
('l', ' ', 'd')
(' ', 'd', 'a')
('d', 'a', 'y')
('a', 'y', '! ')
```

2. 基于单词的 N-Gram 模型

使用 Bigram 对章节评论数据集进行模型构建,代码如下:

```
//第 7 章/N-Gram.py
#从 sklearn 库中加载 Countervectorizer
from sklearn.feature_extraction.text import CountVectorizer
#定义主函数
if __name__ == '__main__':
    #声明数据集合
    corpus=[
'This book is not expensive and is good',
'This book is quite good and cheap',
'This book is cheap and excellent',
'This book is so great and cheap',
    ]
    #定义 N-Gram 模型
    ngramvector=CountVectorizer(ngram_range=(2,2), token_pattern=r'\b\w+\b',
min_df = 1)
    ngram=ngramvector.fit_transform(corpus)
    #输出词库
    print("数据集的词库为",'\n', ngramvector.vocabulary_)
    #输出文本的向量表示
```

```
    for i in range (0, len(corpus)):
        print("评论",i+1,"的 Bigram 的向量表示为",ngram.todense()[i])
```

执行代码,基于数据集构建的词汇表,输出如下:

```
数据集的词库为
{'this book': 16, 'book is': 3, 'is not': 10, 'not expensive': 13, 'expensive and': 5, 'and is': 2, 'is good': 9, 'is quite': 11, 'quite good': 14, 'good and': 6, 'and cheap': 0, 'is cheap': 8, 'cheap and': 4, 'and excellent': 1, 'is so': 12, 'so great': 15, 'great and': 7}
```

对数据集中每个文本进行向量表示,输出如下:

```
评论 1 的 Bigram 的向量表示为
[[0 0 1 1 0 1 0 0 0 1 1 0 0 1 0 0 1]]
评论 2 的 Bigram 的向量表示为
[[1 0 0 1 0 0 1 0 0 0 0 1 0 0 1 0 1]]
评论 3 的 Bigram 的向量表示为
[[0 1 0 1 1 0 0 0 1 0 0 0 0 0 0 0 1]]
评论 4 的 Bigram 的向量表示为
[[1 0 0 1 0 0 0 1 0 0 0 0 1 0 0 1 1]]
```

如果使用 Trigram 对数据集合建模,则需要设置参数 ngram_range=(3,3)。词汇表和文本向量表示输出的结果如下:

```
{'this book is': 16, 'book is not': 2, 'is not expensive': 10, 'not expensive and': 13, 'expensive and is': 6, 'and is good': 0, 'book is quite': 3, 'is quite good': 11, 'quite good and': 14, 'good and cheap': 7, 'book is cheap': 1, 'is cheap and': 9, 'cheap and excellent': 5, 'book is so': 4, 'is so great': 12, 'so great and': 15, 'great and cheap': 8}
评论 1 的 Trigram 的向量表示为
[[1 0 1 0 0 0 1 0 0 0 1 0 0 1 0 0 1]]
评论 2 的 Trigram 的向量表示为
[[0 0 0 1 0 0 0 1 0 0 0 1 0 0 1 0 1]]
评论 3 的 Trigram 的向量表示为
[[0 1 0 0 0 1 0 0 0 1 0 0 0 0 0 0 1]]
评论 4 的 Trigram 的向量表示为
[[0 0 0 0 1 0 0 0 1 0 0 0 1 0 0 1 1]]
```

当使用 Unigram 进行建模时,设置参数 ngram_range=(1,1),得到的结果就是基本的 BoW 模型的结果,输出如下:

```
数据集的词库为
{'this': 11, 'book': 1, 'is': 7, 'not': 8, 'expensive': 4, 'and': 0, 'good': 5, 'quite': 9, 'cheap': 2, 'excellent': 3, 'so': 10, 'great': 6}
```

```
评论 1 的 Unigram 的向量表示为
[[1 1 0 0 1 1 0 2 1 0 0 1]]
评论 2 的 Unigram 的向量表示为
[[1 1 1 0 0 1 0 1 0 1 0 1]]
评论 3 的 Unigram 的向量表示为
[[1 1 1 1 0 0 0 1 0 0 0 1]]
评论 4 的 Unigram 的向量表示为
[[1 1 1 0 0 0 1 1 0 0 1 1]]
```

7.5.3 N-Gram 模型的应用

N-Gram 模型在自然语言处理中有广泛的应用。N-Gram 语言模型可以与深度学习算法一起使用，为文本分析应用程序构建预测模型，用于完成各类自然语言处理任务。以下是 N-Gram 模型在自然语言处理中的一些实际应用。这些应用利用 N-Gram 模型对文本中的词组合、语言模式和上下文信息进行建模和预测，从而提供更准确和更有用的自然语言处理功能。

1. 单词预测

在单词预测任务中，N-Gram 模型通过获取一系列字符并预测下一个字符，并利用训练数据为即将出现的值的可能性创建概率分布。

单词预测的一个典型应用为信息搜索过程中，搜索工具能够提供建议词汇。例如，在搜索框中输入“自然语言”，搜索工具则会提供建议词汇“处理”“处理技术”“处理模型”等，如图 7-2 所示。

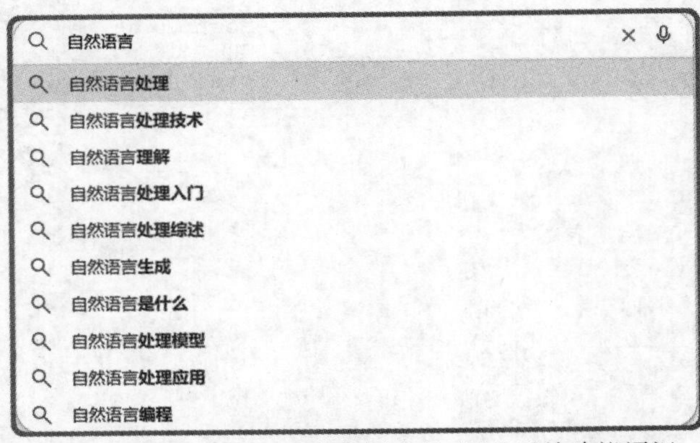

图 7-2　搜索框中输入“自然语言处理”的后续建议词汇

这个实现可以由 N-Gram 语言模型得出。当构建用于预测句子中单词的自然语言模型时，单词在单词序列中出现的概率很重要。在给出“自然语言”这个词之后，当期望模型建议下一个词时，该模型将计算这些序列中每个词的概率，以确定在某个词之后其他词或短语的出现概率。

假如使用的是混合的 2-Gram 和 3-Gram 模型来预测下一个单词，那么有 P（“处理”|“自然语言”）>P（“处理技术”|“自然语言”）>P（“理解”|“自然语言”）>P（“处理入门”|“自然语言”），概率计算的依据可以是用户搜索的日志。

可以想象，如果给模型一个足够大的语料库（数据集）进行训练，则预测的准确率会提高很多。同样，可以使用高阶 N-Gram 模型例如 4-Gram 来提高模型对概率的理解。

2. 情感分析

在文本的情感分析中，需要预测文本的情绪，例如正面或负面。N-Gram 在机器学习的文本分析中起着重要作用。对于评论 This book is not horrible and is short，如果仅考虑单个单词的 Unigram 进行文本分析，horrible 表达的是意思是恐惧，则文本被预测为带有负面情绪。可以看到，仅凭一个词不足以观察文本的上下文，但是，如果使用二元组 Bigram，二元组词 not horrible 则有助于将文本预测为正面情绪。

3. 其他应用

N-Gram 模型还可以应用于语音识别等自然语言处理任务。

（1）语音识别：N-Gram 模型可以用于语音识别中的声学建模。通过建立声学模型的 N-Gram 语言模型，可以根据前面 $N-1$ 个音素的信息来预测当前音素的发音，从而提高语音识别的准确性。

（2）词性标注：N-Gram 模型可以用于词性标注任务，根据前面 $N-1$ 个词的词性来预测当前词的词性。这对于句法分析、语义角色标注等任务非常重要。

（3）文本分类：N-Gram 模型可以用于文本分类任务，根据文本中 N-Gram 序列的出现概率来判断文本属于哪个类别。这在情感分析、垃圾邮件过滤、文本主题分类等领域有广泛应用。

（4）机器翻译：N-Gram 模型可以用于机器翻译中的语言建模，根据前面 $N-1$ 个译文的信息来预测当前译文的概率。这有助于选择最佳的翻译结果，提高机器翻译的质量。

（5）信息检索：N-Gram 模型可以用于信息检索中的查询扩展。通过分析查询中的 N-Gram 序列，可以扩展查询词汇，从而提高检索的准确性和覆盖率。

7.5.4 N-Gram 模型的特点

虽然和 One-Hot Encoding 表示或者 BoW 模型相比较具有一定的优势，但是 N-Gram 模型仍旧存在一定的局限性。例如当在情感分析中时，二元模型优于一元模型，但是提取的特征数量增加了一倍。当需要将 N-Gram 模型扩展到更大的数据集或移动到更高阶（更大的 N 值）的时候，则需要更好的特征选择方法。此外，有研究显示在 6-Gram 后，N-Gram 模型不能很好地捕获长距离上下文，性能的增益是有限的。

1. N-Gram 模型的优点

（1）简单有效：和 One-Hot Encoding 表示或者 BoW 模型一样，N-Gram 模型是一种简单而有效的语言建模方法，易于理解和实现。

（2）捕捉局部上下文信息：N-Gram 模型可以捕捉文本中的局部上下文信息，通过前面

$N-1$ 个词来预测当前词的概率,这有助于理解句子的语法和语义。

(3) 可扩展性: N-Gram 模型可以根据需求进行扩展,调整 N 的大小以适应不同的文本特征。此外,N-Gram 模型也可以结合其他算法或者技术来进一步优化模型。

2. N-Gram 模型的缺点

(1) 数据稀疏性问题: 当 N 增大时,N-Gram 模型同样会面临数据稀疏性问题。因为某些 N-Gram 序列在训练数据中可能没有出现,这会导致训练模型对未见过的 N-Gram 序列预测能力较弱。

(2) 上下文依赖性问题: N-Gram 模型只考虑前面 $N-1$ 个词的信息,对于长距离依赖性的语言模式难以建模。例如,一个句子中的主语和谓语之间可能存在长距离的依赖关系,而 N-Gram 模型无法直接捕捉到。

(3) 单纯的基于统计频次: 模型泛化能力较差。

3. N-Gram 模型的改进方法

针对 N-Gram 模型的一些常见缺点的解决办法。可以使用平滑技术等方法,提高 N-Gram 模型的性能和预测能力,使其更适用于各种自然语言处理任务。

(1) 平滑技术: 平滑技术通过在计算概率时引入一定的平滑项,使未出现的词组合也有一定的概率分配,从而避免概率估计为 0 的情况。常用的平滑技术包括拉普拉斯平滑(Laplace Smoothing)、加法平滑(Add-One Smoothing)、插值算法(Interpolation)等方法。

(2) 使用神经网络模型: 为了解决上下文依赖性问题,可以使用神经网络模型,如 RNN、LSTM、神经概率语言模型(Neural Probabilistic Language Model),来捕捉长距离依赖性的语言模式。

(3) 使用更大的训练数据: 增加训练数据的规模可以缓解数据稀疏性问题,并提供更多的上下文信息,从而改善 N-Gram 模型的性能。

7.6 本章小结

文本表示通常可分为局部式表示和分布式表示两种方式,本章重点讨论了文本的局部式表示方法,详细阐述了向量空间模型的基本概念,并强调了向量空间与自然语言处理的关系。本章分别介绍了独热编码、词袋模型、TF-IDF 模型和 N-Gram 模型这几种局部式表示方法,每节都对相应模型进行了全面介绍,包括概念的阐述、示例的展示及通过 Python 代码实现的详细分析;此外,对每种模型的构建过程进行了具体说明,并就各类模型的优缺点及解决方法进行了深入讨论。

第8章

深度学习和词嵌入模型

本章将重点讨论词嵌入模型，同时包括其评估方法、应用领域及未来的发展趋势。8.1节介绍Word2Vec模型的基本原理和两种结构，即CBOW和Skip-Gram，以及两种模型优化方法，即负采样和层次Softmax。8.2节介绍3种动态词嵌入模型：ELMO、OpenAI-GPT和BERT。8.3节介绍深度学习中的词嵌入，包括RNN、CNN和Transformer等不同的神经网络结构如何利用词嵌入来处理自然语言，以及预训练大模型如何生成上下文相关的词嵌入。8.4节介绍评估词嵌入模型的质量的两种方法，即外在评估和内在评估，以及内在评估的两种形式，即绝对内在评估和比较内在评估。8.5节介绍词嵌入的概念和在文本分类、命名实体识别、机器翻译、情感分析等自然语言处理任务中的应用方式。8.6节概述词嵌入技术的发展历程和现状，以及未来面临的挑战和可能的解决方案。

近些年来，自然语言处理已成为人工智能的一个热门方向。随着深度学习的不断进步和预训练技术的深入研究，智能回答和机器翻译等自然语言处理技术取得了显著的成果。自然语言处理研究的对象是非结构化的字符型文本数据，然而，由于机器学习和深度学习模型无法直接处理离散的文本数据，因此需要将文本转换为模型可识别的数值或向量。为实现这一目标，自然语言处理的首要任务是将非结构化的文本数据转换为结构化的形式，即词向量。

虽然早期的文本表示方法（如One-Hot编码和TF-IDF）能够将文本数据转换为结构化形式，但它们存在诸多限制，例如向量维度过高、表示能力较弱及向量之间相互独立等。这些问题导致了"语义鸿沟"现象的普遍存在，严重地制约了自然语言处理技术的发展。

为了克服这些限制，词嵌入技术应运而生。它通过结合表示学习方法和语言模型，将输入文本中的丰富内隐知识信息嵌入密集的词向量中，为每个单词生成一个词向量。这些词向量可以作为单词的特征表示，用于对输入文本数据进行建模，并作为下游任务模型的输入，从而实现自然语言处理任务，如文本分类、命名实体识别、机器翻译和情感分析等。词嵌入技术不仅可以提升下游任务的整体性能，还可以加快任务模型在训练阶段的收敛速度。

词向量的生成过程可以分为以下3个步骤，如图8-1所示。

首先，根据特定的分词规则对输入的文本进行分词处理，从而创建一个词汇表。

然后，参照这个词汇表对语料库中的自然语言文本进行切分，将每个切分后的词通过词

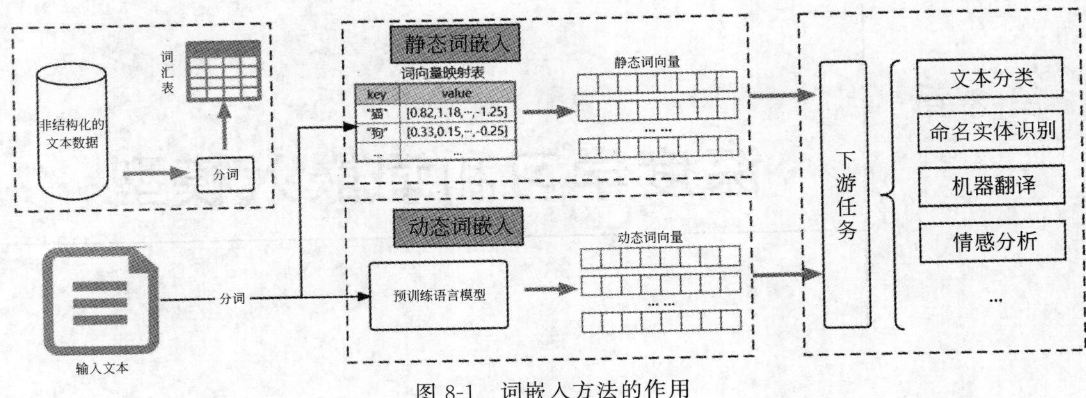

图 8-1 词嵌入方法的作用

汇表映射为数值格式的索引。这些索引将作为下游任务模型的输入，并根据目标函数对模型进行预训练。

最后，使用预训练语言模型的部分隐藏层参数（静态词向量）或输出层输出的特征向量（动态词向量）作为词向量。

这样，就能够生成用于自然语言处理任务的词向量。

4min

8.1 静态词嵌入模型

8.1.1 Word2Vec 模型

Word2Vec 是谷歌公司于 2013 年发布的一个开源词向量工具包，它的全称是 Word to Vector，也就是将词转换为向量。该工具包是许多自然语言处理和机器学习应用的重要支柱，为研究人员提供了一种有效的词级别语义表示的方法。Word2Vec 模型的算法理论参考了 Bengio 在 2003 年设计的神经网络语言模型（Neural Network Language Model，NNLM）。由于 NNML 使用了两次非线性变换，网络参数很多，训练缓慢，因此不适合大语料。Mikolov 团队对其做了简化，实现了 Word2Vec 词向量模型。该模型简单、高效，适合从大规模、超大规模的语料中获取高精度的词向量表示。

Word2Vec 词向量模型都基于一个假设：衡量两个词在语义上的相似性，取决于它们的邻居词分布是否相似。这一假设与认知语言学中的“距离相似性”原则相似，即词汇与其上下文之间的关系被视为一种“象”。在训练语料中，当两个“象”具有相同或相似的上下文时，即使它们的核心词在字面上不完全一致，它们在语义上仍然可以被视为相似的，因此 Word2Vec 模型的核心思想是将文本中的词表示为高维向量，这些向量在一定程度上能够捕捉到词的语义信息。模型通过训练大量文本数据来学习词的向量表示，并使用神经网络来预测给定上下文词的下一个词。在训练过程中，神经网络会尝试学习词的上下文关系，并将这些关系以向量的形式存储在模型中。

Word2Vec 模型有两种结构：

（1）连续词袋模型（Continuous Bag of Words，CBOW）。

（2）跳字模型（Skip-Gram）。

为了优化模型的训练过程，通常采用的模型优化有两种方式：

（1）负采样（Negative Sampling）。

（2）层次 Softmax 技术（Hierarchical Softmax）。

自从 Word2Vec 框架发布之后，无论是在国外还是在国内，该框架都引起了巨大的反响。由于 Mikolov 在相关的论文中并没有谈及太多的算法细节，因此对许多自然语言处理的研究人员来讲，对该算法的研究一度成为重要的课题。截至目前，根据已发布的研究成果，对相关理论的研究已经相当充分，相关资料可在网络上便捷地查找到。

概括来讲，Word2Vec 是一种高效、有效的词向量表示方法，它通过训练神经网络来学习词的向量表示，从而在一定程度上获取词的语义信息。被广泛地应用于各种自然语言处理任务中，如文本分类、情感分析、语言翻译等。

1. CBOW

CBOW 模型是一种神经网络模型，旨在生成词向量，这些词向量可以捕捉单词之间的语义和语法关系。词向量是表示实数值向量的方法，将单词表示为固定长度的向量，从而可以在计算机中处理和表达语义信息。例如，在句子“The cat climbed up the tree”中，如果中心单词是 climbed，则上下文单词是 The、cat、up 和 the。CBOW 模型要求根据这 4 个上下文单词，计算出 climbed 的概率分布。

在 CBOW 模型中，上下文词的向量表示是通过词袋模型和词嵌入技术来获得的。词袋模型将文本中的每个词视为一个独立的实体，忽略了词序和语法结构等重要信息，而词嵌入技术则是将每个词表示为一个高维向量，不仅考虑了词与词之间的相似性，还考虑了语义和语法上的联系。

CBOW 模型的核心思想是通过根据上下文词的向量表示来预测目标词的向量表示。在具体实现上，该模型使用神经网络结构，包括输入层、投影层、隐藏层和输出层，以此实现自动预测单词之间的关系和特征的目标。

（1）输入层：在输入层中，每个单词都被映射到一个唯一的整数，这个唯一的整数代表该单词在语料库中的位置。使用该映射方式有利于计算机更好地处理和表达语义信息。

（2）投影层：在这个阶段，每个单词的向量表示被取出并求平均，得到一个大小为向量维度的单词向量，这个向量能够捕捉到单词之间的语义关系和语法关系，并作为隐藏层的输入。

（3）隐藏层：隐藏层是将单词向量相加得到隐含层的向量表示，这个向量表示是预测目标词的向量表示。在神经网络结构中，隐藏层通常有很多个，每个隐藏层都会对输入数据进行一些非线性变换，以便更好地捕捉数据的特征。

（4）输出层：这个阶段将隐藏层的向量输入输出层，随后进行分类预测，输出当前上下文单词对应的概率分布。这个概率分布可以表示在当前上下文中目标词出现在该位置的概率。

具体的预测操作为先规定词向量的维度 t，并给文本中的词汇各自赋予一个 t 维的向量，这一步被视为初始化向量。接着，选择窗口范围内的上下文词汇，计算它们的向量总和，作为输入层的数据。之后该输入层数据被投影层处理，实现维度的拉伸，随后被全连接至输出层。最后，利用 Softmax 函数进行分类，进而预测目标词。CBOW 的结构示意图如图 8-2 所示。

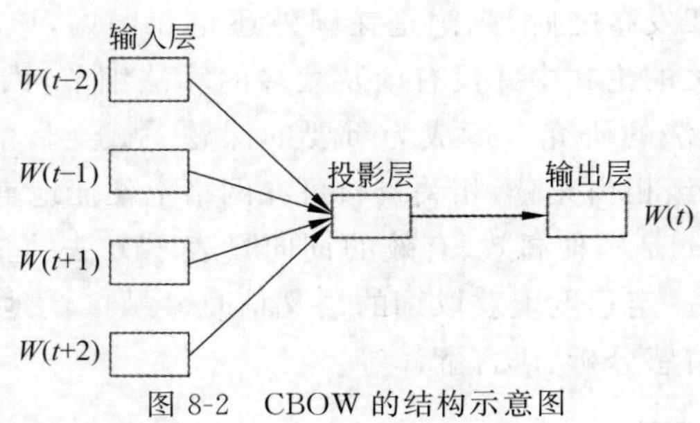

图 8-2 CBOW 的结构示意图

总体而言，CBOW 模型是一种重要的自然语言处理模型，它利用上下文词的向量表示来预测目标词的向量表示，实现了词向量的生成。该模型在文本分类和自然语言处理等任务中具有广泛的应用前景，为自然语言处理领域的发展做出了重要贡献。

2. Skip-Gram

Skip-Gram 模型是一种在自然语言处理领域广泛使用的词向量模型，其主要任务是通过考虑中心词来预测其上下文词汇。这一模型实际上是将每个单词表示为一个连续的向量，并利用神经网络来完成这一任务。例如，在文本“小猫咪（cat）在花园里玩耍，不时发出可爱的“喵喵”声（meow），用它的爪子（paw）轻轻抓住了一只蝴蝶”中，如果中心单词是“猫”（cat），模型则会尝试预测出与“猫”相关的上下文词汇，如“喵喵”（meow）或“爪子”（paw）。

在 Skip-Gram 模型中，首先对文本进行预处理，将其分解为单词，并为每个单词分配唯一的整数编码，以便计算机能够处理。之后构建一个神经网络，包括输入层、隐藏层和输出层。不同于 CBOW 模型，Skip-Gram 的输入是中心词的编码，而输出是上下文词汇的多分类问题，每个词汇都有一个输出神经元。模型的训练目标是在最大化给定中心词时预测上下文词汇的概率。这意味着模型需要学习如何从中心词生成周围词汇的概率分布，通常使用 Softmax 函数来表示这个概率分布。在训练过程中，模型的参数会被不断地调整，以提高预测的准确性。

训练完成后，Skip-Gram 模型的隐藏层权重就成为每个单词的词向量。这些词向量能够捕捉到单词之间的语义和语法关系，因此可以在各种自然语言处理任务中得到应用。Skip-Gram 结构示意图表明了输入层和输出层的交换，即目标词汇在输入层被映射到词向量，然后将这些词向量传递到投影层，最终用于预测目标词汇的邻接词，如图 8-3 所示。

总之，Skip-Gram 模型是一种用于学习词向量的神经网络模型，其主要任务是通过预测中心词的上下文词汇来生成词向量，具有广泛的应用前景，特别在自然语言处理任务中发挥着重要作用，如语义分析、情感分析和机器翻译等。

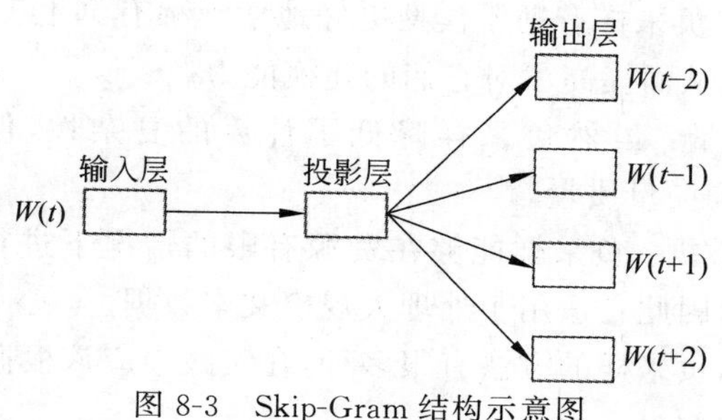

图 8-3　Skip-Gram 结构示意图

3. Word2Vec 模型优化

1）负采样

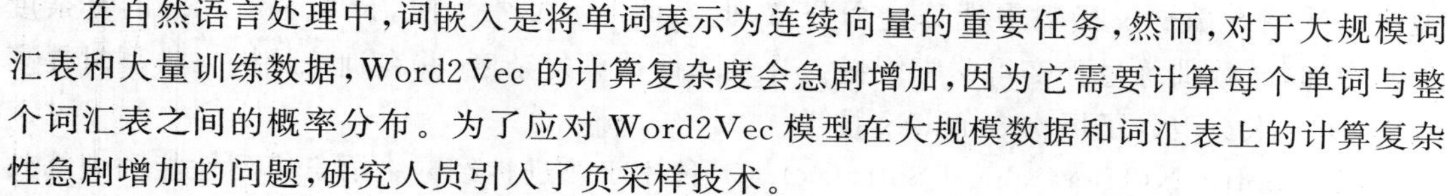

在自然语言处理中，词嵌入是将单词表示为连续向量的重要任务，然而，对于大规模词汇表和大量训练数据，Word2Vec 的计算复杂度会急剧增加，因为它需要计算每个单词与整个词汇表之间的概率分布。为了应对 Word2Vec 模型在大规模数据和词汇表上的计算复杂性急剧增加的问题，研究人员引入了负采样技术。

Negative Sampling（负采样）这一术语源于自然语言处理领域中的噪声对比评估方法（Negative Example Contrastive Evaluation，NEC），是一项在词嵌入模型中广泛使用的技术，用于提高模型的训练效率和性能。它在大规模自然语言处理任务中起到了重要作用，尤其是在 Word2Vec 模型中。负采样的原理和应用如下：

负采样的基本思想是从数据集中随机选择一些与正样本（感兴趣的样本）无关的样本，然后将这些负样本添加到训练集中，与正样本一起进行训练。这些负样本可以是与正样本完全不相关的样本，也可以是与正样本有一定相似性的样本。

负采样可以有效地减少训练时间和对计算资源的需求，同时提高模型的泛化能力和准确性。在处理大规模数据集时，负采样可以减小数据集的大小，从而加快模型的训练速度，同时避免过拟合和欠拟合的问题。

负采样通常采用以下步骤：

（1）从数据集中随机选择一个正样本。

（2）随机选择一个负样本，该样本与正样本不相关或相似度较低。

（3）将正样本和负样本组成一个训练对，用于训练模型。

（4）重复步骤（1）～（3）若干次，直到训练集达到足够的规模。

（5）使用训练好的模型进行预测和推荐等任务。

负采样的主要优势如下。

（1）计算效率：负采样显著地降低了计算复杂度。相对于传统的 Softmax 方法，负采样不需要计算整个词汇表的概率分布，而只有一小部分负样本。特别是在大规模词汇表上，这使模型训练更加高效。

（2）训练速度提升：由于计算开销的降低，负采样可以大幅加速模型的训练速度。这意味着在大规模数据和词汇表的情况下，模型仍然能够快速收敛。

(3) 稀有词汇学习：负采样有助于模型更好地学习稀有词汇。负采样允许这些词汇更频繁地出现在负样本中，从而提高了对它们的建模能力。

(4) 维持词向量质量：虽然负采样降低了计算的复杂性，但通常能够产生与传统Softmax方法相媲美的词向量质量。

(5) 适用于大规模数据：负采样能够在资源有限的情况下进行高效训练，从而应对大量文本数据的处理需求，因此它适用于处理大规模文本数据。

需要多加注意的是，负采样的方法有很多种，在实践中应该根据数据集的特点和应用场景来确定，以获得最好的效果。

2) 层次 Softmax 技术

在训练 Word2Vec 模型时，需要计算每个单词与整个词汇表之间的概率分布。传统的做法是使用 Softmax 函数来计算这个分布，但当词汇表非常大时，计算 Softmax 的复杂度急剧增加，导致训练过程变得非常缓慢。为了降低计算复杂度，并在训练词嵌入模型时提高效率，研究人员引入了层次 Softmax 技术。

层次 Softmax(Hierarchical Softmax)是一种用于改进神经网络语言模型性能和训练效率的技术，在大型词汇表上。它通过将词汇表分层组织成树状结构，以此来降低计算复杂度，并使模型能够更快地进行预测。

层次 Softmax 的基本思想是通过将 Softmax 操作分布到多个节点上，避免了对整个词汇表进行大规模的 Softmax 计算。通过将计算分解成树状结构上的多个小规模 Softmax 操作，层次 Softmax 显著地降低了计算复杂度，提高了模型的训练效率。层次 Softmax 技术的原理和应用如下。

(1) 构建词汇树：首先，将模型中所使用的词汇表单词组织成树状结构，通常是二叉树。在这棵树中，每个单词是树的一个叶节点，非叶节点代表了一组词汇单元的组合。这种层次结构有助于将整个词汇表划分为多棵子树，从而降低计算的复杂性。

(2) 计算路径概率：在训练模型时，模型会沿着词汇树的路径计算概率。每个非叶节点都有一个概率分布，表示在该节点的左子树和右子树中选择哪棵子树。选择过程会逐步进行，直到达到叶节点，最终得到单词预测。

(3) 模型训练：训练目标是优化路径选择和节点的概率分布，模型会使用反向传播和梯度下降等优化算法来调整路径和节点的参数，从而提高模型的性能。

层次 Softmax 技术的主要优点如下。

(1) 计算效率：相对于传统的 Softmax 方法，层次 Softmax 显著地降低了计算复杂度。它只需在词汇树上沿着路径计算概率，而不需要计算整个词汇表上的概率分布。

(2) 更快的训练速度：在训练时，只需遵循词汇树上的路径，而不是计算整个 Softmax 层，因此层次 Softmax 可以更快地预测单词。

(3) 适用于大型词汇表：层次 Softmax 可以有效地处理大量单词，因此特别适用于处理大型词汇表。

(4) 更好的泛化能力：层次 Softmax 可以提高模型的泛化能力，它鼓励模型学习到更多词汇之间的层次关系。

虽然层次 Softmax 在训练和推理中具有明显的优势,但构建和维护词汇树需要额外的工作,因此在实际应用中需要权衡计算复杂度和性能。

8.1.2 GloVe 模型

GloVe 模型是一种用于学习词向量的词嵌入模型。它由斯坦福大学的研究团队于 2014 年提出。由于 Word2Vec 等神经网络模型在全局语义建模方面有局限性,传统的方法计算复杂度高,因此自然语言处理领域需要一种能够在计算上高效同时能够捕捉单词之间全局语义关系的词嵌入方法。

因此,GloVe 模型旨在弥补这些缺陷,利用共现矩阵,既考虑了目标词周围的局部信息,又考虑了整个语料的全局信息。GloVe 模型的核心思想如下。

(1) 全局共现统计:GloVe 通过构建共现矩阵来捕捉单词之间的全局共现统计信息。共现矩阵的构建是基于整个语料库的,考虑到文本中所有单词之间的关联。该共现矩阵记录了每对单词在文本中的共现频率。

(2) 损失函数:GloVe 定义了一个损失函数,其目标是最小化模型的预测共现概率与实际共现概率之间的差异。模型使用词向量之间的内积来预测共现概率,并且通过梯度下降等优化算法,同时模型会调整词向量的参数以最小化损失函数。

(3) 词向量表示:一旦训练完成,GloVe 会生成每个单词的词向量表示。这些词向量捕捉了单词之间的全局语义关系,其中单词之间的语义相似性通常由向量空间中的距离反映。

(4) 高效性:GloVe 模型使用了共现矩阵和矩阵分解的方法,不需要复杂的神经网络结构,可以在大规模语料库上进行快速训练,因此训练过程相对高效。

GloVe 模型与 Word2Vec 模型的对比如下。

(1) 全局信息与局部信息:GloVe 模型旨在捕捉全局语义信息。它通过分析整个语料库中的单词共现关系来学习词向量,强调单词之间的全局关联性,而不仅是局部上下文。Word2Vec 模型(包括 CBOW 和 Skip-Gram)专注于捕捉局部上下文信息。

(2) 训练方法:GloVe 模型的训练方法基于共现矩阵,其目标是最小化预测的词汇共现概率与实际共现概率之间的差异。它使用全局的共现统计信息来学习词向量。Word2Vec 使用神经网络来学习词向量,其中 CBOW 模型从上下文预测目标词汇,而 Skip-Gram 模型从目标词汇预测上下文。

(3) 计算效率:GloVe 模型在训练时通常需要构建共现矩阵,这可能需要较多的内存和计算资源,但它的训练过程相对高效。Word2Vec 模型的训练通常更快速。

(4) 模型表现:GloVe 模型在捕捉全局语义关系方面表现良好,适用于一些需要更广泛语义信息的任务。Word2Vec 模型在某些情况下可能对局部上下文关系更敏感,适用于某些需要更详细语境信息的任务。

8.1.3 FastText 模型

FastText 模型是一种词嵌入和文本分类模型，由 Facebook 人工智能研究实验室于 2016 年提出。FastText 模型以其速度快和能够处理子词级别信息的能力而闻名。相对于 Word2Vec 模型将整个单词视为最小的处理单元，FastText 引入了子词级别的建模，它将每个单词分解为字符级别的 N-Gram（子词），并为每个子词学习词向量。这一特点使 FastText 能够更好地处理形态变化和未知词汇。

FastText 模型的基本思想如下。

(1) 子词级别建模：FastText 模型将每个单词分解为字符级别的 N-Gram（子词），并为每个子词学习相应的词向量。这样 FastText 模型可以考虑到单词内部的子词组合，从而更好地处理形态变化与未知词汇。例如，对于单词 apple，FastText 会考虑到 ap、app、appl、apple 等子词，每个子词都有一个词向量。

(2) 子词向量的组合：若单词的子词学习了词向量，FastText 将这些子词的词向量进行求和或平均，以生成整个单词。

(3) 分层 Softmax 技术：FastText 使用分层 Softmax 技术来提高训练和推断的效率。这种技术将词汇表组织成二叉树结构，通过树的层次结构来计算单词的条件概率。这比传统的全局 Softmax 更高效，尤其在大型词汇表上表现更好。

(4) 文本分类：FastText 模型还提供了文本分类功能。它将文本中所有单词的词向量求和或平均，生成整个文本的表示，然后将其输入一个线性分类器中用于文本分类。这种方法在文本分类任务中通常表现出色。

FastText 的结构示意图如图 8-4 所示。

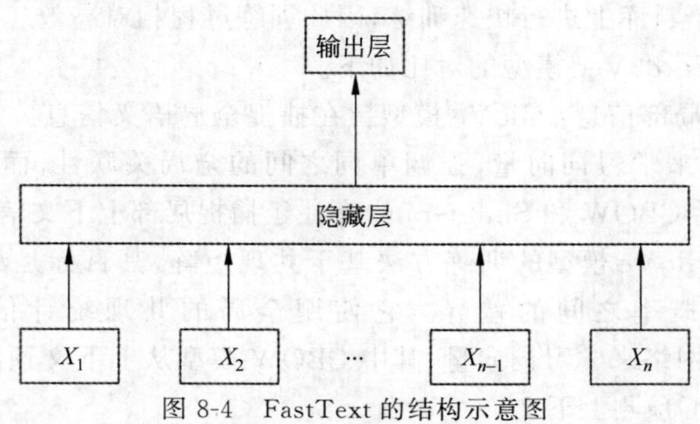

图 8-4 FastText 的结构示意图

FastText 模型相对于 Word2Vec 模型具有更高的训练效率，能够更好地处理形态变化和未知词汇，并且在文本分类任务中表现出色。在实际应用中，选择哪种模型取决于具体的任务和数据集，以及对处理速度和形态信息的需求，可以根据任务的性质来选择适合的模型。

8.2 动态词嵌入模型

8.2.1 ELMO模型

动态词嵌入(Dynamic Word Embeddings)模型通常是指能够根据上下文动态地更新单词的词嵌入(词向量)的模型。Embeddings from Language Models(ELMO)就是一种动态词模型,它在2018年由艾伦人工智能研究所(Allen Institute for Artificial Intelligence)提出,并在自然语言处理领域取得了显著的成功。

ELMO模型的主要思想是生成上下文敏感的词嵌入,以更好地捕捉单词在不同上下文中的含义和语义关系。相对于传统的静态词嵌入方法,如Word2Vec和GloVe,将每个单词映射为固定的静态向量,无法考虑到上下文信息。ELMO模型的创新之处在于,它使用深度双向循环神经网络来动态地建模每个单词的上下文,并使用可学习的权重来融合前向和后向信息,从而生成上下文敏感的词嵌入。

以下是ELMO的工作原理。

(1) 双向LSTM层:ELMO模型包括两层双向LSTM(前向和后向),这两层LSTM分别用于从左到右和从右到左建模上下文信息。对于每个输入的单词,这两层LSTM会生成前向LSTM和后向LSTM的隐状态,捕捉到单词的上下文信息。这些隐状态可以被视为单词在不同上下文中的表示。

(2) 融合层:ELMO模型使用一组权重来融合前向和后向LSTM的隐状态。这一融合过程是可学习的,因此对于每个单词,ELMO模型会生成不同的权重,权重的学习考虑了不同上下文中前向和后向信息的重要性,用于融合前向和后向信息。这个融合的过程可以看作对单词的上下文敏感性的建模。

(3) 生成词嵌入:最后,ELMO模型可以选择添加一个线性层,用于生成最终的词嵌入表示。这些词嵌入是动态的,它们包括了不同层次和不同权重的上下文信息。生成的词嵌入取决于整个句子中的上下文信息,可以更好地适应不同上下文和语境。

ELMO是一种引入了上下文敏感性的词嵌入方法,具有很多优点,但也有一些限制,例如计算复杂度、不适用于单词级别任务、不适用于单词级别任务等。它在许多自然语言处理任务中表现出色,特别是在语义相关性和多义性处理方面,然而,在计算复杂度和模型大小方面存在一些挑战,需要权衡。

8.2.2 OpenAI-GPT模型

动态词模型OpenAI-GPT是一种基于变换器(Transformer)架构的自然语言处理模型。2017年谷歌团队提出了一种完全基于Attention机制的Seq2Seq模型,并命名为Transformer。在Transformer模型的基础上,OpenAI团队在2018年提出了GPT模型,它是GPT系列模型的第1代,并采用了无监督预训练和监督微调的混合方法,其核心创新在于使用变换器架构,并将其应用于单一的深度神经网络中,使其成为一个通用的自然语言处理模型。

OpenAI GPT 模型的基本思想是预训练和微调。它的训练过程包括两个主要阶段。

（1）预训练(Pre-Training)：在这个阶段，模型被大规模地训练，以预测自然语言文本的下一个单词，其中预训练过程使用了大量的互联网文本数据，例如网页、社交媒体帖子等。模型在这个阶段学会了自然语言的语法、语义和世界知识。它通过分析大规模文本数据，了解单词之间的关系和上下文信息，从而获得了通用的语言理解能力。

（2）微调(Fine-Tuning)：在预训练完成后，GPT 模型可以在特定的自然语言处理任务上进行微调。微调是一个监督学习的过程，它利用小规模的标注数据来进一步调整模型，使其在特定任务上表现出色。微调的任务可以包括文本分类、文本生成、情感分析、问答等各种自然语言处理任务。在微调过程中，模型的权重参数会被调整，以使其更适应特定任务的需求。

总体来讲，OpenAI GPT 处理语言的方式主要基于 Transformer 架构，可以用于各种自然语言处理任务。模型通过预训练和微调两个阶段的训练来适应不同的自然语言处理应用。这使 GPT 成为一个通用的自然语言处理工具，可以用于解决多种文本处理任务。

8.2.3 BERT 模型

OpenAI-GPT 模型使用的是单向 Transformer 解码器，仅仅从目标单词的上文对目标单词进行预测，无法获得目标单词的下文知识，这一限制影响了模型的学习能力。基于此，谷歌于 2018 年提出了基于双向 Transformer 编码器的语言模型 BERT。BERT 发布后一举刷新了 11 项自然语言处理任务的最优性能记录，BERT 模型的关键创新在于通过预训练来学习通用的双向语言表示，它可以用于处理各种自然语言任务。

BERT 的核心思想是让模型在预训练过程中从文本的上下文中学习单词的表示。与传统的单向语言模型不同，BERT 模型使用了双向 Transformer 编码器，这样使模型可以同时考虑一个单词左侧和右侧的上下文信息。

以下是 BERT 模型的工作原理。

（1）预训练过程：BERT 模型首先在大规模文本数据上进行了预训练。模型使用了两个任务来学习词汇表示：掩码语言建模(Masked Language Modeling，MLM)和下一个句子预测(Next Sentence Prediction，NSP)。MLM 任务强制模型理解单词之间的语义和语法关系。NSP 任务帮助模型理解文本中句子之间的关联性。

（2）微调过程：预训练完成后，BERT 模型可以在特定的自然语言处理任务上进行微调。微调过程涉及将 BERT 模型的参数加载到特定任务的模型中，并使用少量标注数据对模型进行有监督的训练。微调可以用于文本分类、命名实体识别、文本生成等多种自然语言处理任务。

BERT 模型是自然语言处理领域的一项重大创新，在具有许多优点和特点的同时也存在限制和缺点。例如，BERT 模型的训练和推理需要大量的计算资源，包括 GPU 或 TPU，这使它在一些资源有限的环境下难以部署；BERT 模型的巨大参数数量使模型变得庞大，难以部署在嵌入式设备或移动应用中；BERT的性能高度依赖于大规模的预训练数据，如果训练数据不足或不具代表性，则性能可能会受到影响；BERT模型在实时推理场景中可能会受到延迟的影响，因为其推理时间相对较长。

总体而言，BERT模型的成功启发了许多其他自然语言处理模型的发展，并在自然语言处理领域产生了深远的影响。它是目前为止最先进的动态词模型之一，被广泛地用于文本处理和理解任务。

8.3 深度学习中的词嵌入

深度学习中的词嵌入是一种将自然语言中的单词或短语映射到连续、低维且稠密的向量空间的技术。它通过学习单词在上下文中的分布模式和语义相似性，将单词表示为实数值向量。

传统的文本处理方法使用离散的符号(如独热编码)表示单词，这种表示方式无法捕捉到单词之间的语义关系和相似性，而词嵌入通过将单词映射到向量空间中的位置，使具有相似语义的单词在向量空间中的距离更接近。

词嵌入可以通过多种方式获取，其中最常用的方法是基于神经网络的技术，如Word2Vec、GloVe和FastText。这些方法通过训练神经网络模型来预测单词在上下文中出现的概率或者通过反向传播算法来优化模型参数。通过这样的训练过程，模型可以学习到单词之间的语义相似性，并将其编码为稠密向量表示。

词嵌入具有很多优点。首先，它可以解决传统方法无法处理未见过的单词的问题，因为词嵌入可以对未见过的单词进行合理表示；其次，词嵌入可以捕获到单词之间的语义关系和上下文信息，使模型能够更好地理解文本数据中的意义。

在深度学习中，词嵌入已经被广泛地应用于自然语言处理任务中，例如文本分类、情感分析、机器翻译和语义搜索等。通过词嵌入，可以提高模型在这些任务中的性能和表现能力，使深度学习模型更易于理解和处理自然语言。

8.3.1 RNN与词嵌入

RNN(循环神经网络)是一种常用于处理序列数据的神经网络结构，它在自然语言处理任务中有广泛的应用。RNN与词嵌入可以结合使用，以此来处理文本数据。

RNN的核心思想是引入了一个循环的隐藏状态，使网络可以处理任意长度的序列数据，并且具有一定的记忆能力。在自然语言处理中，RNN可以对句子进行逐个单词的处理，并将之前看过的单词的信息传递给后续单词。这样，RNN能够理解句子的上下文信息。

RNN解决了时序依赖问题，但这里的时序一般指的是短距离的，首先介绍短距离依赖和长距离依赖的区别。

(1) 短距离依赖：对于填空题“我饿了想去吃________”，很容易就判断出“吃”后面跟的是“饭”，这种短距离依赖问题非常适合RNN。

(2) 长距离依赖：对于填空题“我出生在中国河南省，长这么大还没出过省，……，我的母语是________”，对于短距离依赖，“我的母语是”后面可以紧跟着“汉语”“英语”“法语”，但是如果想精确答案，则必须回到上文中很长距离之前的表述“我出生在中国河南省”，进而判断答案为“汉语”，而 RNN 是很难学习到这些信息的。RNN 中权重在各时间步内共享，最终的梯度是各个时间步的梯度和，梯度和会越来越大，因此，RNN 中总的梯度是不会消失的，即使梯度越传越弱，也只是远距离的梯度消失。

由此可知，传统的 RNN 在处理长序列时会面临梯度消失和梯度爆炸等问题，从而导致难以捕捉到远距离的依赖关系。为了解决这个问题，出现了一种改进的循环神经网络结构，称为长短期记忆网络和门控循环单元(Gated Recurrent Unit，GRU)。它们通过引入门机制来控制信息的流动，从而解决了梯度消失和梯度爆炸问题。

当结合词嵌入与 RNN 时，通常会使用预训练的词嵌入模型(如 Word2Vec、GloVe 等)来初始化网络的输入层。将单词表示为词嵌入向量后，作为输入传递给 RNN 或 LSTM/GRU 模型进行处理。

通过词嵌入，RNN 可以更好地理解和捕捉文本数据中的语义信息和上下文关系。词嵌入能够为输入单词提供更丰富的向量表示，充分考虑了单词之间的语义相似性和关联性。这使 RNN 在自然语言处理任务中的表现更加准确和强大。

在实际应用中，将词嵌入与 RNN 结合使用可以用于多种自然语言处理任务，如情感分类、文本生成、机器翻译等。通过学习和利用词嵌入的语义信息，RNN 可以更好地处理序列数据，提高模型的性能和表现能力。

8.3.2 CNN 与词嵌入

CNN 是一种常用于图像处理和计算机视觉任务的神经网络结构，但也可以应用于自然语言处理任务，尤其是文本分类。

在自然语言处理中，CNN 可以用于对文本数据进行特征提取和表示学习。一般情况下，将文本看作一个序列，其中每个单词可以表示为一个向量或词嵌入。CNN 通过应用一系列的卷积操作和池化操作来捕捉不同层次的特征。与图像处理中的卷积类似，文本数据中的卷积操作也是通过滑动窗口在文本上进行局部特征提取的。在每个窗口上，卷积操作会将窗口内的词嵌入矩阵与卷积核进行逐元素的乘积运算，并生成一个新的特征。通过对整个文本进行卷积操作，CNN 可以捕捉到不同尺寸的局部特征。

为了减少参数数量和加强特征的不变性，CNN 通常会采用池化操作，如最大池化或平均池化。池化操作将窗口内的特征进行聚合，得到一个更紧凑的表示。在完成卷积和池化操作后，得到的特征可以被连接成一个全局的特征向量，然后经过全连接层进行分类或其他后续处理。

词嵌入在 CNN 中起着重要的作用。词嵌入可以将每个单词表示为一个低维稠密向量，捕捉到了单词之间的语义关系和上下文信息。这使 CNN 能够更好地理解文本数据，并更准确地捕捉到重要的特征。

通常,词嵌入是通过预训练的词向量模型(例如 Word2Vec、GloVe)得到的。在训练 CNN 模型时,可以使用这些已经训练好的词嵌入来初始化网络的嵌入层参数,从而在有限的数据集上更好地学习文本表示。

综上所述,CNN 与词嵌入可以结合使用,通过卷积和池化操作提取文本特征,并利用词嵌入来更好地理解和处理文本数据,例如文本分类、情感分析等自然语言处理任务。

8.3.3 Transformer 与词嵌入

8min

1. Transformer 模型概述

Transformer 模型是一种基于自注意力机制(Self-Attention)的序列建模模型,由谷歌在 2017 年提出。它在自然语言处理任务中取得了显著的成果,并被广泛地应用于诸如机器翻译、文本生成、问答系统等领域。

Transformer 模型的基本结构主要包括两个核心部分:编码器(Encoder)和解码器(Decoder)。在这里将重点介绍编码器部分。

编码器由多个相同的"编码器层"组成,每个编码器层都由两个子层组成:多头自注意力层(Multi-Head Self-Attention Layer)和前馈神经网络层(Feed-Forward Neural Network Layer)。下面对编码器的结构和原理进行详细介绍。

1) 多头自注意力层

自注意力机制允许模型在计算单词表示时同时考虑输入序列中的其他所有单词,并根据其重要性对不同位置的单词赋予不同的权重。

多头自注意力层通过计算多组注意力权重来增强模型的表达能力。每组注意力权重都是通过对输入序列进行线性变换后计算得到的。

注意力权重计算的过程包括 3 个步骤:计算查询(Query)、键(Key)和值(Values);计算注意力分数;根据注意力分数对值进行加权求和。

2) 前馈神经网络层

在多头自注意力层之后,通过前馈神经网络层对每个位置的表示进一步地进行加工和映射。

前馈神经网络层由两个全连接层组成,其间包括一个激活函数(如 ReLU)进行非线性变换。

该层旨在引入更多的非线性特征,丰富输入序列的表示能力。

整个编码器通过堆叠多个编码器层来处理输入序列,并在每个编码器层之间使用残差连接和层归一化来提高模型的稳定性。Transformer 简单点看其实就是 Self-Attention 模型的叠加。

Transformer 模型的原理在于它通过自注意力机制有效地捕捉输入序列中单词之间的依赖关系和语义信息,而无须使用传统的循环神经网络结构(如 LSTM 或 GRU)。这使 Transformer 模型能够并行计算和处理长程依赖关系,大大加速了训练和推理的速度。

Transformer 模型通过自注意力机制强调了捕捉输入序列中单词之间的关联性。传统的循环神经网络(RNN)在处理序列数据时,需要按顺序逐个处理每个单词,并且只能通过前面的上下文信息来预测当前位置的单词。这种逐个处理的方式限制了并行计算的能力,并且无法捕捉到较长距离的依赖关系。

而 Transformer 模型通过自注意力机制,使模型能够同时考虑输入序列中的所有单词,并根据它们之间的关联性分配不同的权重。每个单词的表示会受到其他单词的影响,而不仅是前面的上下文。这种全局的注意力机制使模型能够更好地理解整个输入序列,捕捉到更远距离的依赖关系和语义信息。

具体来讲,自注意力机制通过计算查询、键和值之间的相似度得到注意力分数,并将注意力分数作为权重对值进行加权求和。这样,模型可以根据每个单词与其他单词之间的关系来决定其在表示中的重要性。通过多头自注意力层,模型可以在不同的表示子空间中同时捕捉不同类型的关系。

Transformer 模型在自然语言处理任务中得到了广泛的应用,取得了许多重要的突破和优秀的成果。以下是一些应用领域的例子。

(1) 机器翻译:Transformer 模型在机器翻译任务中取得了显著的突破。例如,谷歌的"Transformer"模型在 WMT 2014 英德翻译任务中取得了当时最好的结果,引发了对自注意力机制的广泛关注。

(2) 文本生成:Transformer 模型在文本生成任务中具有很大的潜力。通过解码器结构,可以将该模型应用于生成摘要、对话系统、故事创作等任务。GPT 系列模型就是基于 Transformer 开发的文本生成模型。

(3) 问答系统:Transformer 模型被广泛地应用于问答系统,包括阅读理解、知识图谱问答等任务。模型可以通过阅读材料并提供与问题相关的答案,取得了非常出色的成果。

(4) 文本分类:Transformer 模型在文本分类任务中也表现出色。通过对输入文本进行编码,并将其传递到分类器中,可以有效地完成情感分类、主题分类、垃圾邮件过滤等任务。

(5) 命名实体识别和词性标注:Transformer 模型在命名实体识别和词性标注等标注任务中也被广泛运用。模型可以学习到上下文信息来预测每个单词的实体类别或词性。

(6) 对话系统:Transformer 模型在对话系统领域也取得了重要的进展。通过结合编码器-解码器架构和适当的训练数据,可以构建出强大的对话生成和聊天机器人系统。

除了上述任务外,Transformer 模型还被应用于语言模型训练、文本摘要、意图识别、情感分析等自然语言处理任务中,其强大的表达能力和建模能力使模型能够更好地理解和处理自然语言,为各种应用场景提供了有效的解决方案。

2. 词嵌入在 Transformer 中的应用

在 Transformer 模型中,使用词嵌入作为输入序列的初始表示可以通过以下步骤实现。

(1) 词嵌入层:输入序列中的每个单词都被映射到一个固定维度的实数值向量,即词嵌入向量。这些词嵌入向量可以是预训练的,也可以是随机初始化的,具体取决于任务和数据集的需求。

(2) 位置编码层：为了保留输入序列中单词之间的相对顺序信息，需要引入位置编码。位置编码器会为每个单词的词嵌入向量添加位置信息。通常使用的方法是加入正弦和余弦函数的位置编码，以捕捉不同位置的信息。

(3) 输入层：将经过位置编码的词嵌入向量作为输入传递给 Transformer 的第 1 层。在 Transformer 中，这个输入会经历多个 Transformer 块的处理，每个块包含自注意力机制和前馈神经网络。

使用词嵌入作为输入序列的初始表示可以通过词嵌入层将每个单词转换为向量表示，然后经过位置编码层融合位置信息，最后将带有词嵌入和位置编码的向量作为 Transformer 的输入。这样可以将词嵌入和位置信息结合起来，提供给模型更丰富的输入表示，以便进行下游任务的学习和推理。

词嵌入在传递给自注意力层之前具有重要性，主要体现在以下几个方面。

(1) 维度统一化：在输入序列中，每个单词的维度通常不同，而自注意力机制需要对输入进行相似度计算和加权处理。通过词嵌入，可以将每个单词映射到相同固定维度的向量空间，从而实现维度统一化，使不同单词之间可以有效地进行比较和关联。

(2) 语义信息捕捉：词嵌入将每个单词转换为连续的实数值向量表示，这些向量在训练过程中被训练得到，并且通过语言模型等任务捕捉了单词的语义信息。这样，通过词嵌入，模型可以利用上下文中的语义关系来计算注意力、进行编码和解码操作，从而更好地理解和生成文本。

(3) 上下文依赖：词嵌入向量不仅表示了每个单词的本身特征，还包含了其周围单词的信息。在自然语言处理任务中，一个单词的意义和语境密切相关，通过将词嵌入作为输入序列的初始表示，模型能够充分地利用上下文的依赖关系，更准确地捕捉和表达文本的语义信息。

词嵌入在传递给自注意力层之前起到了维度统一化、语义信息捕捉和上下文依赖的作用。它提供了一个统一的向量表示，使模型能够处理不同维度的输入，并且通过在训练过程中学习到的语义信息，增强了模型对文本的理解能力和表达能力。这样，模型可以更好地进行自注意力计算，从而更有效地捕捉输入序列中单词之间的关联和重要性。

词嵌入在为模型提供词的语义和上下文信息方面具有重要作用，主要体现在以下几个方面。

(1) 语义信息表示：词嵌入通过将每个单词映射到连续的实数值向量空间中，可以捕捉单词的语义信息。在训练过程中，模型学习到的词嵌入将单词的含义编码为向量表示，使相似含义的单词在向量空间中更加接近。这样，模型可以通过对词嵌入的比较和运算，获取单词之间的语义关系，从而更好地理解和表达文本中的含义。

(2) 上下文信息融合：词嵌入不仅表示了单个单词的语义信息，还包含了其周围单词的信息。通过训练语言模型等任务，词嵌入可以利用上下文中的词汇和语法关系，为模型提供更丰富的上下文信息。这使模型能够根据上下文的相关性来动态地调整词嵌入的表示，更准确地捕捉单词在特定上下文中的含义。

（3）语义一致性保持：在词嵌入空间中，语义相似的单词在向量空间中的距离更接近，这使模型能够通过对词嵌入的比较和计算进行语义推理。例如，可以使用向量运算来寻找一个单词与一组单词之间的关系，如“king－man＋woman＝queen”。通过利用词嵌入的语义信息，模型能够进行类似的语义推理和关联。

词嵌入能够为模型提供丰富的词的语义和上下文信息，帮助模型更好地理解文本，并进行语义推理和生成。通过将词嵌入作为输入序列的初始表示，模型可以利用其所包含的语义和上下文信息，从而提高在自然语言处理任务中的性能和表现。

3. 自注意力机制与词嵌入

在 Transformer 中，自注意力机制和词嵌入是实现模型的两个核心组件。

自注意力机制（Self-Attention Mechanism）是 Transformer 模型中的核心组件之一，它能够捕捉输入序列中不同位置单词之间的依赖关系，并根据这些关系生成上下文相关的表示。

自注意力机制的原理如下：

首先，通过输入序列中的词嵌入向量，生成 3 个线性变换矩阵，分别为查询（Query）、键（Key）和值（Value）矩阵。

然后将查询、键和值矩阵分别与输入序列中的所有词嵌入向量相乘，得到查询向量、键向量和值向量序列。

查询向量：用于衡量每个位置的重要性，决定对其他位置的关注程度。

键向量：提供了每个位置的特征描述，用于计算查询和值之间的关联度。

值向量：包含了每个位置的具体信息。

接下来，通过计算查询向量与键向量的内积，并对结果进行缩放和 Softmax 操作，得到注意力权重。

注意力权重反映了每个位置与其他位置的相对重要性，较大的权重表示该位置与其他位置的关联较强。

最后，将注意力权重乘以值向量序列，并加权求和，得到每个位置的上下文相关表示。

上下文相关表示能够将全局的信息融入每个位置的表示中，从而捕捉输入序列中不同位置之间的依赖关系。

在自注意力计算中，词嵌入与其他单词进行交互通过查询向量、键向量和值向量的计算实现。查询向量通过与键向量进行内积运算，得到与所有键的相似度分数，表示该位置对其他位置的关注程度，然后将相似度分数通过 Softmax 函数归一化，得到注意力权重，用于加权求和值向量，即与该位置相关的上下文表示。

自注意力机制对于建模长距离依赖关系具有优势。传统的循环神经网络（RNN）在处理长距离依赖时会遭受梯度消失或梯度爆炸问题，而自注意力机制通过直接计算任意两个位置之间的关系，能够捕捉到全局的依赖关系，避免了这些问题，因此，自注意力机制能够更好地捕捉长距离的语义依赖关系，提供更全面的上下文信息，从而在自然语言处理任务中取得了显著的性能提升。

4. 位置编码与词嵌入

位置编码在 Transformer 中起着至关重要的作用,它能够将单词的位置信息融入模型中,并帮助模型区分不同位置的单词,提供序列的顺序信息。

在自然语言处理任务中,单词的顺序和位置往往对理解文本和构建上下文非常重要,然而,由于 Transformer 模型中没有使用传统的循环或卷积操作来处理输入序列,单词之间的位置信息无法直接被模型所感知。这就导致模型有可能无法准确地理解单词的上下文和依赖关系。

为了解决这个问题,Transformer 引入了位置编码。位置编码是通过在词嵌入与模型输入之间添加一个额外的位置信息实现的。具体而言,位置编码使用正弦和余弦函数的组合来计算每个单词的位置编码值,并将其与词嵌入相加,从而得到融合了位置信息的单词表示。

位置编码通过为每个位置分配不同的编码值,使模型能够区分不同位置的单词,并为模型提供输入序列中的顺序信息。例如,对于同样的单词,在不同的位置上具有不同的位置编码值,这样模型就能够区分它们,并更好地理解它们在文本中的角色和关系。

通过位置编码,Transformer 模型能够在不使用传统循环操作的情况下,获取输入序列中单词的位置信息。这有助于模型更好地捕捉上下文语义和依赖关系,并且使模型能够准确地理解单词的顺序及在文本中的位置,因此,位置编码在 Transformer 中起着关键的作用,对模型的性能和表现具有重要影响。

8.3.4 预训练大模型的词嵌入

6min

预训练大模型(如 BERT、GPT 等)的词嵌入与传统词嵌入不同,它们被称为上下文词嵌入(Contextualized Word Embeddings),因为它们能够在给定一个特定上下文的情况下对单词进行编码,这与传统的静态词嵌入(Static Word Embeddings)不同。预训练大模型所使用的上下文信息可以是整个句子、段落甚至整篇文章的内容。

预训练大模型中的词嵌入包括两部分:Token Embedding 和 Position Embedding。Token Embedding 就是将每个单词表示为一个向量,而 Position Embedding 则加入了位置信息,用于捕捉单词之间的相对位置关系。

具体来讲,Token Embedding 是预训练模型中的一层网络结构,它将每个单词映射成一个固定长度的向量表示,与传统词嵌入类似,但是,与传统词嵌入不同的是,预训练模型会将单词的上下文信息考虑进去,生成的向量表示会随上下文的变化而变化。

另外,Position Embedding 也是预训练模型中的一层网络结构,它将每个单词的位置信息编码成一个向量,并将其加入 Token Embedding 中。在这种情况下,一个单词向量的表示方式同时包含了它的位置信息和上下文信息。下面就详细介绍 GPT 模型和 BERT 模型。

1. GPT 模型的词嵌入

GPT 是一种基于 Transformer 架构的大规模预训练语言模型,由 OpenAI 开发。GPT

模型以无监督学习的方式，在大规模文本数据上进行预训练，然后可以在各种下游自然语言处理任务上进行微调和应用。

GPT 模型的核心组成部分是 Transformer，它是一种基于注意力机制的神经网络结构，包含了编码器和解码器两部分。编码器将输入序列映射为连续的表示，解码器根据这些表示生成输出序列。这种结构能够在不同位置之间建立长距离的依赖关系，因此适用于处理自然语言中的序列数据。

GPT 模型的训练过程分为两个阶段。

(1) 预训练阶段：GPT 模型使用大规模文本数据进行无监督的预训练。在预训练过程中，模型通过掩码语言建模（Masked Language Modeling）任务和下一个句子预测（Next Sentence Prediction）任务来学习文本的语言模式和语义信息，其中，掩码语言建模任务是指将输入序列中的某些单词随机掩盖，并要求模型预测这些被掩盖的单词；下一个句子预测任务是指给定两个连续的句子，让模型判断它们是否是按照原始文本顺序出现的。

(2) 微调阶段：在预训练完成后，GPT 模型会在特定任务上进行微调。微调阶段包括两个步骤：首先，在目标任务的数据上，对预训练模型的参数作为初始参数进行训练，然后对整个模型进行端到端的微调，通过调整模型的权重来适应具体任务的要求。这些下游任务可以包括文本生成、文本分类、问答系统等。

GPT 模型的词嵌入是基于 Transformer 结构中的多头注意力机制实现的。在 GPT 模型预训练阶段，对于输入文本的每个单词，模型会根据其上下文信息生成对应的词嵌入向量，这些词嵌入向量将作为神经网络的输入。

GPT 模型采用了一种叫作位置嵌入的技术，以此来解决 Transformer 结构无法处理序列位置信息的问题。具体来讲，GPT 模型引入了一种被称为位置编码（Positional Encoding）的方式，通过将位置信息嵌入词嵌入向量中，使神经网络能够更好地理解输入序列中的位置关系。

在 GPT 模型中，每个单词的词嵌入向量可以表示为以下公式：

$$\text{Embeddings}(w) = \text{Token\_Embeddings}(w) + \text{Positional\_Encodings}(p) \tag{8-1}$$

其中，$\text{Token\_Embeddings}(w)$ 表示单词 w 的初始词嵌入向量，$\text{Positional\_Encodings}(p)$ 表示对应的位置编码向量。

具体来讲，$\text{Positional\_Encodings}(p)$ 可以通过以下公式计算：

$$\text{Positional\_Encodings}(p) = \text{Sinusoidal\_Encoding}(2i, \text{pos}) + \text{Cosine\_Encoding}(2i+1, \text{pos}) \tag{8-2}$$

其中，i 表示维度索引，pos 表示单词在序列中的位置。Sinusoidal_Encoding 和 Cosine_Encoding 是两种不同的函数，用于生成正弦和余弦形式的位置编码。这样，对于每个位置 p 和每个维度 i 都可以计算出唯一的位置编码值。

最终得到的词嵌入向量，既包含了单词本身的语义信息，也包含了该单词在文本序列中的位置信息。这种词嵌入方式，可以有效地捕获输入序列中的语义和位置特征，为下游任务提供有力的支持。

因为GPT模型使用Transformer的解码器，所以它是一种单向的语言模型。在GPT中，输入序列的信息只在前向传播时被使用，而不会在后续的预测过程中进行反馈或参与决策。这意味着在GPT模型中，当前位置的预测仅依赖于前面位置的信息，而不会受到后面位置的影响。它按照时间顺序逐步生成输出序列，每个位置都只能看到其之前的上下文。在一些任务中当前位置的预测可能受到后续位置信息的影响，而GPT无法在生成过程中利用这些未来的上下文。为了解决这些问题，研究人员提出了双向语言模型，BERT模型就此诞生。

2. BERT模型的词嵌入

BERT是一种基于Transformer的预训练模型，由谷歌在2018年提出。它通过在大规模无标签语料上进行训练，学习到句子级别和词级别的深层语义表示。BERT的创新之处在于使用了双向上下文信息来预训练模型。传统的语言模型通常只考虑上文或下文的信息，而BERT则同时考虑了一个词的左右上下文，从而更全面地理解词语的意义和上下文关系。

BERT的预训练过程包括两个阶段：Masked Language Model(MLM)和Next Sentence Prediction(NSP)。在MLM阶段，BERT模型会随机屏蔽输入文本中的一些词，然后通过上下文中的其他词来预测被屏蔽的词。在NSP阶段，BERT需要判断两个句子是否是连续的。预训练完成后，BERT可以通过微调用于各种下游任务，如文本分类、命名实体识别、问答系统等。通过微调，BERT可以将在大规模语料上学习到的上下文信息应用到具体任务中，从而提升模型性能。

BERT的出现对自然语言处理领域带来了革命性的影响，它是在自然语言处理中里程碑的存在，它的优点不是创新，而是集大成者，并且在各项都有新的突破。

1) BERT强大的提取能力

BERT模型采用了Transformer的结构，它由多个编码器层组成，每个编码器层又包含了多头自注意力机制和前馈神经网络。具体来讲，BERT的编码器层中使用了自注意力机制，使模型能够同时考虑到输入文本中不同位置的关系。自注意力机制通过计算一个加权和，对每个词与其他词的关系进行建模，从而获取全局的上下文信息。

在BERT中，自注意力机制被称为多头自注意力机制(Multi-Head Self-Attention Mechanism)，它允许模型从不同的表示子空间中学习，并在最后进行融合。这样的设计使BERT可以更好地捕捉句子中的不同语义关系。除了多头自注意力机制，BERT的编码器层还包括前馈神经网络(Feed-Forward Neural Network)。前馈神经网络由两个全连接层组成，通过非线性激活函数对特征进行转换和映射，增强模型的表达能力。

BERT模型的深度结构使其具有强大的特征提取能力。通过多个编码器层的堆叠，BERT能够逐层提取语义特征，从而捕捉到丰富的上下文信息和词语之间的关系。这种特征提取能力使BERT在各种自然语言处理任务中表现出色。

2) BERT的无监督训练

BERT的无监督训练包括两个任务：语言掩码模型(Masked Language Model，MLM)

和下句预测(Next Sentence Prediction,NSP)。

(1) 语言掩码模型是 BERT 的主要任务之一。在训练时,BERT 模型会随机选择输入文本中的一些词,并将它们替换为特殊的掩码标记(例如[MASK]),然后模型需要基于上下文中的其他词来预测被掩码的词。这个任务能够使模型学习到词与词之间的依赖关系和语义信息,以及词语的上下文感知能力。通过预测被掩码的词,BERT 可以生成更准确的词向量表示。

(2) 下句预测任务旨在让 BERT 学习句子级别的关系和逻辑推理能力。在训练时,模型会接受一对句子作为输入,并判断它们是否是连续的上下文关系。具体地,BERT 会随机选择两个句子,其中 50%的情况是两个句子是连续的,另外 50%的情况是两个句子是来自不同文档的随机句子。模型需要通过比较两个句子的语义关系来判断它们是否是连续的。通过这个任务,BERT 可以学习到句子之间的关联性,从而具有语境转换的能力。

通过这两个任务的训练,BERT 能够从大规模的无标签数据中学习到丰富的语言知识和上下文关系,以及更好的语义表示能力。这使 BERT 具备了在各种自然语言处理任务中表现出色的能力。

3) BERT 下游任务改造

BERT 作为一个预训练模型,可以通过微调来适应各种下游任务。下游任务是指在特定的自然语言处理任务上使用已经预训练好的 BERT 模型,并根据任务的特点进行微调以获得更好的效果。

下游任务改造包括以下几个步骤。

(1) 数据准备:根据下游任务的需求,准备相应的标注数据集。这可能涉及数据收集、数据清洗和预处理等步骤。

(2) 模型微调:使用预训练的 BERT 模型作为初始模型,在下游任务的标注数据上进行微调。在微调过程中,可以采用不同的策略,如全局微调或仅微调部分参数。同时,可以调整学习率、优化器类型等超参数。

(3) 任务定制化:根据具体的下游任务进行模型架构的调整和定制。例如,在文本分类任务中,可以在 BERT 模型的输出上添加一个全连接层进行分类,而在命名实体识别任务中,可以在 BERT 模型的输出上使用 CRF 等序列标注模型。

(4) 训练与评估:使用微调后的模型在下游任务的训练数据上进行训练,并在开发集或验证集上进行评估。可以根据评估结果进行模型的调优和迭代训练。

通过这样的下游任务改造,BERT 模型可以适应各种不同的自然语言处理任务,如文本分类、命名实体识别、问答系统等。由于 BERT 具有强大的语言表示能力和上下文理解能力,通常可以取得较好的效果,并在许多任务中取得了领先的性能。

BERT 是自然语言处理里里程碑式的工作,对于后面自然语言处理的研究和工业应用会产生长久的影响,这点毫无疑问,但是从上文的介绍中也可以看出,从模型或者方法角度看,BERT 借鉴了 ELMO、GPT 及 CBOW,主要提出了 Masked 语言模型及 Next Sentence Prediction,但是这里 Next Sentence Prediction 基本不影响大局,而 Masked LM 明显借鉴了 CBOW 的思想,所以说 BERT 的模型没什么大的创新,更像最近几年自然语言处理重要进展的集大成者。

8.4 词嵌入的评估

5min

词嵌入是通过嵌入从未标记的大型语料库中获得的语义和句法意义实现词的实数值向量表示。它是一个强大的工具,被广泛地用于现代自然语言处理任务中。要实现更高质量的自然语言处理任务,学习高质量的表示是至关重要的,但是"什么是好的词嵌入模型"仍然是一个悬而未决的问题。可以用现有的各种评估方法(或评估器)来测试词嵌入模型的质量。目前词嵌入的评估方法主要分为两大类,即外在评估(Extrinsic Evaluation)和内在评估(Intrinsic Evaluation),其中内在评估又可进一步分为两类,即绝对内在评估(Absolute Intrinsic Evaluation)和比较内在评估(Comparative Intrinsic Evaluation)。

8.4.1 外在评估

外在评估是指评估词嵌入模型在特定自然语言处理任务中的贡献。在这种评估方法中,词向量被用作下游任务的输入特征,并测量该任务特定性能指标的变化。优质的词向量应该对使用它的任务产生积极影响,然而,不同的任务可能对词向量的偏好有所不同,例如命名实体识别偏向抽取词向量语法信息,因此没有一种词向量能够在所有下游任务中都表现最佳,因此,针对不同的下游任务,应该尝试使用不同的词嵌入方法。

8.4.2 内在评估

内在评估是指对词嵌入模型本身的质量进行评估,而不依赖于特定的自然语言处理任务。这种评估方法直接测试单词之间的句法或语义关系,以此来衡量词嵌入模型的质量。通过内在评估,可以对不同的词嵌入模型进行比较和排序,以选择最适合特定任务的模型。

1. 绝对内在评估

绝对内在评估是一种直接衡量给定两个单词之间句法和语义关系的评估方法,可以从以下 4 个范畴进行评估。

1) 相关性(Relatedness)

将单词向量之间的距离与人类感知的语义相似性相关联。可以通过计算词嵌入之间的余弦相似度(Cosine Similarity)来计算单词向量之间的距离。

余弦相似度:给定两个词嵌入向量 $\boldsymbol{v}_i$ 和 $\boldsymbol{v}_j$,它们之间的余弦相似度可以表示为

$$\cos\_\text{sim}(\boldsymbol{v}_i,\boldsymbol{v}_j)=\frac{\boldsymbol{v}_i \cdot \boldsymbol{v}_j}{\|\boldsymbol{v}_i\| \ \|\boldsymbol{v}_j\|} \tag{8-3}$$

余弦相似度的取值范围为[−1, 1],值越接近 1 表示两个词嵌入向量越相似。

如图 8-5 所示,"猫""狗""知识"3 个词对比,通过词嵌入可以将词语由二进制的字符串

转变为向量的形式,通过计算不同向量之间夹角余弦值得出单词之间的相关性,如图 8-5,$\cos\theta > \cos\alpha$,即“狗”与“猫”的相似度大于“狗”与“知识”的相似度。

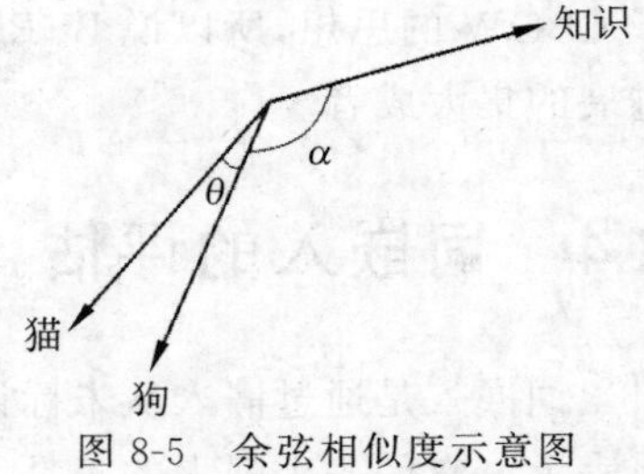

图 8-5 余弦相似度示意图

2) 类比性(Analogy)

对给定的单词 B,能否找到一个对应的单词 b,使 B 与 b 的关系能够类比另外两个已知词 A 与 a 的关系。用数学式表示为

$$A : a :: B : \_ \tag{8-4}$$

其中,空白是 b。例如

国王:男人 :: 女王:女人

可以使用 3CosAdd 方法来求解 b,3CosAdd 方法使用余弦相似度来归一化向量长度。余弦相似度越高意味着向量越相似,公式如下:

$$b = \underset{b^*}{\operatorname{argmax}}(\cos(b^*, a - A + B)) \tag{8-5}$$

3CosMul 方法也可用来求解 b,其中 $\varepsilon = 0.001$ 用于防止被零除。3CosMul 方法与求和前取每项的对数具有相同的效果。也就是说,小的差异被放大,而大的差异被抑制,因此,观察到 3CosMul 方法在不同方面提供了更好的平衡。

$$b = \underset{b^*}{\operatorname{argmax}} \frac{\cos(b^*, B)\cos(b^*, a)}{\cos(b^*, A) + \varepsilon} \tag{8-6}$$

3) 分类(Categorization)

评估词嵌入模型是否能够根据每个单词的词向量将其正确地聚类到相应的类别中。这可以通过将词向量聚类到有标记数据集的各个类别中,并计算每个簇的纯度实现。例如,给定任务将“汉堡”“包子”“咖啡”“茶”分为两类。首先,计算每个单词对应的向量,然后使用聚类算法将单词向量分成两个不同的类别,然后根据聚类的纯度定义一个性能指标,其中纯度是指每个聚类是否包含来自相同或不同类别的概念。

其中,常见的聚类算法如下。

(1) K-Means 聚类算法:将数据分成 K 个簇,每个簇的中心是所有属于该簇的数据点的平均值。

(2) 层次聚类算法:将数据分成若干个子集,每个子集都与原始数据中的某个点有关,并不断地将最相似的两个子集合并,直到所有数据点都聚成一个集合。

(3) DBSCAN 聚类算法:将数据点分成若干个簇,每个簇至少与两个邻居点不同,并尽可能地避免带状结构。

(4) 谱聚类算法:将数据点映射到高维空间中的一个点,并在这个空间中进行聚类。

(5) 密度峰值聚类算法:将数据点按照密度和距离进行排序,并选择合适的阈值将数据点分成不同的簇。

计算聚类纯度的一种常用方法是使用混淆矩阵和 NMI(Normalized Mutual Information,标准化互信息)指标。

首先,对于有标记数据集,已知每个样本的真实类别标签。对这些标签与聚类结果进行比较,计算混淆矩阵。混淆矩阵的第 i 行第 j 列表示将真实类别 i 的样本聚类到类别 j 的数量。

接下来,计算 NMI 指标。NMI 是一种评估聚类结果的指标,它度量的是聚类结果和真实类别标签之间的相似性。NMI 的值越接近 1,表示聚类结果越好。

具体的计算步骤如下:

(1) 计算混淆矩阵。

(2) 计算每个类别的纯度,即每个类别的样本被正确分配到该类别的比例。

(3) 计算每个聚类的纯度,即属于该聚类的样本被正确分配到该聚类的比例。

(4) 计算 NMI 指标,即聚类纯度和真实类别纯度之间的 NMI 值。

在实际计算中,通常使用某种形式的随机游走或投票机制来处理多标签问题,以便为每个聚类分配一个或多个类别标签。此外,为了计算 NMI 指标,需要知道每个类别的样本数量,以便进行归一化处理。

4) 选择倾向(Selection Preference)

评估词嵌入模型是否能够判断某个名词更倾向于作为某个动词的主语还是宾语。这可以通过计算名词和动词之间的选择性偏好得分,并将其与人类标注的选择性偏好得分进行比较实现。

内在评估通常涉及一组预先选择的查询词和与之语义相关的目标词,这些词被称为查询清单。在评估过程中会对所选查询词和与之相关的目标词集中的向量进行测试,并给出总分数。选择单词对的方式会对评估结果产生影响,因此在构建多样化数据集时,需要考虑单词的词频、词性,以及语言的抽象性和具体性等因素。

在度量指标的聚合方面,使用基于相关性的度量方法会聚合不同单词对的分数,然而,这些分数在嵌入空间中可能存在很大差异,因此,可以将相关性任务视为评估一组排名的任务,类似于信息检索中的排名评估。

更具体地讲,对于每个唯一的查询词 w 都有一个查询,并对词汇表中的所有其他词 v 进行排名。这也意味着需要在某种程度上对完全不相关的词对进行排序。例如,必须判断(猫,狗)是否比(香蕉,苹果)更相似。

2. 比较内在评估

在比较内在评估中,用户直接对词向量进行反馈,从而避免了指标定义的问题,然而,这种方法需要额外的主观测试资源,因此比较内在评估不如绝对内在评估那样受欢迎。

一个优质的词表示应该具备一些良好的属性。一个理想的词评估器应该能够从多个角度对词嵌入模型进行分析,然而,现有的评估器往往只强调某一方面,无论是有意的还是无意的。目前尚未有一个统一的评估器能够全面地分析词嵌入模型。这是因为不同的模型在不同的内在评估器上的表现并不总是一致的,因此,对于一个好的单词嵌入模型来讲,其黄金标准因不同的语言任务而异。

8.5 词嵌入的应用

词嵌入是一种将词汇表中的单词表示为稠密向量的技术，它在文本分类、命名实体识别、机器翻译、情感分析等自然语言处理任务中发挥着重要作用。以下是一些常见的应用方式。

(1) 文本分类：通过词嵌入模型将文本转换为数值向量，可以方便机器学习算法进行分类。例如，可以使用词嵌入和卷积神经网络或循环神经网络对电影评论进行情感分类。这些算法可以自动地提取文本中的特征，从而更好地理解文本内容。

(2) 命名实体识别：词嵌入模型可以提供关于单词的语义信息，这对于识别实体非常有用。在命名实体识别任务中，可以使用词嵌入和条件随机场或双向长短期记忆网络(BiLSTM)等模型进行实体识别。这些模型可以捕捉单词之间的语义相似性和关系，从而提供更好的实体识别性能。

(3) 机器翻译：词嵌入模型可以捕捉单词之间的语义相似性，从而提高机器翻译的性能。在神经机器翻译模型中，源语言和目标语言的单词都被映射到同一嵌入空间中。这样，模型可以更容易地学习如何将源语言中的单词映射到目标语言中相应的单词。例如，可以使用词嵌入和循环神经网络或变换器的神经机器翻译模型。

(4) 情感分析：词嵌入模型可以帮助捕捉单词之间的情感差异，从而提高情感分析的准确性。在情感分析任务中，可以使用词嵌入和卷积神经网络或长短期记忆网络等模型进行分析。这些模型可以自动地提取文本中的特征，从而更好地理解文本中的情感倾向。

总之，词嵌入在自然语言处理领域中发挥着越来越重要的作用，可以用于各种任务中，从而提高机器对文本数据的理解和处理能力。随着深度学习和自然语言处理技术的发展，词嵌入技术也将不断进步，为更多的自然语言处理任务提供更好的支持和帮助。

8.6 未来发展和趋势

随着深度学习和自然语言处理技术的不断进步，词嵌入技术也逐渐成熟。从早期的静态词向量，到现在的基于语言模型的动态词向量，词嵌入技术的发展经历了很大的变化。目前，基于大规模语料库和复杂神经网络的语言模型已经被广泛地应用于训练词向量。

然而，词嵌入模型的参数量仍然很大，这在一定程度上限制了其在实际应用中的部署和使用，因此，如何在保证算法性能的前提下尽可能地减少模型的参数量，将是未来词嵌入模型研究的热点方向。一些可能的研究方向包括改进模型架构以减少参数数量，采用更高效的训练方法和压缩技术，以及利用知识蒸馏等技术将大模型的知识迁移到小模型上。

8.7　本章小结

深度学习和词嵌入模型是自然语言处理领域的重要技术，它们可以有效地表征单词的语义和语法信息，并为下游任务提供有用的特征。本章介绍了两类词嵌入模型：静态词嵌入模型和动态词嵌入模型。静态词嵌入模型为每个单词分配一个固定的向量，不考虑单词的上下文，例如 Word2Vec、GloVe 和 FastText。动态词嵌入模型根据单词的上下文为其生成不同的向量，能够捕捉单词的多义性和复杂性，例如 ELMO、OpenAI-GPT 和 BERT。本章还介绍了深度学习中的词嵌入，包括 RNN、CNN、Transformer 等网络结构与词嵌入的结合，以及预训练大模型的词嵌入，如 GPT-3 和 XLNet。本章最后介绍了词嵌入的评估方法，分为外在评估和内在评估，以及词嵌入的应用场景，如文本分类、命名实体识别、机器翻译和情感分析，总结了词嵌入模型的发展历程和趋势，展望了词嵌入模型的未来方向和挑战。

第 9 章 基于深度学习的文本语义计算

9.1 节介绍基于深度学习的文本相似度计算任务。9.2 节介绍文本蕴含的概念、方法和发展趋势。9.3 节介绍文本重复的概念、类型和方法。9.4 节介绍文本冲突的概念、类型和方法。9.5 节介绍文本矛盾的概念、类型和方法。9.6 节介绍距离函数的概念及公式。9.7 节介绍基本的基于深度学习的相似度模型。9.8 节介绍 3 个有关相似度问题的实例。

基于深度学习的文本语义计算是指利用深度神经网络模型来理解和生成自然语言文本的含义的一种技术。文本语义计算的目的是让计算机能够更好地处理人类的语言，实现自然语言理解和自然语言生成功能。文本语义计算的应用领域包括机器翻译、信息检索、问答系统、文本摘要、文本分类、情感分析、对话系统等。

基于深度学习的文本语义计算的主要挑战是如何有效地表示文本的语义信息，以及如何利用这些信息对文本进行分析和生成。目前，常用的文本语义表示方法有以下几种。

(1) 分布式表示法：将文本中的词、短语或句子映射为高维的稠密向量，反映其在语义空间中的位置和关系。常见的分布式表示法有词嵌入、短语嵌入(Phrase Embedding)、句子嵌入(Sentence Embedding)等。

(2) 结构化表示法：将文本中的语法结构和语义关系抽象为树形或图形的结构，反映其在语义层次上的组织和依赖。常见的结构化表示法有依存树(Dependency Tree)、语义角色标注(Semantic Role Labeling)、语义依存图(Semantic Dependency Graph)等。

(3) 知识表示法：将文本中的实体、概念、属性、关系等知识元素抽象为符号化的逻辑形式，反映其在语义网络中的节点和边。常见的知识表示法有本体(Ontology)、语义网(Semantic Web)、知识图谱(Knowledge Graph)等。

基于深度学习的文本语义计算的主要方法是利用深度神经网络模型来学习和利用文本的语义表示，实现文本的理解和生成。目前，常用的深度神经网络模型有以下几种。

(1) RNN：能够处理序列数据的神经网络，通过循环的方式将前面的信息传递到后面，形成上下文的记忆。常见的 RNN 变体有 LSTM、GRU 等。

(2) CNN：能够处理网格数据的神经网络，通过卷积的方式将局部的信息整合到全局，形成层次的特征。常见的 CNN 变体有残差网络(Residual Network，ResNet)、空洞卷积

(Dilated Convolution)等。

(3) 注意力机制(Attention Mechanism):能够处理不同长度的数据的神经网络,通过注意力的方式将不同位置的信息加权求和,形成对齐的表示。常见的注意力机制有自注意力(Self-Attention)、多头注意力(Multi-Head Attention)、层次注意力(Hierarchical Attention)等。

(4) Transformer:能够处理任意结构的数据的神经网络,通过变换的方式将输入的信息映射到输出的信息,形成动态的表示。常见的变换器有 BERT、GPT 等。

基于深度学习的文本语义计算的主要发展趋势如下。

(1) 多模态文本语义计算:利用深度学习模型来处理和生成不仅包含文本,还包含图像、音频、视频等多种模态的数据,实现跨模态的语义理解和语义生成。

(2) 预训练与微调文本语义计算:利用深度学习模型在大规模的无标注或弱标注的文本数据上进行预训练,学习通用的语义表示,然后在特定的任务上进行微调,实现快速的语义适应和语义迁移。

(3) 可解释性文本语义计算:利用深度学习模型来解释和验证文本的语义信息,提高文本语义计算的可信度和可靠性,实现可解释的语义理解和语义生成。

9.1 相似度任务场景

5min

本章的目标任务是深入探讨基于深度学习的文本语义计算,特别关注文本语义的表示和相似度度量。接下来将介绍该任务的背景、重要性和挑战,以及一些主要的解决思路和方法。

文本语义计算是自然语言处理领域的一个核心任务。它涉及比较两个或多个文本片段之间的语义相似性,在信息检索、文本分类、情感分析、问答系统和推荐系统等应用中发挥着关键作用。传统的文本语义计算方法往往基于基本的特征工程,如 TF-IDF 和词袋模型,然而,这些方法难以捕捉文本的高阶语义信息和上下文关系,因此,引入深度学习技术,如 CNN、RNN 和 Transformer,已经在文本相似度计算任务中取得了显著的成功。

深度学习方法能够从大规模数据中学习文本的语义表示,以实现更准确的文本相似度计算。这对于信息检索、文档推荐、内容分类和情感分析等任务具有重要意义。通过深度学习,可以更好地处理语义和上下文信息,提高文本相似度计算的性能。

在基于深度学习的文本相似度计算任务中,存在以下关键难点。

(1) 语义表示:如何将文本片段映射为适合深度学习模型处理的语义表示是一个挑战。传统的文本表示方法可能不足以捕捉文本的语义。

(2) 训练数据:深度学习方法通常需要大规模标记数据进行训练,但获取高质量的文本相似度标签数据可能会耗费时间和资源。

(3) 多模态数据:某些任务需要考虑文本与其他模态数据(如图像、音频)之间的关系,这增加了任务的复杂性。

(4) 模型选择:选择适当的深度学习模型和架构是关键,因为不同任务和数据可能需要不同的模型结构。

为了应对上述难点，可以采用以下解决思路和方法。

(1) 深度学习模型选择：根据任务的性质选择适当的深度学习模型，如 Siamese Networks、BERT 等。这些模型可以用于学习文本的表示。

(2) 文本嵌入：使用预训练的文本嵌入模型，如 Word2Vec、GloVe 或 BERT，获取文本的表示。

(3) 监督学习：构建带有标签的文本相似度数据集，以便使用监督学习方法训练模型。

(4) 迁移学习：利用从大规模数据集上预训练的模型进行迁移学习，以提高文本相似度计算的性能。

(5) 多模态融合：对于包含文本和其他模态数据的任务，使用多模态模型来融合不同类型的信息。

通过综合应用上述方法，基于深度学习的文本相似度计算具有广阔的应用前景，可以提高各种自然语言处理任务的性能。

9.2 文本蕴含

7min

文本蕴含(Textual Entailment)是在自然语言处理中的一种重要任务，它涉及判断两个文本之间是否存在逻辑上的推理关系。文本蕴含的应用场景包括机器翻译、信息检索、问答系统、文本摘要等。本节将详细介绍文本蕴含的概念、方法和发展趋势。

文本蕴含的定义是：给定一个前提(Premise)文本和一个假设(Hypothesis)文本，如果根据前提文本能够推理出假设文本的真实性，就说前提文本蕴含(Entail)假设文本；如果前提文本和假设文本之间的真实性没有必然的联系，就说前提文本和假设文本是中立(Neutral)的；如果前提文本和假设文本之间的真实性是相互矛盾的，就说前提文本与假设文本相反(Contradict)。举例如下。

前提：一条狗在雪地里追逐飞盘。

假设：一只动物在寒冷的室外玩塑料玩具。

关系：蕴含(Entailment)，因为前提文本包含了假设文本的信息。

前提：一条狗在雪地里追逐飞盘。

假设：一只猫在沙滩上晒太阳。

关系：相反(Contradict)，因为前提文本和假设文本的信息是不一致的。

前提：一条狗在雪地里追逐飞盘。

假设：一条狗在雪地里玩耍。

关系：中立(Neutral)，因为前提文本和假设文本的信息没有必然的联系。

中文文本蕴含项目架构如图 9-1 所示。

文本蕴含的方法可以分为传统方法和深度学习方法两大类。传统方法主要依赖于人工设计的规则、特征和逻辑，深度学习方法主要利用神经网络模型来自动学习和利用文本的语

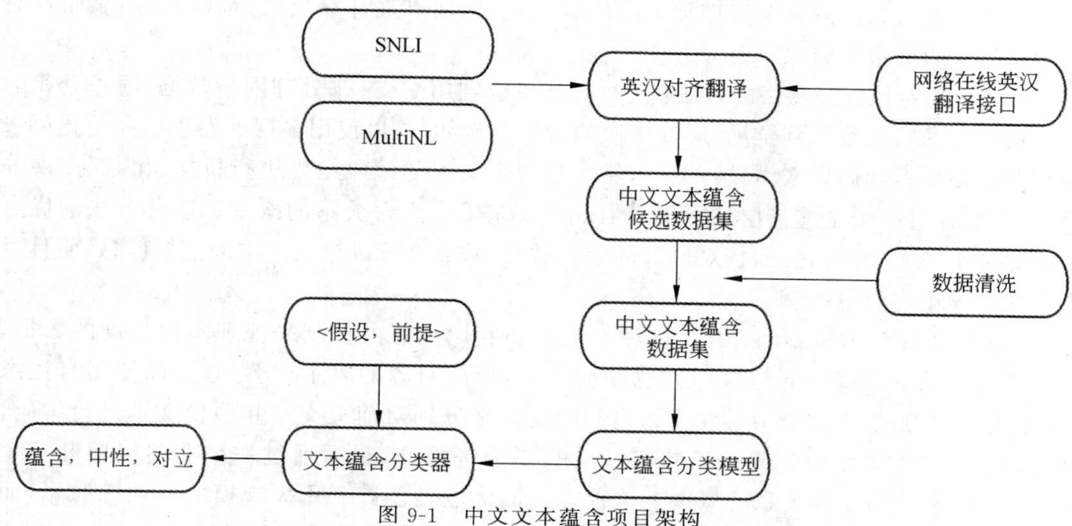

图 9-1　中文文本蕴含项目架构

义表示。

传统方法的主要思路是将文本蕴含问题转换为一个二分类或三分类问题，然后利用不同的技术来构建分类器。根据不同的技术，传统方法可以分为以下几种。

(1) 基于规则的方法：这种方法主要利用人工制定的语法、词汇、语义等规则来判断文本之间的蕴含关系。例如，如果前提文本和假设文本的主语、谓语、宾语等成分都相同，就认为存在蕴含关系。这种方法的优点是简单直观，缺点是规则的覆盖面有限，难以处理复杂和多样的文本。

(2) 基于特征的方法：这种方法主要利用人工提取的特征来表示文本之间的相似度或差异度，然后利用机器学习算法来训练分类器。例如，可以使用词袋模型、词向量、编辑距离、对齐分数等特征来描述文本之间的关系。这种方法的优点是能够利用数据的统计信息，缺点是特征的选择和组合需要大量的人工干预，难以捕捉文本的深层语义。

(3) 基于逻辑的方法：这种方法主要利用逻辑推理的工具来判断文本之间的蕴含关系。例如，可以使用自然语言理解的技术将文本转换为逻辑形式，然后使用逻辑推理的引擎来判断逻辑形式之间的蕴含关系。这种方法的优点是能够利用逻辑的严谨性，缺点是文本到逻辑的转化和逻辑的推理都是非常困难和不可靠的过程，容易出现错误和不一致。

深度学习方法的主要思路是利用神经网络模型来自动学习和利用文本的语义表示，然后利用神经网络模型来判断文本之间的蕴含关系。根据不同的神经网络模型，深度学习方法可以分为以下几种。

(1) 基于循环神经网络的方法：这种方法主要利用循环神经网络来处理序列数据，通过循环的方式将前面的信息传递到后面，形成上下文的记忆。例如，可以使用 LSTM 或 GRU 等 RNN 的变体来分别对前提文本和假设文本进行编码，然后对两个文本的编码结果进行拼接、相减、点乘等操作，最后通过一个全连接层和一个 Softmax 层来输出蕴含关系的概率。这种方法的优点是能够捕捉文本的时序信息,缺点是计算量大,难以并行化,而且对长距离的依赖关系不敏感。

(2) 基于卷积神经网络的方法:这种方法主要利用CNN来处理网格数据,通过卷积的方式将局部的信息整合到全局,形成层次的特征。例如,可以使用多层的卷积层和池化层来分别对前提文本和假设文本进行编码,然后对两个文本的编码结果进行拼接、相减、点乘等操作,最后通过一个全连接层和一个Softmax层来输出蕴含关系的概率。这种方法的优点是计算量小,易于并行化,而且对局部的信息敏感,缺点是难以捕捉文本的全局信息,而且对卷积核的大小和数量敏感。

(3) 基于注意力机制的方法:这种方法主要利用注意力机制来处理不同长度的数据,通过注意力的方式将不同位置的信息加权求和,形成对齐的表示。例如,可以使用自注意力、多头注意力、层次注意力等注意力机制的变体来分别对前提文本和假设文本进行编码,然后对两个文本的编码结果进行拼接、相减、点乘等操作,最后通过一个全连接层和一个Softmax层来输出蕴含关系的概率。这种方法的优点是能够利用大规模的预训练数据,而且对不同结构的数据都适用,缺点是模型的参数量大,而且需要大量的计算资源。

9.3 文本重复

文本重复(Textual Duplication)是指两个或多个文本之间存在高度的相似性或完全相同的情况。文本重复的检测和消除是在自然语言处理中的一种常见任务,它涉及文本的比较、匹配、去重等操作。文本重复的应用场景包括文本摘要、文本分类、文本聚类、文本生成等。本节将详细介绍文本重复的概念、类型、方法和工具。

文本重复的概念是:给定一个参考(Reference)文本和一个目标(Target)文本,如果目标文本的内容和参考文本的内容有很高的重合度,就说目标文本是参考文本的重复文本。文本重复的重合度可以用不同的指标来衡量,例如,词汇重合度、句法重合度、语义重合度等。文本重复的检测是指判断两个或多个文本之间是否存在重复的过程,文本重复的消除是指去除文本中的重复内容的过程。

文本重复是由多种因素导致的,其中一些是不可避免的,如网络抄袭、信息冗余、语言多样性等。网络抄袭是指在网络上复制或转载他人的内容,而不注明出处或引用来源。信息冗余是指在不同的文本中出现相同或相似的信息,而没有进行整合或去重。语言多样性是指不同的人使用不同的词汇或语法来表达相同的意思,或者使用相同的词汇或语法来表达不同的意思。

文本重复会对多方面产生影响,其中一些是负面的,如搜索引擎的排名、文本的质量、知识的传播等。搜索引擎的排名是指在搜索引擎中输入关键词后,返回的文本的排序。如果存在大量的重复文本,则会降低搜索引擎的效率和准确性,影响用户的体验和满意度。文本的质量是指文本的内容、结构、风格等方面的评价。如果存在大量的重复文本,则会降低文本的原创性和创新性,影响文本的价值和意义。知识的传播是指文本的作者和读者之间的信息交流和共享。如果存在大量的重复文本，则会造成知识的重复和浪费，影响知识的更新和发展。

文本重复的类型可以根据不同的维度来划分，例如，根据重复的范围、重复的程度、重复的原因等。以下是一些常见的文本重复的类型。

(1) 完全重复(Exact Duplication)：指两个或多个文本之间的内容完全相同，没有任何差异。例如，两篇文章的标题、作者、正文等都一样，这就是完全重复的文本。完全重复的文本重合度是 100%，是文本重复的一种极端情况。

(2) 部分重复(Partial Duplication)：指两个或多个文本之间的内容有部分相同，有部分不同。例如，两篇文章的标题或正文有一些相同的词语或句子，但是也有一些不同的内容，这就是部分重复的文本。部分重复的文本重合度是 $0<x<100\%$，这是文本重复的一种常见情况。

(3) 近似重复(Approximate Duplication)：指两个或多个文本之间的内容有一定的相似性，但是也有一定的差异。例如，两篇文章的标题或正文使用了不同的词语或句子，但是表达了相同的意思，这就是近似重复的文本。近似重复的文本重合度是 $0<x<100\%$，这是文本重复的一种复杂情况。

(4) 无重复(No Duplication)：指两个或多个文本之间的内容没有任何的相似性或相同性，完全不同。例如，两篇文章的标题或正文没有任何共同点，这就是无重复的文本。无重复的文本重合度是 0，这是文本重复的一种反例情况。

文本重复的解决方法是指利用计算机技术来去除或减少文本中的重复内容的方法，除了基于规则的方法、基于统计的方法，还有基于分布式的方法。基于分布式的方法主要利用文本的分布式表示来检测和去除文本中的重复内容，例如使用词向量、句向量、文档向量等技术。这种方法的优点是能够利用文本的上下文信息，缺点是难以解释文本的语义含义和内部结构。

9.4 文本冲突

文本冲突(Textual Conflict)是指两个或多个文本之间存在不一致或矛盾的情况。文本冲突的检测和解决是在自然语言处理中的一种常见任务，它涉及文本的比较、匹配、合并等操作。文本冲突的应用场景包括文本编辑、文本合作、文本修订等。本节将详细介绍文本冲突的概念、类型、方法和工具。

文本冲突的概念是：给定一个基准(Base)文本和两个或多个变体(Variant)文本，如果变体文本之间或变体文本与基准文本之间的内容有不一致或矛盾的地方，就说变体文本之间或变体文本与基准文本之间存在冲突。文本冲突的不一致或矛盾可以用不同的指标来衡量，例如，词汇不一致、句法不一致、语义不一致等。文本冲突的检测是指判断两个或多个文本之间是否存在冲突的过程，文本冲突的解决是指消除文本中的冲突内容的过程。

文本冲突的原因可以分为以下几类。

（1）数据源的差异：指不同的文本来源于不同的数据源，如不同的作者、不同的时间、不同的渠道等。不同的数据源可能具有不同的观点、立场、风格等，导致文本之间的不一致或矛盾。

（2）信息的不完整：指不同的文本包含的信息不完整或不充分，如缺少细节、缺少证据、缺少背景等。信息的不完整可能导致文本之间的歧义或误解。

（3）知识的不准确：指不同的文本反映的知识不准确或不正确，如存在错误、偏差、过时等。知识的不准确可能导致文本之间的错误或冲突。

文本冲突的影响可以分为以下几类。

（1）文本的可信度：指文本的真实性、准确性、客观性等方面的评价。如果存在文本冲突，则会降低文本的可信度，影响用户的信任和满意度。

（2）文本的可用性：指文本的有效性、有用性、适用性等方面的评价。如果存在文本冲突，则会降低文本的可用性，影响用户的利用和应用。

（3）文本的可学习性：指文本的教育性、启发性、普及性等方面的评价。如果存在文本冲突，则会降低文本的可学习性，影响用户的学习和发展。

文本冲突的类型可以根据不同的维度来划分，例如，根据冲突的范围、冲突的程度、冲突的原因等。以下是一些常见的文本冲突的类型。

（1）词汇冲突（Lexical Conflict）：指两个或多个文本之间的词汇有不一致或矛盾的地方。例如，两个文本使用了不同的词语或拼写来表示相同的意思，或者使用了相同的词语或拼写来表示不同的意思，这就是词汇冲突的文本。词汇冲突的文本可以用词袋模型、词向量、编辑距离等指标来度量。

（2）句法冲突（Syntactic Conflict）：指两个或多个文本之间的句法有不一致或矛盾的地方。例如，两个文本使用了不同的语法结构或标点符号来表达相同的意思，这或者使用了相同的语法结构或标点符号来表达不同的意思，这就是句法冲突的文本。句法冲突的文本可以用依存树、句法树、句法角色等指标来度量。

（3）语义冲突（Semantic Conflict）：指两个或多个文本之间的语义有不一致或矛盾的地方。例如，两个文本使用了不同的语义关系或逻辑推理来表达相同的意思，或者使用了相同的语义关系或逻辑推理来表达不同的意思，这就是语义冲突的文本。语义冲突的文本可以用语义网、知识图谱、语义角色等指标来度量。

文本冲突的解决方法是指利用计算机技术来分析和调和两个或多个文本之间的不一致或矛盾的方法。

基于统计的方法：这种方法主要利用数据的统计信息来检测和解决文本冲突问题，例如使用词频、共现、互信息等指标。这种方法的优点是能够利用大量的数据，缺点是难以捕捉文本的深层语义和语用信息。

基于分布式的方法：这种方法主要利用文本的分布式表示来检测和解决文本冲突，例如使用词向量、句向量、文档向量等技术。这种方法的优点是能够利用文本的上下文信息，缺点是难以解释文本的语义含义和内部结构。

9.5 文本矛盾

文本矛盾(Textual Contradiction)是指两个或多个文本之间存在相互排斥或否定的情况。文本矛盾的检测和消除是在自然语言处理中的一种常见任务,它涉及文本的比较、匹配、修正等操作。文本矛盾的应用场景包括文本摘要、文本生成、文本校对等。本节将详细介绍文本矛盾的概念、类型、方法和工具。

文本矛盾的概念是:给定一个前提(Premise)文本和一个假设(Hypothesis)文本,如果根据前提文本能够推理出假设文本的假性,或者根据假设文本能够推理出前提文本的假性,就说前提文本与假设文本相互矛盾。文本矛盾的假性可以用不同的指标来衡量,例如,词汇否定、句法否定、语义否定等。文本矛盾的检测是指判断两个或多个文本之间是否存在矛盾的过程,文本矛盾的消除是指消除文本中的矛盾内容的过程。

文本矛盾的原因可以分为以下几类。

(1) 语言的歧义:指不同的文本使用了相同或相似的语言,但是表达了不同或相反的意思。例如,两个文本都使用了“高”这个形容词,但是一个是指高度,另一个是指程度,这就可能造成文本矛盾。语言的歧义是由语言本身的多义性、模糊性、隐喻性等特点造成的,它会导致文本的理解困难和误解。

(2) 知识的不一致:指不同的文本反映了不同或相反的知识,如事实、观点、假设等。例如,两个文本都是关于某个事件的报道,但是一个是基于真实的证据,另一个是基于虚假的传言,这就可能造成文本矛盾。知识的不一致是由知识的来源、质量、更新等因素造成的,它会导致文本的推理错误和冲突。

(3) 逻辑的不合理:指不同的文本使用了不合理或错误的逻辑,如谬误、悖论、矛盾等。例如,两个文本都是关于某个论点的论证,但是一个是基于有效的论据,另一个是基于无效的论据,这就可能造成文本矛盾。逻辑的不合理是由逻辑的规则、方法、技巧等因素造成的,它会导致文本的调和困难和失败。

文本矛盾的影响可以分为以下几类。

(1) 文本的可信度:指文本的真实性、准确性、客观性等方面的评价。如果存在文本矛盾,则会降低文本的可信度,影响用户的信任和满意度。

(2) 文本的可用性:指文本的有效性、有用性、适用性等方面的评价。如果存在文本矛盾,则会降低文本的可用性,影响用户的利用和应用。

(3) 文本的可学习性:指文本的教育性、启发性、普及性等方面的评价。如果存在文本矛盾,则会降低文本的可学习性,影响用户的学习和发展。

文本矛盾的类型可以根据不同的维度来划分,例如,根据矛盾的范围、矛盾的程度、矛盾的原因等。以下是一些常见的文本矛盾的类型。

(1) 词汇矛盾(Lexical Contradiction):指两个或多个文本之间的词汇有相互排斥或否定的地方。例如,两个文本使用了相反的词语或同义的否定词语来表示不同的意思,这就是词汇矛盾的文本。词汇矛盾的文本可以用词袋模型、词向量、编辑距离等指标来度量。

(2) 句法矛盾(Syntactic Contradiction):指两个或多个文本之间的句法有相互排斥或否定的地方。例如,两个文本使用了不同的语气或时态来表达不同的意思,这就是句法矛盾的文本。句法矛盾的文本可以用依存树、句法树、句法角色等指标来度量。

(3) 语义矛盾(Semantic Contradiction):指两个或多个文本之间的语义有相互排斥或否定的地方。例如,两个文本使用了不同的语义关系或逻辑推理来表达不同的意思,这就是语义矛盾的文本。语义矛盾的文本可以用语义网、知识图谱、语义角色等指标来度量。

9.6 距离函数

6min

距离函数的概念最早可以追溯到公元前 3 世纪古希腊数学家欧几里得(Euclid)的著作《几何原本》。欧几里得在他的著作中提出了一种数学方法,用于测量点在空间中的相对位置和距离。他引入了坐标系和点之间的距离概念,这对后来的科学和工程领域的发展产生了深远的影响。

距离函数是用于度量两个对象(如数据点、特征向量、样本、实体等)之间的相似性或差异性的数学函数。不同的距离函数适用于不同的数据类型和任务。科研利用距离函数来帮助衡量和理解数据对象之间的相似性和差异性。随着数据科学和机器学习领域的快速发展,越来越多的距离函数被提出和用于不同领域,包括数据挖掘、机器学习、模式识别、图像处理、自然语言处理等。

9.6.1 欧氏距离

欧氏距离又称欧几里得度量,较早的文献称为毕达哥拉斯度量。欧氏距离的提出基于欧几里得对几何学和空间的研究,欧氏距离是一种用于测量多维空间中两点 A 和 B 之间的距离,其中 A 和 B 分别位于 n 维空间中。它基于勾股定理,用于计算两点之间的直线距离。

二维平面上有两个点(x_1,y_1),(x_2,y_2),两点之间的欧氏距离如下:

$$d_{12}=\sqrt{(x_1-x_2)^2+(y_1-y_2)^2} \tag{9-1}$$

三维空间有两个点(x_1,y_1,z_1),(x_2,y_2,z_2),两点之间的欧氏距离如下:

$$d_{12}=\sqrt{(x_1-x_2)^2+(y_1-y_2)^2+(z_1-z_2)^2} \tag{9-2}$$

n 维空间有两个点$(x_{11},x_{12},x_{13},\cdots)$,$(x_{21},x_{22},x_{23},\cdots)$,两点之间(两个 n 维向量)的欧氏距离如下:

$$d_{12}=\sqrt{\sum_{k=1}^{n}(x_{1k}-x_{2k})^2} \tag{9-3}$$

欧氏距离的特点如下:

欧氏距离的值永远是非负的,因为它是两点之间的距离。

当两点重合时,欧氏距离为 0。

欧氏距离的值越小，表示两点越接近，值越大表示两点越远。

欧氏距离作为一种距离度量方法，在不同情况下具有一些优点和缺点。

优点如下。

（1）应用广泛：欧氏距离被广泛地应用在各种领域，如数据挖掘、机器学习、图像处理、自然语言处理等。同时也是许多算法和方法的基础，如K-均值聚类、PCA（主成分分析）等。

（2）数学性质良好：欧氏距离满足三角不等式，对于许多算法和数据结构非常有用。同时因为它基于数值特征之间的差异度量，适用于连续数值型数据。

缺点如下。

（1）对异常值敏感：欧氏距离对异常值（离群值）非常敏感。如果数据中存在离群值，则它可能会显著地影响欧氏距离的计算结果，导致不准确的相似性度量。

（2）不适用于非数值数据：欧氏距离要求特征之间的度量单位一致，所以不适用非数值型数据，如文本、图像等类别数据。

（3）不适用于高维数据：在高维数据中，数据点之间的距离可能会变得相对稀疏，导致欧氏距离不再有效。

（4）不适合考虑特征权重：欧氏距离不考虑不同特征之间的权重，即它假定所有特征的重要性相等。这可能会导致在某些情况下忽略了一些关键特征。

总体来讲，欧氏距离是一种简单而有用的距离度量方法，适用于连续数值型数据和低维空间，但它对异常值敏感，在非数值型数据和高维数据方面存在局限性。在实际应用中，需要根据具体问题和数据类型来选择合适的距离度量方法，或者考虑对欧氏距离进行改进，以克服其局限性。

9.6.2 余弦距离

余弦距离（Cosine Distance）是一种度量两个向量之间的相似性的距离度量方法。被广泛地应用于文本相似度计算、向量空间模型、自然语言处理和推荐系统等领域。余弦距离是基于向量的夹角余弦值，通过衡量两个向量之间的方向相似性来确定它们的相似程度。

余弦相似度的定义公式如下：

$$\cos(\boldsymbol{A},\boldsymbol{B})=\frac{\boldsymbol{A}\cdot\boldsymbol{B}}{\|\boldsymbol{A}\|_2\|\boldsymbol{B}\|_2} \tag{9-4}$$

归一化后 $\|\boldsymbol{A}\|_2=1$，$\|\boldsymbol{B}\|_2=1$，$\|\boldsymbol{A}\|_2\|\boldsymbol{B}\|_2=1$。

余弦距离的公式如下：

$$\text{dist}(\boldsymbol{A},\boldsymbol{B})=1-\cos(\boldsymbol{A},\boldsymbol{B})=\frac{\|\boldsymbol{A}\|_2\|\boldsymbol{B}\|_2-\boldsymbol{A}\cdot\boldsymbol{B}}{\|\boldsymbol{A}\|_2\|\boldsymbol{B}\|_2} \tag{9-5}$$

余弦距离的特点如下。

（1）范围：余弦距离范围为0～1。值越接近1，表示两个向量的方向越相似；值越接近0，表示它们的方向越不相似。

（2）方向敏感：余弦距离是一种方向敏感的距离度量方法。它主要关注向量之间的夹角，而不仅关注向量的长度。

(3) 不受向量长度影响：余弦距离不受向量长度的影响。若向量的长度不同，但它们在方向上相似，则余弦距离仍然可以为其分配高相似度分数。

(4) 适用于高维数据：因为余弦距离主要考虑方向而不考虑距离，所以其在高维数据中表现较好。

余弦距离在不同情况下具有一些优点和缺点。

优点如下。

(1) 适用于文本相似度：余弦距离被广泛地用于文本相似度计算，特别是在自然语言处理领域。它能够有效地比较文档、句子或单词向量之间的相似性。

(2) 无关向量大小：余弦距离不受向量大小的影响，因此在不需要考虑向量的绝对大小时非常有用。

(3) 高维数据：适用于高维数据，因为它主要关注方向而不关注距离。

(4) 计算简单：余弦距离的计算相对简单，不需要复杂的数学运算。

缺点如下。

(1) 不适合考虑特征权重：余弦距离不适合考虑特征之间的权重，即它假定所有特征的重要性相等。在某些情况下，需要考虑特征的权重差异。

(2) 不适用于负值数据：余弦距离不适用于包含负值的数据，因为它无法处理向量之间的反向关系。

(3) 不考虑零值特征：余弦距离不考虑零值特征，因为它忽略了向量之间的共线性关系。

总体来讲，余弦距离是一种功能强大的距离度量方法，尤其适用于文本相似度和高维数据。另一方面，它在考虑特征权重和负值数据时存在局限性，因此在应用中需要根据具体情况进行选择。

9.6.3 马氏距离

马氏距离(Mahalanobis Distance)是一种用于度量多维数据之间的距离和相似性的方法。马氏距离考虑了数据不同维度之间的相关性和不同数据量纲造成的范围问题，允许在多维空间中测量数据点之间的距离。马氏距离在统计学、模式识别、机器学习和数据挖掘等领域得到广泛应用。

马氏距离的计算公式如下：

$$d=\sqrt{(\boldsymbol{x}-\boldsymbol{\mu})^{\mathrm{T}}\boldsymbol{\Sigma}^{-1}(\boldsymbol{x}-\boldsymbol{\mu})} \tag{9-6}$$

其中，$\boldsymbol{x}$ 表示待测数据点的特征向量，$\boldsymbol{\mu}$ 表示样本数据的均值向量，$\boldsymbol{\Sigma}$ 表示样本数据的协方差矩阵，$\boldsymbol{\Sigma}^{-1}$ 表示协方差矩阵的逆矩阵，T 表示矩阵的转置操作。

马氏距离的特点如下。

(1) 考虑协方差关系：由于马氏距离考虑了不同特征之间的协方差关系，所以可以在多维数据中更准确地测量数据点之间的距离。

(2) 适用于高维数据：马氏距离对高维数据适应良好，它考虑了特征之间的关联性，有助于避免维度诅咒问题。维度诅咒问题(Curse of Dimensionality)是指在高维空间中，数据点之间距离的增加和数据分布的稀疏性会导致许多计算和数据分析问题变得更加复杂的现象。这一问题的名称暗示了在高维度空间中，对数据进行处理和分析的困难程度就像受到了某种“诅咒”。

(3) 数据标准化：马氏距离对于数据的尺度和单位敏感，因此在使用前通常需要对数据进行标准化或归一化处理。

马氏距离在不同情况下具有一些优点和缺点。

优点如下。

(1) 权重自适应：适用于不同特征重要性不同的情况。马氏距离可以自适应地调整特征之间的权重，以此考虑它们之间的相关性。

(2) 适用于非球形数据分布：与欧氏距离不同，它考虑了协方差矩阵的影响。马氏距离能够处理非球形的数据分布。

缺点如下。

(1) 计算复杂度高：计算马氏距离时需要协方差矩阵的逆矩阵，这可能会在高维数据中导致计算复杂度较高。

(2) 样本不足问题：在样本数量较少的情况下，协方差矩阵的估计可能不准确，从而影响了马氏距离的计算效果。

(3) 需预估协方差矩阵：为计算马氏距离，要求有足够的数据样本以估计协方差矩阵。在某些情况下，协方差矩阵的估计可能不准确。

马氏距离的计算是建立在总体样本的基础上的，也就是说，如果将同样的两个样本放入两个不同的总体中，则最后计算得出的两个样本间的马氏距离通常是不相同的，除非这两个总体的协方差矩阵碰巧相同。除此之外，马氏距离要求总体样本数大于样本的维数，否则得到的总体样本协方差矩阵的逆矩阵不存在。

总之，马氏距离是一种考虑特征之间协方差关系的距离度量方法，适用于高维数据和非球形数据分布。它的优点在于能够充分地考虑数据的特性，但是其计算复杂度较高，对样本数量要求也比较高，同时需要对协方差矩阵进行估计。在实际应用中，选择使用马氏距离需要根据具体问题和数据情况来权衡其优缺点。

9.6.4 曼哈顿距离

曼哈顿距离(Manhattan Distance)也称为城市街区距离，是一种用于度量两点之间的距离的方法。曼哈顿距离得名于曼哈顿的街道网格，它测量两点之间沿坐标轴的距离，就像穿越曼哈顿的城市街道一样。以下是曼哈顿距离的详细介绍。

二维平面内有两点(x_1,y_1)和(x_2,y_2)，两点之间的曼哈顿距离如下：

$$d_{12}=|x_1-x_2|+|y_1-y_2| \tag{9-7}$$

三维空间内有两点(x_1,y_1,z_1)和(x_2,y_2,z_2)，两点之间的曼哈顿距离如下：

$$d_{12}=|x_1-x_2|+|y_1-y_2|+|z_1-z_2| \tag{9-8}$$

n 维空间内有两点（$x_{11},x_{12},x_{13},\cdots$）和（$x_{21},x_{22},x_{23},\cdots$），两点之间的曼哈顿距离如下：

$$d_{12}=\sum_{k=1}^{n}|x_{1k}-x_{2k}|^2 \tag{9-9}$$

曼哈顿距离的特点如下。

(1) 路径依赖：曼哈顿距离模拟了在城市街道上行走的路径，以此只能沿着坐标轴走，这是一种路径依赖的距离度量。

(2) 坐标轴上的距离：曼哈顿距离是坐标轴上的距离之和，不考虑直线距离，因此特别适合测量沿着网格或格子移动的路径距离。

(3) 非负值：因为曼哈顿距离是距离的度量，所以曼哈顿距离始终是非负值。

(4) 对离群值不敏感：与欧氏距离不同，曼哈顿距离对离群值不敏感，因只考虑坐标轴上的距离。

曼哈顿距离在不同情况下具有一些优点和缺点。

优点如下。

(1) 适用于路径规划：因为曼哈顿距离模拟了在城市街道上的行走路径，因此曼哈顿距离适合用于路径规划和导航系统。

(2) 适用于网格数据：因为曼哈顿距离可以测量像素之间的移动距离，因此在网格数据和图像处理中曼哈顿距离非常有用。

(3) 不受数据分布影响：曼哈顿距离不受数据分布的影响，适用于各种数据类型。

缺点如下。

(1) 不适用直线距离：曼哈顿距离不考虑点之间的直线距离，因此可能无法准确地测量实际物理距离，特别是在非坐标轴方向上的距离。

(2) 不适用于连续数值数据：曼哈顿距离主要用于测量坐标轴上的距离，对于连续数值型数据的计算使用欧氏距离更为合适。

总之，曼哈顿距离是一种路径依赖的距离度量方法，适合用于模拟在城市街道上行走的路径距离，特别适用于网格数据和路径规划，然而，对于其他类型的数据，需要选择合适的距离度量方法，这取决于具体问题和数据类型。

9.6.5 切比雪夫距离

切比雪夫距离(Chebyshev Distance)也称为切比雪夫度量、L∞度量，是一种用于度量两个点之间的距离的距离度量方法。它以俄罗斯数学家彼得·切比雪夫(Pafnuty Chebyshev)的名字命名，用于计算两个点之间的最大维度差异，即最大坐标差的绝对值。在国际象棋中，国王可以在直行、横行和斜行的方向上移动，每次移动可以走到相邻的 8 个方格中的任意一个，因此，国际象棋棋盘上的格子之间的最短距离（国王从一个格子走到另一个格子所需的最少步数）就是切比雪夫距离（L∞距离）。以下是切比雪夫距离的详细介绍。

二维平面内有两点(x_1, y_1)和(x_2, y_2)，两点之间的切比雪夫距离如下：

$$d_{12}=\mathrm{MAX}(|x_1-x_2|,|y_1-y_2|) \tag{9-10}$$

三维空间内有两点(x_1, y_1, z_1)和(x_2, y_2, z_2)，两点之间的切比雪夫距离如下：

$$d_{12}=\mathrm{MAX}(|x_1-x_2|,|y_1-y_2|,|z_1-z_2|) \tag{9-11}$$

n维空间内有两点$(x_{11}, x_{12}, x_{13}, \cdots)$和$(x_{21}, x_{22}, x_{23}, \cdots)$，两点之间的切比雪夫距离如下：

$$d_{12}=\mathrm{MAX}(|x_{1k}-x_{2k}|) \tag{9-12}$$

切比雪夫距离的特点如下。

(1) 最大维度差异：切比雪夫距离测量两点之间的最大维度差异，即两点之间在任何坐标轴上的最大距离差。

(2) 不考虑路径：与曼哈顿距离类似，切比雪夫距离不考虑路径，只关注坐标轴上的距离差。

(3) 非负值：因为切比雪夫距离是距离的度量，因此它始终是非负值。

切比雪夫距离在不同情况下具有一些优点和缺点。

优点如下。

(1) 简单直观：切比雪夫距离的计算，只需找出两点在各维度上的最大差异，非常简单和直观。

(2) 适用于各种数据类型：切比雪夫距离适用于各种数据类型，包括连续数值型数据和离散型数据。

(3) 最大距离度量：它是一种最大距离度量方法，特别是对于异常值检测方面非常有用。

缺点如下。

(1) 不适用考虑坐标之间的权重：切比雪夫距离不考虑坐标之间的权重，这在某些需要考虑不同维度的情况下可能不合适。

(2) 不考虑维度间的相关性：切比雪夫距离不考虑不同维度之间的相关性或协方差，可能无法捕捉多维数据的复杂结构。

总体来讲，切比雪夫距离是一种直观和简单的距离度量方法，适用于各种数据类型。它对于检测在不同维度上的最大差异及处理异常值具有优势，但在处理需要考虑权重或维度相关性的数据的情况下，需要选择其他合适的距离度量方法。

9.7 基于深度学习的相似度模型

6min

9.7.1 Siamese Networks

Siamese Networks 最早由 Yann LeCun 等人于 1994 年提出，一开始用于手写签名的验证。因为网络结构的分支看起来像暹罗猫的胡须，又称暹罗猫网络。该网络的设计受到了对比学习(Contrastive Learning)的启发,旨在学习如何比较输入的相似性。

Siamese Networks 的核心原理是学习如何比较两个输入之间的相似性或差异性。这通过训练网络来学习一个嵌入空间(Embedding Space)的表示,其中相似的输入在该空间中更加接近,而不相似的输入则更远。

Siamese Networks 的基本结构如图 9-2 所示。

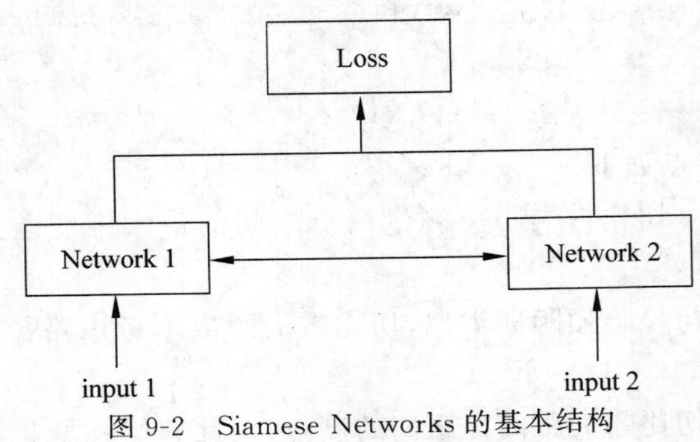

图 9-2 Siamese Networks 的基本结构

(1) 输入层：Siamese Networks 的输入是一对数据点,通常表示为两个输入。这两个输入可以是图像、文本、向量或任何其他类型的数据。两个输入分别被送到 Siamese Networks 的两个子网络中。

(2) 子网络：Siamese Networks 的两个子网络具有相同的结构和参数。子网络的目标是将输入数据编码成具有良好可比性的嵌入向量。每个子网络将输入数据映射到一个嵌入空间中。子网络的结构可以根据任务的要求而定,通常包括卷积层、全连接层和激活函数。

(3) 嵌入层：每个子网络的输出是一个嵌入向量,代表输入在嵌入空间中的位置。这些嵌入向量是用于之后的相似度比较的表示。

(4) 相似度度量：Siamese Networks 通常会计算两个嵌入向量之间的相似度或距离。这可以使用不同的度量方法,例如欧氏距离、余弦相似度或其他距离度量。这个度量值表示两个输入的相似性或差异性。

对比度损失：网络的输出通常用于计算对比度损失,这个损失函数用于优化网络的参数,使相似的输入对具有较小的损失值,而不相似的输入对具有较大的损失值。

训练过程：Siamese Networks 通过比较损失函数的输出对网络进行训练,以学习如何在嵌入空间中区分相似和不相似的输入。在训练过程中需要成对的样本,其中一对样本包括相似的输入,另一对包括不相似的输入。

整体来看,Siamese Networks 的结构是由两个相同的子网络组成的,这两个子网络在训练过程中共享权重。每个子网络接受一个输入,将输入映射到嵌入空间中,然后网络计算这两个嵌入向量之间的距离或相似度。网络的输出通常是一个表示输入对是否相似的分数。

Siamese Networks 具有一些优点：适用于度量学习和对比度学习任务,如人脸验证、签名验证、目标跟踪等;可以通过对比度损失(如三元损失或余弦损失)来训练,这有助于学习对输入之间的相似性进行度量；在小样本学习中表现良好，因为它可以通过比较样本对的方式进行训练。

但是，Siamese Networks 也存在一些缺点：在训练 Siamese Networks 时通常需要更多的数据和计算资源；网络结构的设计和超参数的选择可能需要经验和调整，以获得最佳性能；在大规模多类别分类问题中，与传统的卷积神经网络相比可能存在性能差距。

总体而言，Siamese Networks 已经在多个领域取得了显著的成功，并在深度学习中发挥着重要的作用。例如，人脸验证，即比较两个人脸图像以验证其是否属于同一人；签名验证，即验证手写签名的真实性；图像检索，即找到与查询图像相似的图像等。

9.7.2　Triplet Networks

Triplet Networks（三元组网络）是一种深度学习架构，旨在学习数据嵌入空间中的距离或相似度，以便进行度量学习和对比度学习。其概念可以追溯到度量学习和对比度学习的早期研究，但在深度学习领域的具体形式最早于 2006 年由 Hadsell、Chopra 和 LeCun 提出，他们旨在研究解决人脸验证问题，即如何确定两幅图像是否属于同一人。Triplet Networks 便是他们提出的用于训练深度神经网络来学习嵌入空间中的相似性的方法。

Triplet Networks 通常由以下组成部分构成，如图 9-3 所示。

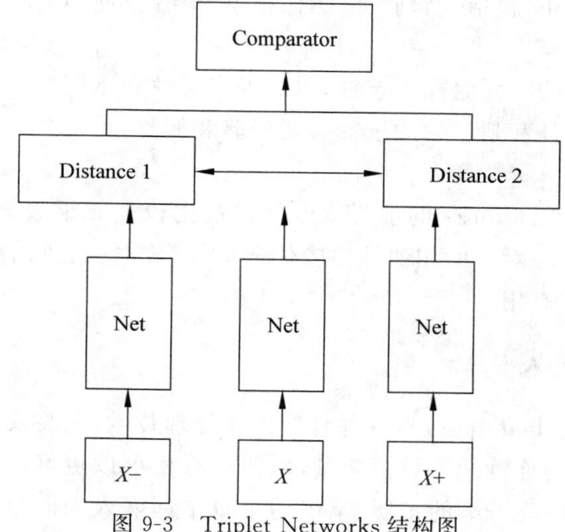

图 9-3　Triplet Networks 结构图

（1）输入层：接收 3 个数据点，即锚点（Anchor）、正例（Positive）和负例（Negative）。锚点是一个查询数据点或待比较的对象，正例是与锚点相似的数据点，而负例是与锚点不相似的数据点。

（2）子网络：每个数据点通过一个子网络映射到嵌入空间中。这些子网络通常共享参数，以便学习相似性的表示。

（3）嵌入层：每个子网络的输出为嵌入向量，它们代表了数据在嵌入空间中的位置。

(4) 三元组损失层：使用嵌入向量来计算三元组损失，该损失对锚点-正例距离和锚点-负例距离进行比较，以优化网络参数。

从整个流程上来看，Triplet Networks 通过三元组(Triplets)来训练网络。Triplet Networks 的训练目标是使锚点和正例之间的距离尽可能小，同时使锚点和负例之间的距离尽可能大。这通过定义一个损失函数实现，通常称为"三元组损失"(Triplet loss)。

通常，Triplet Loss 的公式如下：

$$\text{Triplet Loss} = \max(0, \| f(\text{anchor}) - f(\text{positive}) \|^2 - \| f(\text{anchor}) - f(\text{negative}) \|^2 + \text{margin}) \tag{9-13}$$

其中，f(anchor)表示锚点数据点通过网络映射到嵌入空间的向量；f(anchor)表示正例数据点的嵌入向量；f(anchor)表示负例数据点的嵌入向量；$\| \boldsymbol{x} \|^2$表示向量 $\boldsymbol{x}$ 的欧氏距离的平方；margin 是一个预定义的边界，用于控制锚点和负例之间的距离不应小于锚点和正例之间的距离。

同时 Triplet Networks 具有以下优缺点。

优点如下：

(1) 能够有效地学习嵌入空间中的相似性，适用于度量学习和对比度学习任务。

(2) 在小样本学习中表现良好。

(3) 适用于各种应用，包括人脸验证、图像检索、语音验证和文本相似性检查等任务。

缺点如下：

(1) 训练需要合理的三元组样本选择，以确保多样性和难度。

(2) 网络结构的设计和超参数的选择需要经验和调整。

(3) 需要更多的计算资源和训练时间。

总体而言，Triplet Networks 的主要特点是通过比较三元组数据点的方式来学习数据的相似性。它通常用于一对一的相似性比较任务，强调数据点之间的相对关系，尤其在需要度量学习的任务中非常有用。

9.7.3 文本嵌入

文本嵌入(Text Embeddings)是一种自然语言处理技术，它将文本数据(如句子、段落、文档或文本片段)映射为连续的实数值向量，以便计算机可以更好地理解和处理文本信息。文本嵌入是 Word Embeddings 的扩展，不仅用于将单词嵌入为向量，还可以用于将整个文本嵌入为向量。

文本嵌入的原理与 Word Embeddings 相似，其核心思想是将文本映射到一个多维向量空间，以便在该空间中表示文本的语义和上下文信息。这样的表示可以捕捉文本之间的语义关系和相似性，从而提高文本处理任务的性能。

生成文本嵌入的方法多种多样，其中一些常见的方法如下。

(1) Word Embeddings 模型：首先使用预训练的该模型(如 Word2Vec、GloVe)获取每个单词的向量表示，然后将这些单词的向量组合成文本向量，通常通过平均值或加权平均值等计算进一步得到文本的向量表示。

(2) 深度学习模型：使用深度学习技术，如卷积神经网络或循环神经网络，将文本序列映射为连续向量。这些模型可以学习文本的层次特征和语义信息。

(3) BERT：BERT 是一种预训练的深度学习模型，它在大规模文本数据上进行自监督学习，生成了高质量的文本嵌入，如图 9-4 所示。

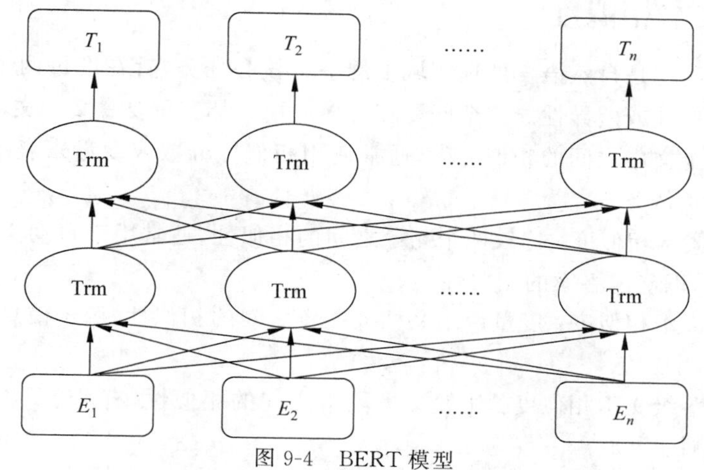

图 9-4 BERT 模型

通常，文本嵌入以一个文本表示为一个连续的向量。文本嵌入的结构可以是单一的向量或多维的矩阵。例如，使用 Word Embeddings 生成的文本嵌入通常是一个向量，而使用深度学习模型生成的文本嵌入可以是一个矩阵。

同时文本嵌入具有以下优缺点。

优点如下：

(1) 文本嵌入提供了文本的连续表示，可以捕捉文本的语义信息，提高了自然语言处理任务的性能。

(2) 预训练的文本嵌入模型可以用于多个自然语言处理任务，提高了模型的通用性。

(3) 可减少特征维度，提高模型的效率。

缺点如下：

(1) 文本嵌入的质量受到文本预处理、数据质量和训练方法的影响。

(2) 对于特定领域的文本，通用文本嵌入可能不如专门训练的嵌入效果好。

(3) 文本嵌入可能无法捕捉一些复杂的语义关系和上下文信息。

文本嵌入与文本相似度密切相关。文本嵌入技术生成了文本的连续向量表示，这些向量可以用于计算文本之间的相似度或距离。文本相似性任务通常涉及将两个文本嵌入向量进行比较，以确定它们之间的相似程度。余弦相似度和欧氏距离等距离度量方法常用于计算文本相似度。文本嵌入为文本相似性比较提供了更强大的特征表示，从而改善了模型的性能。

总体而言，文本嵌入是自然语言处理领域的重要工具，可以将文本数据转换为连续向量表示，提高文本处理的效果。它可以用于文本相似性比较、文本分类、文本生成和其他自然语言处理任务。

9.8 相似度问题实例

6min

9.8.1 文本相似度

文本相似度问题是自然语言处理领域中的一个核心任务，旨在度量两个或多个文本片段之间的语义相似性或差异性。这个问题在许多应用中都有重要意义。文本相似度问题旨在确定两个或多个文本之间的相似程度，通常使用相似性分数或度量来表示。这个任务可以分为以下几种子任务。

9min

（1）句子级文本相似度：比较两个句子之间的相似性，通常用于自动文本摘要、机器翻译和问答系统中，以确定答案的相关性。

（2）文档级文本相似度：度量两个文档或文章之间的相似性，用于信息检索、文档分类和文档推荐等应用。

（3）文本段落级文本相似度：比较文本段落之间的相似性，有助于了解段落之间的相关性或情感一致性。

（4）实体级文本相似度：用于比较文本中的命名实体（如人名、地名、产品名）之间的相似性，有助于实体链接和实体关系抽取。

文本相似度问题的实例流程结构图如图9-5所示。

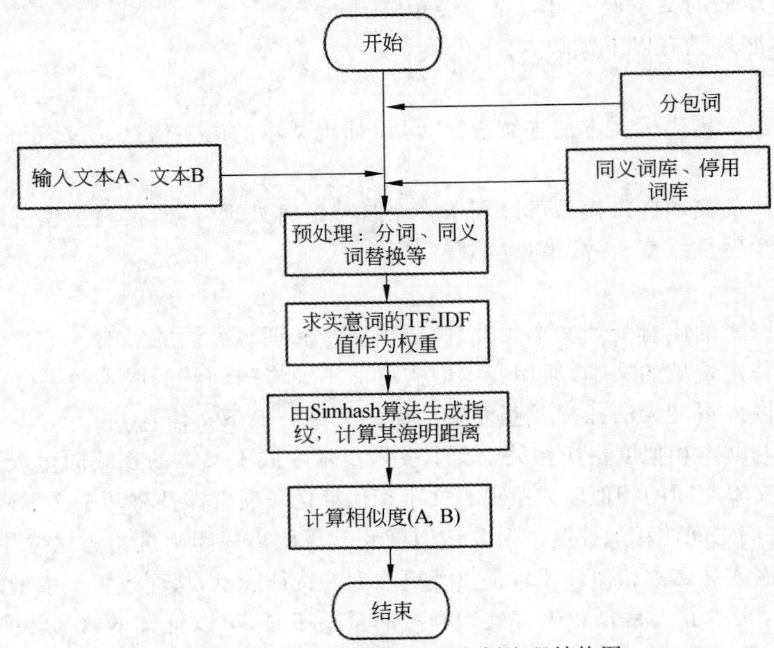

图9-5 文本相似度问题的实例流程结构图

文本相似度是文本挖掘和自然语言处理领域的关键任务之一，涉及度量两个或多个文本之间的语义相似性或相关性。下面为一些文本相似度的实例：

（1）文档检索是一个重要的应用场景，涉及将用户的查询与文档库中的文档进行比较，以找到最相关的文档。文本相似度用于确定查询与文档之间的语义相似性，以便对文档进行排名和检索。例如当用户在搜索引擎中输入查询所需要的资料时，文本相似度可以用于确定不同文档（如科学论文、博客文章和教育材料）与查询的相关性，以提供最相关的搜索结果。

（2）问答系统：在问答系统中，文本相似度可以用于比较用户的问题与知识库中的问题或答案之间的相似性，以找到最相关的答案。

这些实例突显了文本相似度的广泛应用，它有助于提高信息检索、文本分类、推荐系统和各种自然语言处理任务的性能。为了完成这些任务，研究人员和从业者通常使用各种文本嵌入技术和深度学习模型，以捕捉文本之间的语义关系。

9.8.2 图像相似度

图像相似度对比有以下 3 种方法。

（1）图像匹配：在医学影像、遥感图像等领域，图像相似度用于匹配相似区域或结构，以帮助诊断、监测变化或进行地图制作。

（2）图像生成的评估：在生成式对抗网络（GAN）等生成模型中，图像相似度用于评估生成图像与真实图像之间的相似性，以提高生成图像的质量。

（3）行为识别：在视频分析中，图像相似度可用于比较视频帧，从而实现行为识别和动作分析。

图像相似度对比方法与流程如图 9-6 所示。

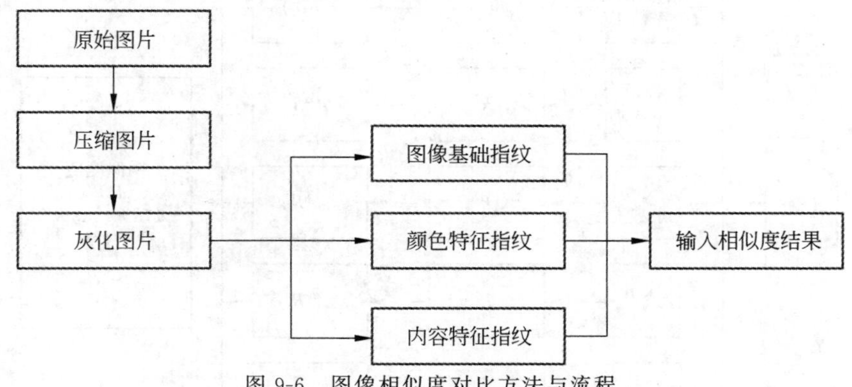

图 9-6　图像相似度对比方法与流程

图像相似度具有多种解决方案。

（1）局部对齐模型：引入局部对齐机制，使模型能够在图像中对准相似的区域，以更精确地捕捉相似性。

（2）迁移学习：利用在大规模图像数据集上预训练的模型，通过微调或特定任务的迁移，提高图像相似度任务的性能。

（3）多尺度表示：融合不同尺度的特征表示，以处理图像中物体的不同大小和位置，从而更全面地捕捉图像的语义信息。

（4）对抗性训练：引入对抗性训练，使模型更具稳健性，能够处理图像中的变换、扭曲或噪声，提高相似性度量的稳健性。

（5）自监督学习：利用图像本身的信息进行监督学习，例如通过图像的不同裁剪、旋转等变换生成正负样本对，用于训练相似度模型。

图像相似度问题在计算机视觉领域中有着广泛的应用，不仅涉及基础的图像对比和检索，还包括对图像语义的深度理解和多模态信息的整合。解决这些问题需要综合运用传统图像处理技术和深度学习方法，以适应不同的应用场景。

9.8.3 音频相似度

音频相似度问题涉及度量两个或多个音频片段之间的语音特征相似性或差异性。这个任务在语音处理和音频分析领域中有着广泛的应用。以下是一些音频相似度问题的实例。

（1）语音检索：在大型语音数据库中检索与用户提供的语音查询相似的语音片段，用于实现语音信息检索。

（2）说话人识别：通过比较两个语音样本的相似度进行说话人识别，以确定是否为同一位说话人。

（3）音乐相似度：对音乐片段进行相似度度量，用于音乐推荐、歌曲匹配和音乐检索。

一种基于多种声音特征的相似度计算方法与流程如图 9-7 所示。

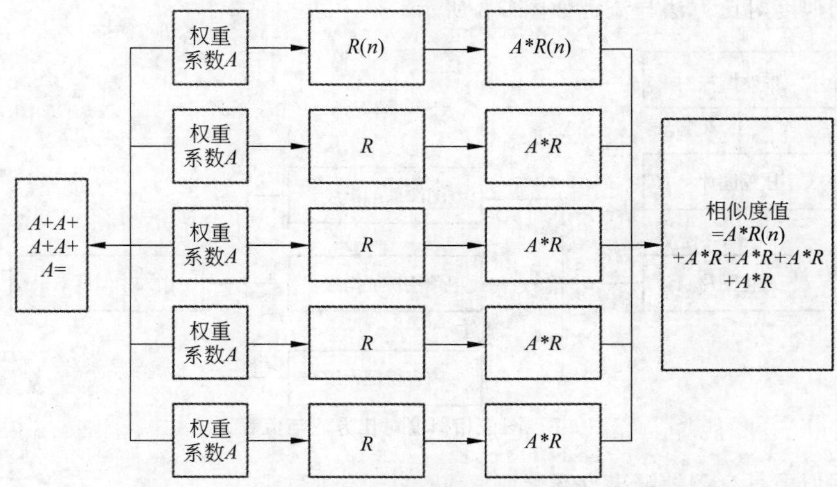

图 9-7　一种基于多种声音特征的相似度计算方法与流程

音频相似度具有多种解决方案。

(1) MFCC 特征匹配：使用梅尔频率倒谱系数(MFCC)等声学特征提取方法，通过比较特征向量之间的距离来度量音频相似度。

(2) 动态时间规整(DTW)：用于比较两个音频序列之间的相似性，尤其适用于处理音频中的时间拉伸和压缩。

(3) 深度学习模型：使用卷积神经网络(CNN)、循环神经网络(RNN)或注意力机制等深度学习模型来提取音频特征，并通过学习相似度度量来解决音频相似度问题。

(4) 概率模型：基于概率建模的方法，如高斯混合模型(GMM)或隐马尔可夫模型(HMM)，用于建模音频的概率分布。

(5) 端到端学习：使用端到端的深度学习模型，例如语音识别中的连接时序分类(CTC)或使用 Transformer 架构，以直接学习音频片段之间的映射关系。

(6) 声纹识别：在说话人识别任务中，通过提取语音信号的声纹特征，如基于 i-vectors 的方法或使用深度学习进行声纹嵌入。

(7) 环境音相似度：在环境音场景中，度量不同音频片段之间的相似度，用于环境音场景分析、声音事件检测等。

解决音频相似度问题需要综合考虑声学特征、时间序列信息及深度学习等方法，以满足不同应用场景中的需求，如语音识别、音乐推荐和说话人识别等。

9.9 本章小结

基于深度学习的文本语义计算是一种利用深度学习模型实现文本语义分析、理解和表达的方法，它具有处理复杂且多样化的自然语言问题、利用海量且多源异构数据进行训练和推理、实现端到端或半端到端地完成任务等优点，但也面临着数据质量和规模、模型设计和参数选择、模型可解释性和可信赖性等挑战。基于深度学习的文本语义计算是自然语言处理领域的一个重要和前沿的研究方向，对于提高信息检索、问答、对话、摘要等应用的效果和质量具有重要的意义和价值。

其中，文本语义计算可以应用于各种自然语言处理任务，如信息检索、问答、对话、摘要等，为用户提供更加智能和高效的服务。例如，信息检索系统可以根据用户的查询意图和语境，从海量的文档中检索出最相关和最有价值的结果；问答系统可以根据用户提出的问题，从知识库或其他数据源中检索出相关答案，并以自然语言形式呈现给用户；对话系统可以根据用户的输入和反馈，生成流畅和合理的回复，并与用户进行交互；摘要系统可以从原始长篇文档中提取出关键信息，并生成简洁且完整的摘要。

文本语义计算作为自然语言处理领域的一个重要分支，其发展历程可以分为以下几个阶段：第一阶段是基于规则或统计方法的文本分析，主要依赖于人工编写或采集大量的规则或统计模型实现文本分类、相似度、生成等任务；第二阶段是基于机器学习方法的文本分析，主要利用机器学习模型来自动学习文本特征和规律，从而实现更加准确和灵活的文本分析任务；第三阶段是基于深度学习方法的文本分析，主要利用深度学习模型来构建复杂且强大的神经网络结构，从而实现更加高效和通用的文本分析任务。目前，深度学习方法已经成为文本语义计算领域最主流和最先进的方法之一。

尽管深度学习方法在文本语义计算领域取得了显著的进步和优势，但也存在着一些挑战和问题，如数据质量和规模、模型设计和参数选择、模型可解释性和可信赖性等。这仍需要进一步研究。

第10章 基于深度学习的文本分类

本章将介绍基于深度学习的文本分类方法的基本原理、常见模型和技术，探讨其在不同领域的应用。10.1节对文本分类从任务背景、理论思想、数据预处理、特征处理、形式定义、评测与评价来概述。10.2节介绍3种常见的神经网络模型的文本分类方法，分别为CNN的文本分类、RNN的文本分类、LSTM的文本分类方法。10.3节主要介绍Transformer的文本分类，从人类的注意力引入，接着介绍Attention的本质思想、工作原理和应用，最后引出Transformer的文本分类。10.4节主要介绍两种预训练模型的文本分类的方法：GPT模型和BERT模型。10.5节是对本章内容的小结部分。

10.1 文本分类概述

3min

随着数字化时代的到来和互联网的普及，大量的文本数据被海量地生成和传播，这些数据包含了丰富的信息和知识，但是，如何从这些海量的文本数据中提取有用的信息并进行有效分类成为一个挑战。文本分类作为自然语言处理和信息检索领域的重要任务，旨在通过自动化方法将给定的文本归类到预先定义的类别或标签中，帮助人们更好地理解和处理文本信息。传统的文本分类方法往往基于规则和特征工程，需要依靠人工定义和选取特征。这种方式存在着特征选择困难、泛化性能低等问题，而基于深度学习的文本分类方法则通过具有强大表达能力的深度神经网络模型，能够自动学习文本中的抽象特征，避免了烦琐的特征工程，并在许多实际应用中取得了令人瞩目的成果。

10.1.1 文本分类任务背景

随着互联网和社交媒体的发展，大量的文本数据被生成和积累。处理和理解这些海量的文本数据对人力而言不可行，这就需要机器学习和自然语言处理技术的支持。文本分类作为自然语言处理的核心任务之一，可以帮助我们快速准确地对文本进行分类和分析，从而提取有价值的信息。信息检索：在搜索引擎中，文本分类用于将用户的查询与各类网页、文章进行匹配，以提供准确的搜索结果。通过将文本分类应用于信息检索，可以提高搜索引擎的精确度和覆盖率,使用户更快地找到所需信息。它可以应用于许多场景,例如在情感分析中:文本分类在情感分析中起着重要作用,可以帮助我们确定文本的情感倾向,如正面、负面或中性。这对于企业品牌监控、市场调研及社交媒体舆情分析等方面具有价值。垃圾邮件过滤:垃圾邮件是每天都会出现在用户电子邮箱中的问题之一。文本分类可以自动识别和过滤垃圾邮件,提高用户的信息安全和工作效率。主题分类:在大规模文本数据集中,往往需要对文本进行主题分类,以便有效地进行管理和检索。主题分类可以应用于图书馆、新闻网站、科学研究等领域,为用户提供快速准确的信息检索服务。社交媒体分析:社交媒体平台上产生了大量的用户生成内容,如微博、评论、推文等。文本分类可以用于社交媒体分析,从用户生成的文本中了解用户喜好、产品反馈、舆论趋势等信息,帮助企业优化产品和营销策略。文本分类作为一项重要的自然语言处理任务,可以帮助我们理解和处理海量的文本数据,并从中提取有价值的信息。它在信息检索、情感分析、垃圾邮件过滤、主题分类等多个领域有广泛应用。随着文本数据的不断增长,文本分类将继续发挥重要作用,为各种应用场景带来更多价值。

10.1.2 文本分类理论思想

文本分类是指将文本集合按照预先定义的类别标签划分到不同的类别中,是文本挖掘和自然语言处理中的一个重要任务,其基本原理可以概括为以下两个步骤:特征提取和表示,对于每个文本,需要从中提取出最能代表它特征的信息。在文本分类中,常见的特征表示方法有基于词频的词袋模型和基于词频和逆文档频率的 TF-IDF 模型。一般来讲,选择哪种模型应该根据实际需求和数据集的情况来决定,同时也需要进行特征选择,筛选出具有代表性和区分性的特征词语或短语。分类算法:在文本分类中分类算法有很多种,例如朴素贝叶斯、支持向量机、决策树、神经网络等。分类算法的目标是通过样本训练来建立类别判别规则,将新的、未知的文本分配到具体的类别中。通常,为了提高分类的准确性,选择合适的分类算法及相应的训练方式和参数非常重要。

综上所述,文本分类的基本原理就是首先对获得的数据集特点进行数据预处理,之后提取出文本的有效特征,然后利用分类算法对拥有类别标签的文本进行模型训练,最终将新的、未知的文本分配到其预测的类别中。

10.1.3 文本数据预处理

当获得数据时首先会对数据集内容进行分析,只有充分了解了数据集才能进行下一步的数据预处理,但是文本分析和数据预处理通常是同步进行的,所以下面描述几种常见的文本数据预处理的方法。

(1) 去除噪声和特殊字符:去除文本中的特殊字符、HTML 标签、URL 链接等干扰信息,可以使用正则表达式或字符串处理方法进行替换或删除。去除无关的停用词(如常见的介词、连词等),可以使用现成的停用词库进行筛选或自定义停用词列表。

(2) 文本分词:对于中文文本,需要进行分词处理,将连续的文本切分成离散的词语。

可以使用中文分词工具(如 jieba、HanLP)进行分词操作。对于英文文本,可以使用空格或者标点符号简单地进行分割。

(3) 处理大小写和词形:统一将文本转换为小写形式,以避免大小写带来的特征重复。对于某些语言,可以进行词形还原或词干提取,使不同的词形归纳为同一种基本形式。例如,将 running、runs 等形式都还原为 run。

(4) 去除低频词和高频词:低频词往往在文本分类任务中没有提供足够的信息,可以通过设置一个阈值或者使用统计方法删除出现次数较低的词语。高频词(如常见的停用词)可能在不同的文本中都会频繁出现,对于分类任务帮助较小,可以考虑将其从词汇表中去除。

(5) 文本向量化:将分词后的文本转换为计算机能够理解的向量形式,常用的向量化方法包括词袋模型和 TF-IDF 模型。词袋模型将文本表示为固定大小的向量,统计每个词语的出现次数。TF-IDF 模型考虑了词语在文本集合中的重要性,通过计算词语的词频和逆文档频率来构建向量。

但是上述是一般的文本数据预处理步骤,根据不同的任务和需求,可能还会有其他特定的处理步骤,这就需要具体问题具体分析了。

10.1.4 文本特征处理

当涉及使用文本数据进行机器学习任务时,由于模型无法直接处理文本数据,因此需要将文本数据转换为数值形式的特征。这个过程称为文本特征处理。文本特征处理的目标是捕捉文本中的语义和结构信息,并将其转换为向量或矩阵的形式,以便用于机器学习模型的训练和预测。下面介绍几种常见的文本特征处理方法。

(1) 词袋模型:词袋模型将文本看作一个词语的集合,忽略了词语之间的顺序和结构,仅关注每个词语在文本中出现的次数或频率。首先构建一个词汇表,对所有出现的词语进行编号,然后对每个文本,统计每个词语在其中出现的次数或频率,构成一个固定长度的向量表示。

(2) TF-IDF 模型:TF-IDF 考虑了词语在文本中的重要性,通过计算词频和逆文档频率来确定每个词语的权重。词频(TF)表示词语在文本中出现的次数或频率,逆文档频率(IDF)表示词语在整个文本集合中的重要性。最终的向量表示是由每个词语的 TF 乘以 IDF 得到的。

(3) Word2Vec:Word2Vec 是一种基于神经网络的词向量表示方法,用于将每个词语表示为一个固定长度的向量。Word2Vec 通过训练模型,在大规模语料库中学习到词语的分布式表示,使具有相似语义的词语在向量空间中距离较近。可以通过将每个文本中词语的向量进行平均或加权求和得到整个文本的向量表示。

(4) GloVe:GloVe 也是一种基于全局词向量的表示方法,通过利用词语的共现统计信息进行模型训练。GloVe 的思想是通过构建词语之间的共现矩阵,并通过优化目标函数来使词向量能够同时满足词语关联信息和线性关系的性质。可以通过对每个文本中词语的向量进行平均或加权求和得到整个文本的向量表示。

以上方法都将文本数据转换为数值形式的特征，从而使机器学习模型可以对其进行处理。选择何种文本特征处理方法取决于具体的任务和数据集。

10.1.5 文本分类的形式化定义

在早期，文本分类主要使用基于词袋模型的特征表示和传统机器学习算法进行分类。这里，文本数据首先会被转换成基于词频或 TF-IDF 值的向量表示，然后利用朴素贝叶斯、支持向量机或决策树等算法进行分类。这种方法简单直观，但局限性在于无法捕捉词语之间的顺序信息及上下文语境。

1. 支持向量机

支持向量机是一种用于分类和回归任务的监督学习模型。它的主要思想是找到一个最优的超平面来将不同类别的样本分隔开。在 SVM 中，每个样本被表示为一个特征向量，并且每个特征都具有相应的权重。SVM 的目标是找到一个超平面，使在该超平面上离两个不同类别样本最近的点之间的距离最大化，这些最近的点被称为“支持向量”。这种最大化间隔的方法可以提高模型的泛化能力，使其对新样本的分类效果更好。

SVM 的工作原理可以简要概括如下。

(1) 特征转换：将输入数据映射到高维特征空间中，以便更好地分隔不同类别的样本。这种映射通常通过核函数(Kernel Function)实现，常用的核函数包括线性核、多项式核和高斯核等。

(2) 寻找最优超平面：在高维特征空间中，寻找一个最优的超平面来将不同类别的样本分开。最优超平面的选择是通过最大化间隔实现的，即最大化支持向量到超平面的距离。

(3) 分类决策：对于新的未标记样本，通过将其映射到特征空间并根据其在超平面上的位置进行分类决策。

除了用于分类任务的 SVM，还有用于回归任务的 SVR。SVR 的目标是找到一个超平面，使样本点与该超平面之间的距离最小化。

SVM 具有以下优点。

(1) 在高维空间中有效：通过核函数，SVM 可以在高维特征空间中进行非线性分类，适用于复杂的数据分布。

(2) 稳健性强：SVM 通过最大化间隔来选择最优超平面，因此对于一些噪声和异常点具有较好的稳健性。

(3) 泛化能力强：SVM 的最大化间隔方法有助于减少过拟合问题，提高模型的泛化能力。

然而，SVM 也有一些限制。

(1) 算法复杂度高：在大规模数据集上训练 SVM 模型可能会比较耗时。

(2) 参数选择敏感：SVM 中有一些关键参数需要进行调优，如选择合适的核函数和正则化参数 C。不同的参数选择可能会导致不同的分类效果。

总体来讲，SVM 是一种强大的机器学习模型，适用于分类和回归任务。它在许多实际应用中取得了很好的效果，如文本分类、图像分类和生物信息学等领域。

2. 朴素贝叶斯

朴素贝叶斯是一种基于贝叶斯定理的分类算法，它假设特征之间相互独立，从而简化了模型的计算。朴素贝叶斯被广泛地应用于文本分类、垃圾邮件过滤等领域。朴素贝叶斯算法的基本思想是利用贝叶斯定理计算后验概率，从而实现分类。具体来讲，朴素贝叶斯算法假设每个特征对分类的影响是相互独立的，因此可以将后验概率表示为各个特征条件概率的乘积。根据贝叶斯定理，可以得到以下公式：

$$P(y|x_1,x_2,\cdots,x_n)=P(y)\cdot P(x_1|y)\cdot P(x_2|y)\cdot\cdots\cdot P(x_n|y)/P(x_1,x_2,\cdots,x_n) \tag{10-1}$$

其中，y 表示类别，$x_1,x_2,\cdots,x_n$ 表示特征。根据上式，可以计算出给定特征条件下某个类别的后验概率，从而进行分类。在实际应用中，朴素贝叶斯算法通常使用最大似然估计或贝叶斯估计来估计各个条件概率。例如，在文本分类中，可以使用词频统计来估计各个单词在不同类别下的条件概率。尽管朴素贝叶斯算法存在一些假设和局限性，但由于其简单、高效的特点，仍然是许多文本分类和垃圾邮件过滤等任务的首选算法之一。

引入神经网络和深度学习方法：随着深度学习技术的兴起，基于神经网络的文本分类模型开始受到关注。卷积神经网络被用于提取文本中的局部特征，而循环神经网络(RNN)则能够对文本的序列信息进行建模。这些方法相对于传统机器学习算法在文本分类任务上展现出更好的性能，能够在一定程度上捕捉词语之间的依赖关系。

深度学习是人工神经网络的一种，是由多个层次组成的神经网络模型。它的主要特点是使用多层非线性变换来学习数据的高级抽象特征，从而实现对复杂问题进行建模。

3. 深度学习算法

经典的深度学习算法主要有以下几种。

(1) 卷积神经网络：主要用于图像和视频处理任务。CNN 通过卷积和池化等操作来提取图像中的特征，并将其输入全连接层中进行分类。

(2) 递归神经网络：主要用于序列数据处理任务。RNN 可以通过记忆单元和门控机制等技术来处理变长序列数据，如自然语言处理和语音识别等领域。

(3) 生成式对抗网络(Generative Adversarial Network，GAN)：主要用于生成新的数据样本。GAN 通过训练一个生成器和一个判别器网络实现对真实数据分布进行建模，从而生成与原始数据相似的新数据。

(4) 自编码器(Autoencoder，AE)：主要用于数据压缩和降维。AE 通过学习输入数据的低维表示实现对数据的压缩和重构，从而实现数据降维和去噪等功能。

(5) 深度强化学习(Deep Reinforcement Learning，DRL)：主要用于智能决策任务。DRL 通过将深度学习和强化学习相结合实现智能决策，如游戏 AI 和机器人控制等领域。

除了上述算法，还有许多其他的深度学习模型和技术，如残差网络、注意力机制、变分自编码器(Variational Autoencoder，VAE)等。

注意力机制和迁移学习的引入：随着深度学习的不断发展，注意力机制被引入文本分类模型中,帮助模型更好地关注文本中的重要信息。此外,迁移学习也逐渐被应用于文本分类领域,通过在相关领域上训练的模型参数来改善在新领域的文本分类任务表现。

预训练模型的兴起:近年来,预训练语言模型的出现极大地推动了文本分类模型的发展。模型(如 BERT、GPT 等)在大规模语料上进行预训练,然后在特定的文本分类任务上进行微调,取得了优异的效果。预训练模型不仅能更好地理解文本中的语义信息,还能够适应不同领域的文本分类任务。

多模态信息的整合:最近的发展趋势是将多模态信息(文本、图像、视频等)结合到文本分类模型中,以提高分类的准确性和稳健性。这种综合利用不同模态信息的方法使文本分类模型可以更加全面地理解和分析文本数据。

10.1.6 文本分类的评测与评价

文本分类是一种常见的自然语言处理任务,其目标是将输入的文本数据分为不同的预定义类别。在评估文本分类模型的性能时,通常使用以下指标。

1. 准确率

准确率(Accuracy)是指分类器正确预测的样本数占总样本数的比例。它是最常用的分类器性能评价指标之一,可以用来评估分类器整体的预测准确程度。

$$\text{准确率} = (\mathrm{TP} + \mathrm{TN})/(\mathrm{TP} + \mathrm{TN} + \mathrm{FP} + \mathrm{FN}) \tag{10-2}$$

其中,TP 表示被模型预测为正类的正样本,TN 表示被模型预测为负类的负样本,FP 表示被模型预测为正类的负样本,FN 表示被模型预测为负类的正样本。例如,如果一个文本分类器在 100 个文本数据中正确地预测了 90 个,则它的准确率为 90%。

2. 精确度

精确度(Precision)是指分类器在预测为正类的样本中,真正为正类的比例。它衡量了分类器对正类的预测准确程度,可以避免将负类误判为正类。

$$\text{精确度} = \mathrm{TP}/(\mathrm{TP} + \mathrm{FP}) \tag{10-3}$$

例如,如果一个文本分类器将 10 个文本数据预测为正类,其中有 8 个为真正的正类,则它的精确度为 80%。

3. 召回率

召回率(Recall)是指分类器在所有真正为正类的样本中,成功地将其预测为正类的比例。它衡量了分类器对正类样本的识别能力,可以避免将正类误判为负类。

$$\text{召回率} = \mathrm{TP}/(\mathrm{TP} + \mathrm{FN}) \tag{10-4}$$

例如,如果一个文本分类器有 20 个真正的正类样本,但只预测出了 16 个,则它的召回率为 80%。

4. F1 值

F1 值(F1-score)是精确度和召回率的调和平均值,综合考虑了分类器的精确度和召回率。它可以用来综合评价分类器的性能,特别是在不平衡数据集中效果更好。

$$\mathrm{F1} = 2 \times (\text{精确度} \times \text{召回率})/(\text{精确度} + \text{召回率}) \tag{10-5}$$

例如，如果一个文本分类器的精确度为 80%，召回率为 90%，则它的 F1 值为 85.7%。

5. AUC 值

AUC(Area Under the Curve)是 ROC 曲线下的面积，可以用来评估分类器在不同阈值下的性能。ROC 曲线是以假阳性率为横轴，以真阳性率为纵轴绘制的曲线，AUC 越大，分类器的性能越好。

6. 混淆矩阵

混淆矩阵(Confusion Matrix)是一个二维表格，用于展示分类器对样本的预测结果和真实标签之间的关系。通过混淆矩阵可以计算准确率、精确度、召回率和 F1 值等指标。

这里需要注意的是，单一指标无法全面评估模型的性能，因此在评价文本分类模型时，应该综合考虑多个指标，并结合具体任务和应用场景进行评估和选择。同时，在使用这些指标进行评价时，还需要注意数据集的特点和分布情况，避免出现过拟合或欠拟合等问题。

10.2 神经网络模型的文本分类

4min

10.2.1 CNN 的文本分类

CNN 通常用于图像处理任务，也可以用于文本分类。在文本分类中，其基本思想是将文本看作一个一维信号序列，并使用卷积层来捕捉其局部特征。CNN 的文本分类过程可以分为以下几个步骤。

第 1 步数据预处理：首先，需要对文本数据进行预处理，包括分词、去除停用词、将单词映射为向量表示(如词嵌入)，以及将文本序列调整为相同长度(通过填充或截断)。

第 2 步模型构建：构建一个基本的 CNN 模型可以使用深度学习框架。可以根据自己的需求进行调整，模型框架如下。

(1) 输入层：将预处理后的文本序列作为输入。

(2) 卷积层：使用多个卷积核对文本序列进行卷积操作，每个卷积核负责捕捉不同的局部特征。每个卷积核可以看作一个模板，在文本序列上进行滑动扫描，通过学习权重来提取子序列的特征。卷积操作可以在一定程度上捕捉文本序列中的局部信息。

(3) 激活函数：在卷积操作后，通常会使用一个非线性激活函数(如 ReLU)来引入非线性特征。

(4) 池化层：对每个卷积核的输出进行池化操作，常用的是最大池化(Max Pooling)，保留每个特征映射中的最大值，从而降低维度和提取关键信息。

(5) 全连接层：将池化后的特征映射输入一个或多个全连接层(也可以称为密集层)，用于将特征映射转换为具体的分类结果。

(6) 输出层：最后一层是一个具有类别数量的节点的全连接层，并使用 Softmax 函数计算每个类别的概率分布。

第 3 步模型训练：在模型的训练中，已经准备好了数据和模型，接下来需要定义损失函数、定义优化器，并进行迭代训练。根据自己的数据集和需求进行相应的数据加载和预处理。在模型的训练过程中，通过调整优化器的学习率等参数，可以对模型进行更多的训练。具体如下。

(1) 定义损失函数：通常采用交叉熵损失函数来衡量模型输出与真实标签之间的差异。

(2) 反向传播算法：通过反向传播算法计算损失函数对模型参数的梯度，并使用优化算法（如随机梯度下降）更新模型参数，使损失函数逐渐减小。

(3) 迭代训练：重复执行前面两步，直到达到预定义的停止条件（如达到最大迭代次数或损失函数收敛）。

第 4 步模型评估：使用测试数据集评估模型的性能，计算分类准确率、精确度、召回率、F1 值等指标来评估模型的分类效果。

可以进行超参数调优来改善模型性能，包括卷积核大小、卷积层数量、池化方式、全连接层大小等。需要注意的是，文本分类任务中的 CNN 模型可以根据具体需求进行改进和扩展，例如引入残差连接、多尺度卷积等技术来提升性能。此外，还可以使用预训练的词向量模型（如 Word2Vec、GloVe）来初始化词嵌入层，以提供更好的初始表示。

总而言之，CNN 的文本分类流程包括数据预处理、模型构建、模型训练和模型评估。通过逐步优化模型参数和架构，CNN 可以有效地捕捉文本中的局部特征，并用于分类任务。

10.2.2 RNN 的文本分类

传统的神经网络无法获取时序信息，然而时序信息在自然语言处理任务中非常重要。例如对于"我吃了一个苹果"，"苹果"的词性和意思在这里取决于前面词的信息，如果没有"我吃了一个"这些词，则"苹果"也可以翻译为乔布斯创立的那个被咬了一口的苹果。循环神经网络的出现，让处理时序信息变为可能。RNN 是一个非常经典的面向序列的模型，可以对自然语言句子或是其他时序信号进行建模。进一步讲，它只有一个物理 RNN 单元，但是这个 RNN 单元可以按照时间步骤进行展开，在每个时间步骤接收当前时间步的输入和上一个时间步的输出，然后进行计算，从而得出本时间步的输出。

RNN 会从左到右逐词阅读这个句子，并不断地调用一个相同的 RNN Cell 来处理时序信息，每阅读一个单词，RNN 首先会将本时刻的单词和这个模型内部记忆的状态向量融合起来，形成一个带有最新记忆的状态向量。

递归神经网络是一种能够处理序列数据的深度学习模型。在文本分类任务中，RNN 可以用来对给定的文本进行分类。RNN 的核心思想是通过循环连接来处理序列数据。在文本分类中，输入是一个或多个单词组成的序列，而输出是对这个序列进行分类的结果。RNN 通过在每个时间步上处理一个单词，并将其隐藏状态传递到下一个时间步，从而逐步地获取整个序列的信息，如图 10-1 所示。

RNN 的文本分类过程可以分为以下几个步骤。

(1) 输入表示：首先，将原始文本转换为机器可处理的表示形式。常见的方式是使用词嵌入技术，将每个单词映射到一个实数值向量，以捕捉其语义信息。这样，每个单词就可

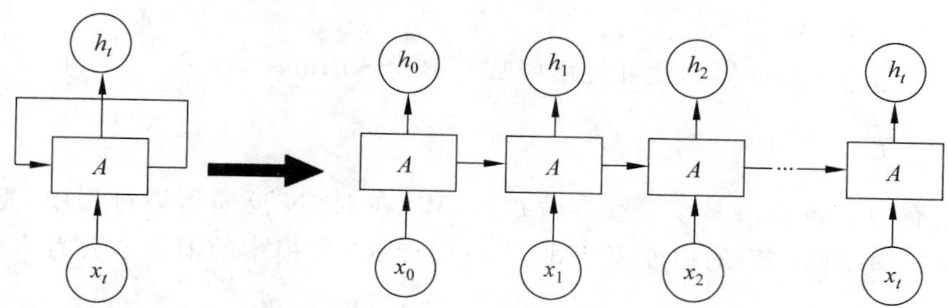

图 10-1　RNN 网络结构

以表示为一个固定长度的向量。

(2) 序列处理：将表示为向量的每个单词输入 RNN 中，依次处理整个序列。RNN 会根据当前输入和前一个时间步的隐藏状态来计算当前时间步的隐藏状态。

(3) 分类：在最后一个时间步，通过引入一个全连接层或其他分类器，将 RNN 的输出映射到具体的分类结果。这个分类器通常使用 Softmax 函数来产生每个类别的概率分布，然后选择概率最高的类别作为最终分类结果。

在训练过程中，需要定义损失函数来衡量模型输出与真实标签之间的差异，并通过反向传播算法来更新模型参数，以最小化损失函数。常见的损失函数包括交叉熵损失函数。

RNN 的优势在于能够捕捉序列数据中的上下文信息，并且可以处理不定长的输入序列，但是，传统的 RNN 存在梯度消失或梯度爆炸问题，导致长期依赖关系难以被有效学习。为了解决这些问题，可以使用一些改进的 RNN 结构，如 LSTM 和 GRU 等。RNN 模型结构如图 10-2 所示。

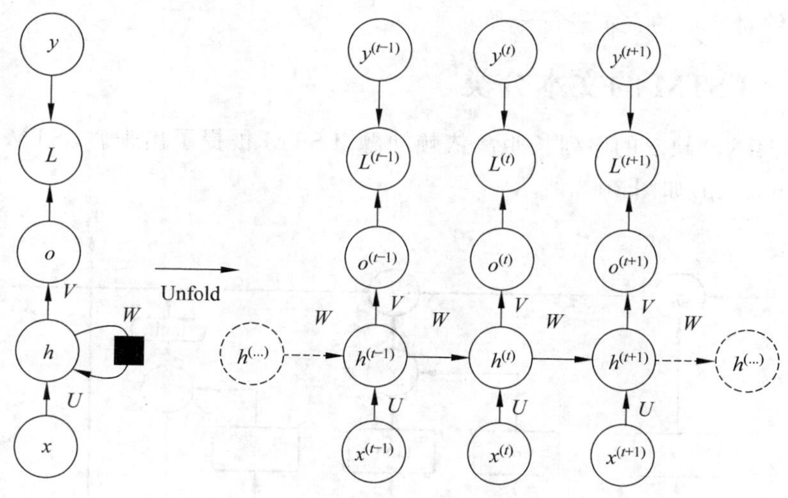

图 10-2　RNN 模型结构

前向传播过程包括以下几个参数。

隐藏状态：$h^{(t)}=\sigma(z^{(t)})=\sigma(Ux^{(t)}+Wh^{(t-1)}+b)$，此处激活函数一般为 tanh。

模型输出：$o^{(t)}=Vh^{(t)}+c$。

预测输出：$\hat{y}(t)=\sigma(o^{(t)})$，此处激活函数一般为 Softmax。

模型损失：$L=\sum_{t=1}^{T}L^{(t)}$。

RNN 所有的 timestep 共享一套参数 U,V,W，在 RNN 反向传播过程中，需要计算 U，V,W 等参数的梯度，以 W 的梯度表达式为例(假设 RNN 模型的损失函数为 L)：

$$\begin{aligned}\frac{\delta L}{\delta W}&=\sum_{t=1}^{T}\frac{\delta L}{\delta y^{(T)}}\frac{\delta y^{(T)}}{\delta o^{(T)}}\frac{\delta o^{(T)}}{\delta h^{(T)}}\left(\prod_{k=t+1}^{T}\frac{\delta h^{(k)}}{\delta h^{(k)}}\right)\frac{\delta h^{(t)}}{\delta W}\\&=\sum_{t=1}^{T}\frac{\delta L}{\delta y^{(T)}}\frac{\delta y^{(T)}}{\delta o^{(T)}}\frac{\delta o^{(T)}}{\delta h^{(T)}}\left(\prod_{k=t+1}^{T}\tanh'(z^{(k)})W\right)\frac{\delta h^{(t)}}{\delta W}\end{aligned}\tag{10-6}$$

对于公式中的 $\left(\prod_{k=t+1}^{T}\frac{\delta h^{(k)}}{\delta h^{(k-1)}}\right)=\left(\prod_{k=t+1}^{T}\tanh'(z^{(k)})W\right)$，tanh 的导数总是小于 1 的，由于是 $T-(t+1)$ 个 timestep 参数的连乘，如果 W 的主特征值小于 1，则梯度便会消失；如果 W 的特征值大于 1，则梯度便会爆炸。

需要注意的是，RNN 和 DNN 梯度消失和梯度爆炸的含义并不相同。

RNN 中权重在各时间步内共享，最终的梯度是各个时间步的梯度和，梯度和会越来越大，因此，RNN 中总的梯度是不会消失的，即使梯度越传越弱，也只是远距离的梯度消失。从式(10-6)中可以看到，RNN 所谓梯度消失的真正含义是，梯度被近距离($t+1$ 趋向于 T)梯度主导，远距离($t+1$ 远离 T)梯度很小，导致模型难以学到远距离的信息。

总而言之，RNN 是一种适用于文本分类任务的模型，通过逐步处理输入序列并考虑上下文信息，能够对给定的文本进行分类。

10.2.3 LSTM 的文本分类

为了解决 RNN 缺乏的序列长距离依赖问题，LSTM 被提了出来。LSTM 的门控结构(LSTM 的 timestep)如图 10-3 所示。

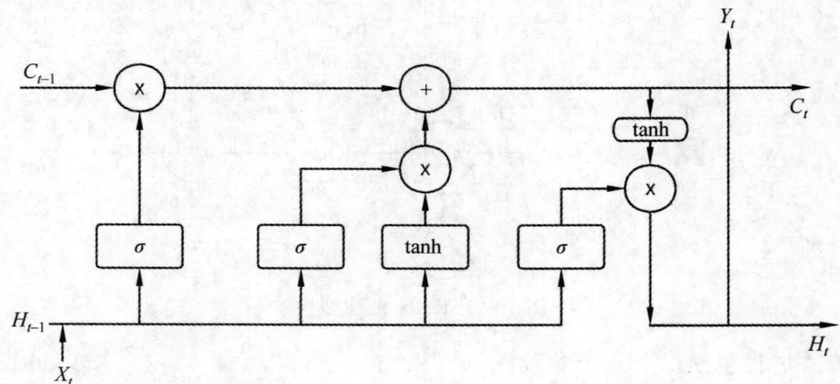

图 10-3 LSTM 门控结构

LSTM 前向传播过程如下。

遗忘门：决定了丢弃哪些信息，遗忘门接收 $t-1$ 时刻的状态 h_{t-1}，以及当前的输入 x_t，经过 Sigmoid 函数后输出一个 0～1 的值 f_t

输出：

$$f_t = \sigma(W_f h_{t-1} + U_f x_t + b_f) \tag{10-7}$$

输入门：决定了哪些新信息被保留，并更新细胞状态，输入门的取值由 h_{t-1} 和 x_t 决定，通过 Sigmoid 函数得到一个 0～1 的值 i_t，而 tanh 函数则创造了一个当前细胞状态的候选 a_t。

输出：

$$i_t = \sigma(W_i h_{t-1} + U_i x_t + b_i), \widetilde{C}_t = \tanh W_a h_{t-1} + U_a x_t + b_a \tag{10-8}$$

细胞状态：旧细胞状态 C_{t-1} 被更新到新的细胞状态 C_t 上。

输出：

$$C_t = C_{t-1} \odot f_t + i_t \odot \widetilde{C}_t \tag{10-9}$$

输出门：决定了最后输出的信息，输出门取值由 h_{t-1} 和 x_t 决定，通过 Sigmoid 函数得到一个 0～1 的值 o_t，最后通过 tanh 函数决定最后输出的信息。

输出：

$$o_t = \sigma(W_o h_{t-1} + U_o X_t + b_o), h_t = o_t \odot \tanh C_t \tag{10-10}$$

预测输出：

$$\hat{y}_t = \sigma(V h_t + c) \tag{10-11}$$

LSTM 模型的构建：LSTM 是一种特殊类型的 RNN，它能够捕捉长文本序列中的上下文信息，并解决传统 RNN 中的梯度消失和梯度爆炸问题。LSTM 模型由多个 LSTM 单元组成，每个 LSTM 单元包含输入门、遗忘门、输出门和记忆单元等。

(1) 输入门(Input Gate)：输入门决定了新的输入信息对当前时间步的记忆状态的影响程度。该门接收文本序列中的当前词向量及先前时间步的隐藏状态作为输入，并输出一个介于 0～1 的值，表示保留多少新信息。

(2) 遗忘门(Forget Gate)：遗忘门决定了之前的记忆状态对当前时间步的影响程度。该门接收文本序列中的当前词向量及先前时间步的隐藏状态作为输入，并输出一个介于 0～1的值，表示保留多少之前的记忆。

(3) 输出门(Output Gate)：输出门决定了当前时间步的记忆状态对当前时间步的隐藏状态和输出的影响程度。该门接收文本序列中的当前词向量及先前时间步的隐藏状态作为输入，并输出一个介于 0～1 的值，表示在当前时间步保留多少记忆。

(4) 记忆单元(Memory Cell)：记忆单元用来存储并传递上下文信息。它是 LSTM 模型中的核心部分，通过输入门、遗忘门和输出门的调控，可以选择性地更新记忆单元的内容。

(5) 隐藏状态(Hidden State)：隐藏状态是 LSTM 模型的输出，它捕捉了文本序列中的上下文信息。它可以通过将当前时间步的记忆单元与输出门相乘得到。

(6)分类层:在LSTM模型的最后,可以添加一个全连接层或其他分类层来将隐藏状态映射到最终的类别标签。这个分类层通常使用Softmax激活函数来输出每个类别的概率分布。

(7)损失函数和优化算法:在训练LSTM模型时,通常使用交叉熵损失函数来度量预测结果与真实标签之间的差异,并使用反向传播算法和优化算法(如随机梯度下降)来更新模型参数,使损失函数最小化。

(8)预测和评估:在模型训练完成后,可以使用该模型对新的文本进行预测,并将预测结果与真实标签进行比较以评估模型的性能,常用的评估指标包括准确率、精确度、召回率和F1值等。

LSTM遗忘门值 f_t 可以选择在[0,1]之间,让LSTM来改善梯度消失的情况。也可以选择接近1,让遗忘门饱和,此时远距离信息梯度不消失,也可以选择接近0,此时模型会故意阻断梯度流,遗忘之前的信息。另外需要强调的是LSTM搞得这么复杂,除了在结构上天然地克服了梯度消失的问题,更重要的是具有更多的参数来控制模型;通过四倍于RNN的参数量,可以更加精细地预测时间序列变量。

2min

10.3 Transformer的文本分类

10.3.1 人类的视觉注意力

Attention英文解释是注意力,可以很轻松地联想到人类的注意力机制,所以这里先介绍人类的视觉注意力。

视觉注意力机制是人类视觉所特有的大脑信号处理机制。人类视觉通过快速扫描全局图像,获得需要重点关注的目标区域,也就是一般所讲的注意力焦点,而后对这一区域投入更多注意力资源,以获取更多所需要关注目标的细节信息,而抑制其他无用信息。

这是人类利用有限的注意力资源从大量信息中快速筛选出高价值信息的手段,是人类在长期进化中形成的一种生存机制,人类视觉注意力机制极大地提高了视觉信息处理的效率与准确性。

深度学习中的注意力机制从本质上讲和人类的选择性视觉注意力机制类似,核心目标也是从众多信息中选择出对当前任务目标更关键的信息。

10.3.2 Attention的本质思想

从人类的视觉注意力可以看出,注意力模型Attention的本质思想为从大量信息中有选择地筛选出少量重要信息并聚焦到这些重要信息上,从而忽略不重要的信息。之前讲解LSTM时说到,虽然LSTM解决了序列长距离依赖问题,但是单词超过200时就会失效,而Attention机制可以更好地解决序列长距离依赖问题,并且具有并行计算能力。

首先明确一个点,注意力模型从大量信息Values中筛选出少量重要信息,这些重要信息一定相对于另外一个信息Query而言是重要的。也就是说,要搭建一个注意力模型,必须得要有一个 Query 和一个 Values，然后通过 Query 这个信息从 Values 中筛选出重要信息。

通过 Query 这个信息从 Values 中筛选出重要信息，简单点说，就是计算 Query 和 Values 中每条信息的相关程度。

注意力机制如图 10-4 所示。

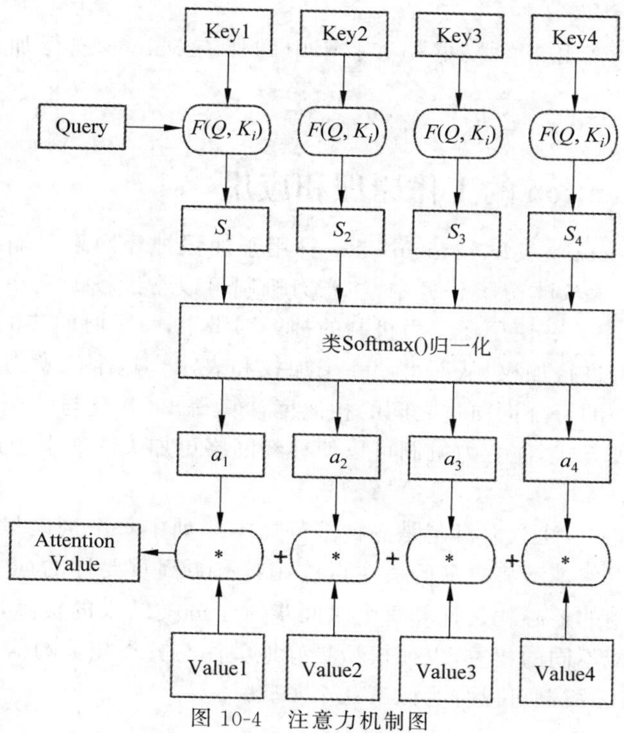

图 10-4　注意力机制图

Attention 通常可以进行如下描述，表示为将 Query(Q)和 key-value pairs(把 Values 拆分成了键-值对的形式)映射到输出上，其中 query、每个 key、每个 value 都是向量，输出是 V 中所有 values 的加权，其中权重是由 query 和每个 key 计算出来的，计算方法分为 3 步。

第 1 步：计算比较 Q 和 K 的相似度，用 f 来表示：$f(Q,K_i)$，一般第 1 步计算方法包括 4 种。

点乘：$f(Q,K_i)=\boldsymbol{Q}^{\mathrm{T}}K_i$。

权重：$f(Q,K_i)=\boldsymbol{Q}^{\mathrm{T}}WK_i$。

拼接权重：$f(Q,K_i)=W[\boldsymbol{Q}^{\mathrm{T}}K_i]$。

感知器：$f(Q,K_i)=\boldsymbol{V}^{\mathrm{T}}\tanh(WQ+UK_i)$。

第 2 步：将得到的相似度进行 Softmax 操作，进行归一化：$a_i=\mathrm{Softmax}\left(\frac{f(Q,K_i)}{\sqrt{d_k}}\right)$

这里简单讲解除以$\sqrt{d_k}$的作用：假设 Q,K 里的元素的均值为 0，方差为 1，那么 $\boldsymbol{A}^{\mathrm{T}}=$

$\boldsymbol{Q}^{\mathrm{T}}k$ 中元素的均值为 0，方差为 d。当 d 变得很大时，**A** 中的元素的方差也会变得很大，如果 **A** 中的元素方差很大(分布的方差大，分布集中在绝对值大的区域)，则在数量级较大时，Softmax 将绝大部分的概率分布分配给了最大值对应的标签，由于某一维度的数量级较大，进而导致 Softmax 未来求梯度时会消失。总结一下就是 Softmax(**A**)的分布会和 d 有关，因此 **A** 中每个元素乘以 $\frac{1}{\sqrt{d_k}}$ 后，方差又变为 1，并且 **A** 的数量级也将变小。

第 3 步：针对计算出来的权重 α_i，对 V 中的所有 values 进行加权求和计算，得到 Attention 向量 Attention$=\sum_{i=1}^{m} a_i V_i$。

10.3.3 Attention 的工作原理和应用

注意力机制(Attention Mechanism)是一种用于加强神经网络对输入数据中重要部分的关注程度的技术。在文本分类任务中，注意力机制可以帮助模型聚焦于文本中最相关的部分，从而提高准确率。在使用注意力机制的神经网络中，每个时间步的隐藏状态会在一个注意力分数的基础上进行加权，从而得到一个加权和表示。这个注意力分数通常由当前隐藏状态和文本序列中的每个词向量之间的相似度计算得出，并且与一个可训练的矩阵相乘进行缩放。通过这种方式，注意力机制可以使神经网络更加关注文本中最重要的部分，并避免过度关注无关部分。

在文本分类任务中，注意力机制是一种基于文本序列中每个词向量的重要性给予不同权重的技术。它可以使模型将更多的关注点放在具有更高重要性的词上，从而提高分类的准确性。注意力机制的核心就是计算每个时间步对于分类结果的贡献，然后根据这些贡献来给每个时间步分配不同的权重，以便模型更好地关注与分类相关的信息。

具体地讲，注意力机制可以分为以下几个步骤。

1. 初始化

在初始化时，需要定义注意力机制的输入和输出。对于输入来讲，需要得到由上一个隐藏状态和当前时间步的词向量组成的一个新的向量表示。对于输出来讲，需要得到一个大小与输入相同的权重向量，其中每个元素表示该时间步的重要性。

2. 计算相似度

在计算相似度时，需要将当前隐藏状态和文本序列中各个词向量之间的相似度计算出来。一般来讲，可以使用点积、加法、拼接等方式来计算相似度。

3. 计算权重

在计算权重时，需要使用一个可训练的矩阵来对相似度进行缩放，从而得到注意力分数。通常来讲，可以使用 Softmax 函数来将这些分数归一化，以便分配不同的权重。

4. 加权求和

在加权求和时，需要将每个时间步的词向量乘以对应的权重，然后将它们相加起来得到一个新的向量表示，用于下一次分类任务的输入。

总之，注意力机制可以使模型更加关注与分类相关的信息，从而提高分类的准确性。在文本分类中，可以将注意力机制与各种神经网络模型结合使用，如CNN、RNN、Transformer等。通过引入注意力机制，可以增强模型对不同部分的关注程度，从而提取更丰富的特征表示。

10.3.4 Transformer的文本分类

Transformer模型的核心思想是完全抛弃传统的循环神经网络和卷积神经网络，转而采用自注意力机制实现对输入序列的建模。这种架构的设计使Transformer能够并行计算，加速训练过程，并且能够更好地捕获长距离依赖关系。

Transformer模型的训练通常使用基于自注意力机制的损失函数（如交叉熵损失函数），并采用反向传播算法进行优化。在自然语言处理任务中，Transformer已经被证明在翻译、文本生成、文本分类等任务上取得了很好的效果，成为当前最流行和有效的模型架构之一。

Transformer模型在文本分类任务中表现出色，它能够处理各种长度的文本，并且通过自注意力机制捕捉文本中的关键信息。以下是Transformer在文本分类任务中的应用流程。

(1) 输入表示：首先，输入的文本需要被转换成向量表示。通常情况下，可以使用预训练的词嵌入模型（如Word2Vec、GloVe或者FastText）将单词映射为密集向量。对于不定长的文本序列，可以使用填充或截断的方式使所有文本序列等长，以便输入Transformer模型中。

(2) 位置编码：对于输入的词嵌入向量，需要加入位置编码，以保留输入文本的位置信息。一般来讲，Transformer使用正弦和余弦函数来计算位置编码。

(3) Transformer编码器：输入表示经过多层的Transformer编码器进行特征抽取和表示学习。每个编码器层由自注意力层和前馈神经网络组成。自注意力层有助于模型理解输入文本中不同位置之间的依赖关系，而前馈神经网络则对注意力表示进行非线性变换和映射。

(4) 池化层：在Transformer编码器的输出上通常会添加一个池化层，用于将不定长的序列转换为固定长度的表示。池化操作通常包括全局平均池化或者全局最大池化，以提炼出最重要的特征信息。

(5) 全连接层：经过池化后的表示会被送入全连接神经网络中进行分类。通常会使用一到多个全连接层及激活函数（如ReLU）来学习文本表示和进行分类预测。

(6) 输出层：最后一层的输出会经过一个Softmax激活函数，将其转换为各个类别的概率分布，从而完成文本分类任务。

在训练阶段，Transformer文本分类模型通常采用交叉熵损失函数进行监督学习，利用反向传播算法来优化模型参数。同时，为了防止过拟合，通常还会加入一些正则化技术，如DropOut或者权重衰减等方法。

总体来讲,Transformer 在文本分类任务中具有很好的效果,能够处理各种长度的文本,并且通过自注意力机制能够捕捉到文本中的长距离依赖关系,因此在实际应用中被广泛地应用于情感分析、主题分类、垃圾邮件过滤等文本分类任务中。

10.4 预训练模型的文本分类

3min

预训练模型通常是在大规模数据集上进行训练的,例如 BERT、GPT 等。这些模型可以通过学习文本的语义信息和关系,得到一个非常强的文本表示能力。预训练模型的思想可以追溯到十年前,当时人们发现预先在大规模数据集上训练好的模型,可以用来提高各种机器学习任务的性能。以图像识别任务为例,预训练模型可以将图像的像素值转换成高级的特征表示,例如物体的形状、纹理和颜色等。这些特征表示可以用作其他任务的输入特征,例如目标检测、图像分割和图像生成等。

在自然语言处理领域,预训练模型也发挥着重要的作用。最近几年,BERT 模型已成为一个非常重要的预训练模型,可以用来提高文本分类、命名实体识别和问答系统等任务的性能。BERT 模型的核心思想是利用海量的无监督数据来预训练模型,例如使用谷歌 Books、Wikipedia 和 Common Crawl 等大规模文本数据集。通过预训练模型,BERT 可以学习到词语之间的关系、句子之间的语义及文本中的上下文信息等。除了 BERT 之外,还有很多其他的预训练模型可以用于自然语言处理任务。例如,GPT-2(Generative Pre-trained Transformer 2)模型是由 OpenAI 开发的,它使用了 Transformer 架构和大规模的语言模型来完成预训练。GPT-2 模型可以生成高质量的文本,包括新闻、故事和诗歌等。还有 ELMO(Embeddings from Language Models)模型,它采用双向 LSTM 网络来学习上下文相关的词向量表示。需要注意的是,虽然预训练模型在机器学习领域中取得了很大的成功,但它并不是一种万能的技术。在实际应用中,需要根据具体的任务选择合适的预训练模型,并相应地进行微调。此外,预训练模型往往需要大规模的数据集和计算资源来训练,因此在应用时需要考虑这些成本因素。

预训练的语言模型有效学习了全局语义表示并且明显提升了自然语言处理任务的性能。首先通过自监督学习获得预训练模型,然后预训练模型针对具体的任务修正网络。ELMO 是一个使用双向 LSTM 的词表示模型,具有深度上下文化的特征可以很容易地被集成到模型中。通过双向 LSTM 根据上下文学习每个词嵌入,它可以对单词的复杂特征进行建模,并为各种语言上下文学习不同的表示。GPT 算法包含两个阶段,即预训练和微调。GPT 学习的一般表示能以有限的适应性转移到许多自然语言处理任务。GPT 算法的训练过程通常包括两个阶段:首先,神经网络模型的初始参数由建模目标在未标记的数据集上学习,然后根据具体的任务,通过有标签的数据对模型进行微调。BERT 模型是谷歌提出的预训练模型,它极大地增强了自然语言处理任务的性能。BERT 应用双向编码器,旨在通过联合调整所有层中的上下文来预训练深度的双向表示。它可以在预测哪些单词被屏蔽时利用上下文信息。如果要对多个自然语言处理任务构建模型进行微调,则可以通过添加一个额外的输出层实现。

10.4.1 GPT模型

GPT是由OpenAI开发的基于Transformer架构的预训练语言模型。GPT模型采用了自回归模型结构，能够生成自然流畅的文本，并在众多自然语言处理任务中表现出色。

GPT模型采用了Transformer架构，其中包括多个编码器层，每个编码器层又由多头自注意力机制和前馈神经网络组成。这种架构使模型能够并行处理输入序列，同时通过自注意力机制来捕捉输入序列中的长距离依赖关系。与BERT等模型不同，GPT是一种自回归语言模型，它通过预测下一个单词来生成文本。在预训练阶段，GPT会通过最大化下一个单词的条件概率来学习文本序列的表示，从而使模型能够生成具有连贯性和语义的文本。GPT模型通常采用12层或更多的Transformer编码器层，这使模型能够学习复杂的文本表示和语言规律。在预训练阶段，GPT采用了一种被称为"无监督预训练+有监督微调"的策略。模型首先通过大规模文本语料进行无监督预训练，然后在特定的下游任务上进行有监督微调，以适应具体的任务需求。GPT模型在各种自然语言处理任务中被广泛应用，包括文本生成、对话系统、摘要生成、语言翻译等，其在生成式任务中的表现尤为突出，能够生成连贯、富有语义的文本，因此在聊天机器人等领域有着广泛的应用前景。GPT网络结构图如图10-5所示。

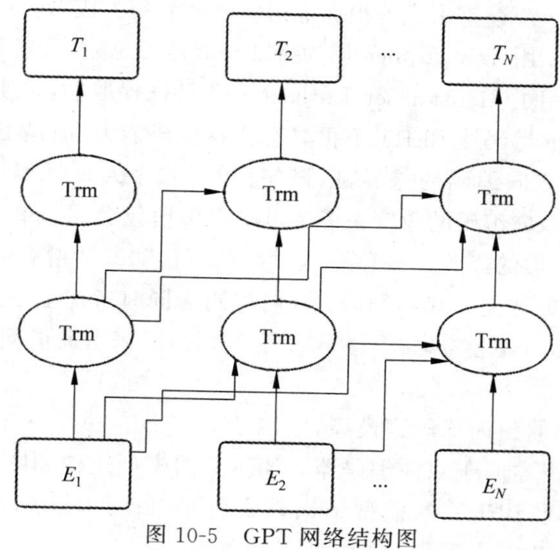

图10-5 GPT网络结构图

GPT模型以其出色的文本生成能力和在各种自然语言处理任务中的优异表现，成为当前最受关注的预训练语言模型之一。

GPT采用两段式训练方法。

第1个阶段：利用语言模型进行预训练。在预训练阶段，GPT模型首先通过大规模的文本语料进行无监督的预训练。在这个阶段，模型会尝试通过最大化下一个单词的条件概率来学习文本序列的表示。具体而言,GPT 会使用自回归语言模型的方式,即给定前面的单词,预测下一个单词。这种预训练方式使模型能够学习到丰富的语言知识和文本表示。

第 2 个阶段:通过 Fine-tuning 的模式完成下游任务。在预训练完成后,GPT 模型会进入微调阶段,通过有监督学习的方式完成各种下游任务。在微调阶段,可以将 GPT 模型的参数作为初始化参数,在特定的下游任务上进行微调。例如,在文本分类、命名实体识别、情感分析等任务中,可以通过微调 GPT 模型来适应特定的任务需求。

在微调阶段,可以使用下游任务的标注数据,结合适当的损失函数(如交叉熵损失函数),利用反向传播算法来优化模型参数。通过微调,GPT 模型可以根据具体任务的特征进行调整,以获得更好的性能表现。

这种采用预训练+微调的模式使 GPT 模型能够在不同的自然语言处理任务中取得优异的表现,并且能够更好地适应各种具体的任务需求。这也使 GPT 在各种文本生成、文本理解和其他自然语言处理任务中具有广泛的应用前景。

10.4.2 BERT 模型

BERT 模型可以作为公认的里程碑式的模型,但是它最大的优点不是创新,而是集大成者,并且这个集大成者有了各项突破。

BERT 的意义在于从大量无标记数据集中训练得到的深度模型,可以显著地提高各项自然语言处理任务的准确率。近年来优秀预训练语言模型的集大成者:参考了 ELMO 模型的双向编码思想、借鉴了 GPT 用 Transformer 作为特征提取器的思路、采用了 Word2Vec 所使用的 CBOW 方法。BERT 使用了 Transformer Encoder 作为特征提取器,并使用了与其配套的掩码训练方法。虽然使用双向编码让 BERT 不再具有文本生成能力,但是 BERT 的语义信息提取能力更强于单向编码和双向编码的差异,以该句话举例"今天天气很{},不得不取消户外运动",分别从单向编码和双向编码的角度去考虑{}中应该填什么词。单向编码:单向编码只会考虑"今天天气很",以人类的经验,大概率会从"好""不错""差""糟糕"这几个词中选择,这些词可以被划为截然不同的两类。双向编码:双向编码会同时考虑上下文的信息,即除了会考虑"今天天气很"这 5 个字,还会考虑"不得不取消户外运动"来帮助模型判断,大概率会从"差""糟糕"这一类词中选择。

BERT 是一个标准的预训练语言模型,它以 $P(w_i \mid w_1, w_2, \cdots, w_{i-1})$ 为目标函数进行训练,BERT 使用的编码器属于双向编码器。BERT 的模型结构如图 10-6 所示。

从图 10-6 可以发现,BERT 的模型结构其实就是 Transformer Encoder 模块的堆叠。BERT 和 GPT 一样,BERT 也采用二段式训练方法。

第 1 个阶段为预训练阶段:BERT 模型首先通过大规模的文本语料进行无监督的预训练。

在这个阶段,BERT 采用了两种预训练任务来学习文本表示。

(1) 掩码语言建模(Masked Language Model,MLM):BERT 在输入序列中随机掩盖一部分单词,然后尝试根据上下文推断被掩盖的单词是什么。通过这种方式,模型可以学习

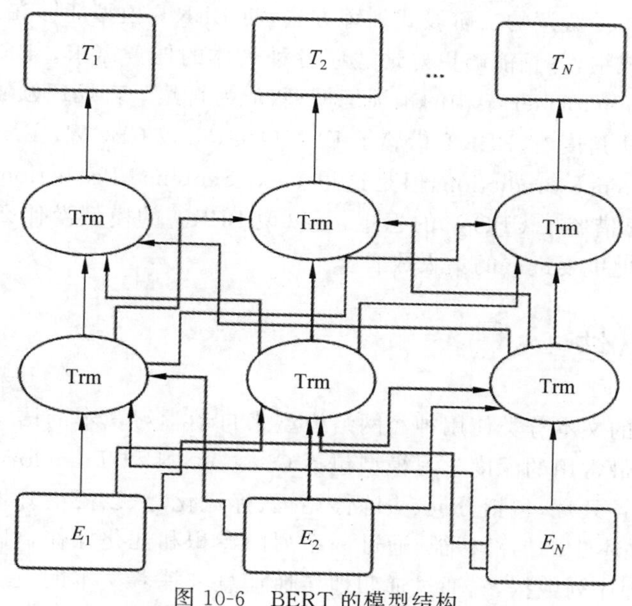

图 10-6　BERT 的模型结构

到单词间的双向依赖关系。

(2) 下句预测(Next Sentence Prediction,NSP)：BERT 还引入了一个二分类任务,即判断两个句子在原始文本中是否是相邻的。这使模型能够学习到句子级别的语境信息。

预训练阶段的目标是让 BERT 模型学习到丰富的语言知识和文本表示,为各种下游任务提供良好的初始化参数。

第 2 个阶段为微调阶段：在预训练完成后,BERT 模型会进入微调阶段,通过有监督学习的方式完成各种下游任务。在微调阶段,可以使用下游任务的标注数据,结合适当的损失函数,利用反向传播算法来优化模型参数。

通过微调,BERT 模型可以在特定的下游任务上进行调整,以获得更好的性能表现。例如,在文本分类、命名实体识别、问答系统等任务中,可以通过微调 BERT 模型来适应具体的任务需求。

不同于 GPT 等标准语言模型使用目标函数进行训练,能看到全局信息的 BERT 使用语言掩码模型(MLM)方法训练词的语义理解能力;用下句预测(NSP)方法训练句子之间的理解能力,从而更好地支持下游任务。下面就介绍 BERT 的下游任务改造。

BERT 作为一个预训练模型,可以通过微调来适应各种下游任务。下游任务是指在特定的自然语言处理任务上使用已经预训练好的 BERT 模型,并根据任务的特点进行微调以获得更好的效果。

通过这样的下游任务改造,BERT 模型可以适应各种不同的自然语言处理任务,如文本分类、命名实体识别、问答系统等。由于 BERT 具有强大的语言表示能力和上下文理解能力,因此通常可以取得较好的效果,并在许多任务中取得了领先的性能。

这种采用预训练+微调的二阶段式训练方法,使 BERT 模型能够在各种自然语言处理任务中取得优异的成绩,并且能够更好地适应各种具体的任务需求。BERT 的成功也催生了许多其他基于 Transformer 架构的预训练模型,成为自然语言处理领域的重要里程碑。

从模型或者方法角度看,BERT 借鉴了 ELMO、GPT 及 CBOW,主要提出了 Masked 语言模型及 Next Sentence Prediction,但是这里 Next Sentence Prediction 基本不影响大局,而 Masked LM 明显借鉴了 CBOW 的思想,所以说 BERT 的模型没什么大的创新,更像最近几年自然语言处理重要进展的集大成者。

10.5 本章小结

基于深度学习的文本分类使用神经网络模型来自动学习文本的语义特征,从而实现自动化的文本分类。最常用的深度学习模型包括 CNN、RNN 和 Transformer 等。在模型中,文本通常需要进行预处理,包括分词、去除停用词、标记化等,以便更好地表示文本的含义。CNN 适用于捕捉文本中的局部特征,通过一系列的卷积和池化操作,可以提取出关键的特征。RNN 能够处理序列数据,它通过递归地传递信息来捕获文本的上下文信息,并应用于短文本分类或序列标注任务。Transformer 模型利用多头自注意力机制来同时考虑整个文本的上下文信息,它在处理长文本时表现出色,并成为机器翻译和文本生成任务中的重要模型。为了训练深度学习模型,需要大规模地标注文本数据集,并通过反向传播和优化算法来调整模型参数,使其能够准确地分类文本。为了避免过拟合和提高泛化能力,可以采用正则化技术(如 DropOut、L2 正则化)和数据增强等方法。在应用深度学习模型进行文本分类时,通常需要进行模型的训练、验证和测试等阶段,以选择最佳的模型并评估其性能。基于深度学习的文本分类在不同领域有广泛应用,包括情感分析、垃圾邮件过滤、主题分类等。

总之,基于深度学习的文本分类利用神经网络模型,通过自动学习文本的语义特征,实现了对文本的自动分类。不同的深度学习模型适用于不同的文本分类任务,需要根据具体情况选择合适的模型,并通过训练和评估来提高模型的性能和泛化能力。

第 11 章 基于深度学习的文本检索

信息检索是自然语言处理领域最早出现的问题之一，并且仍然是最重要的问题之一。信息检索(Information Retrieval,IR)是针对涵盖科学文本、图像与声音的综合集合所展开的知识追寻之科学探索。文本检索是计算机系统响应用户对特定主题的基于文本的信息检索的查询过程。人类用户与文本检索系统最频繁交互的环境是网络搜索，它将信息检索技术应用于最大的网络文本语料库。文本信息检索不仅是计算机科学基础研究的重要领域，也是一门应用广泛的学科，其研究所获成果已相当丰富。基于文本信息检索的重要性，本章将全面回顾该领域的主要理论概念和技术。11.1 节阐述文本检索的基础基本概念，以确保对核心内涵的准确理解；11.2 节介绍文本检索的经典模型；11.3 节解释文本检索的常用评估指标；11.4 介绍文本检索中的查询扩展技术；11.5 节讲解基于机器学习原理的排序学习技术；11.6 节探讨相关领域的前沿工作和最新进展，重点讨论基于深度学习的文本检索技术和方法；最后，11.7 节展望新的大语言模型(如 ChatGPT)可能为文本检索带来的进一步发展。

11.1 文本检索相关概念

在计算机科学领域，文本检索可被定义为通过挖掘和探索非结构性质的大规模文本资源来满足用户的信息需求的技术。

文本检索系统的基本流程，如图 11-1 所示。能够提供信息的文本数据集(Dataset)经过一系列的预处理操作后，通过索引机制构建索引；同时，用户提出信息需求，通过查询语句(Query)等形式将其传达至文本检索系统；接下来，文本检索系统使用评估模型对文档

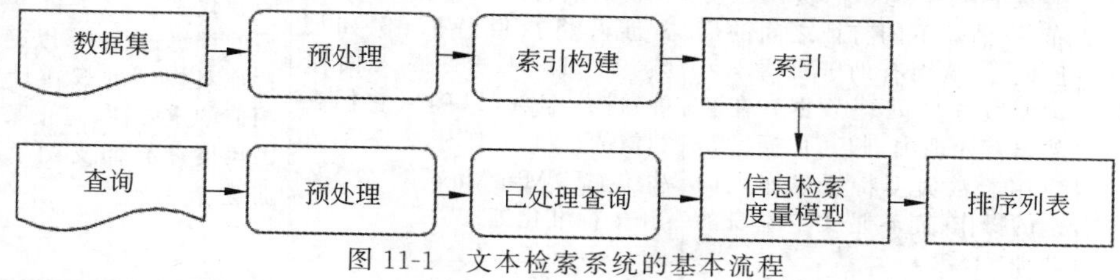

图 11-1 文本检索系统的基本流程

(Documents)进行评分，根据其与查询内容的相关性检索出相关的文档；最后，被检索出来的相关文档经过排序，形成一个相关性从高到低的排序列表，呈现给用户。

构建文本检索系统需要考虑的主要要素如下。

(1) 检索系统的输入：通常情况下，一个文本检索系统的输入包括查询语句和数据集。查询语句代表用户的信息需求，通常以简明扼要的文字表达呈现，而数据集则是信息的源头，通常包含大量的文档内容。

(2) 预处理(Pre-processing)：通常情况下，数据集中所涵盖的文档及用户所提出的初始查询都会经过一系列预处理技术进行加工。分词(Tokenization)、标准化(Standardization)和归一化(Normalization)是文本数据典型的预处理方法。

分词也被称作单词分割(Word Segmentation)，是一种预处理操作，它按照特定需求，把文本切分成一个字符串序列，其元素一般称为词元(Token)，它可以被理解为文本中的最小单位，可以是一个单词，也可以是一个标点符号。在进行分词的预处理过程中，常常会识别并排除停用词(Stop Words)。

标准化和归一化是两个在文本处理中经常被混淆的概念，它们在目标、方法和应用上的主要区别见表11-1。在自然语言处理中，标准化和归一化是两个不同的数据预处理过程，它们有不同的目标和方法，标准化主要用于文本数据的预处理，减少文本的多样性和复杂性，使其更容易完成自然语言处理任务，而归一化主要用于数值型特征的缩放，以确保它们在相似的尺度范围内，便于机器学习模型的训练。这两个概念在自然语言处理中有不同的应用领域和方法。

表11-1 标准化和归一化的主要区别

预处理	目　标	方　法	应　用
标准化	标准化的主要目标是使文本或语言数据符合一定的规则和规范，以便更容易完成文本分析和自然语言处理任务。标准化通常涉及数据的清洗、结构化和格式化	标准化包括去除文本中的噪声、特殊字符、HTML标签、标点符号，进行词汇的词干化或词形还原，去除停用词，处理数字和日期，统一大小写，处理特殊字符等一系列操作，以减少文本数据的多样性和复杂性	标准化通常用于数据准备阶段，以确保输入数据的一致性和规范性。它有助于提高模型的性能，因为模型不必处理数据中的各种变体
归一化	归一化的主要目标是将数据缩放到一个统一的范围或分布，以消除不同特征之间的尺度差异，从而有助于机器学习模型更好地处理数据。在自然语言处理中，归一化通常是应用于数值型特征或嵌入向量的操作，而不是文本本身的处理	在自然语言处理中，归一化通常涉及将数值特征（例如词频、TF-IDF权重、嵌入向量等）进行缩放，以确保它们在相似的尺度范围内，常见的方法包括Min-Max缩放、Z-score标准化等	归一化通常用于机器学习模型的训练过程中，以确保各个特征对模型的权重计算具有相似的重要性，防止某些特征因尺度差异而支配了模型的训练

(3) 索引构建：倒排索引(Inverted Index)是一种常见的索引数据结构，由独特的单词列表构成，这些单词在数据集中的任何文档中都有出现。此外，每个单词的出现位置或频率也可以被存储起来。在构建索引的过程中，可以根据数据集特性，例如大小、静态还是动态、直接索引与倒排索引之间的选择及硬件限制等因素，采用不同的索引算法。

例如，假设有3个文档，每个文档包含一些词语，见表11-2。

表11-2　用于倒排索引的文档示例

文档编号	文档内容
Doc1	标题：计算机科学导论 正文：计算机科学是一门广泛的学科，涵盖了算法、数据结构、编程等内容
Doc2	标题：数据结构与算法 正文：数据结构与算法是计算机科学中的重要主题，它们用于解决各种问题
Doc3	标题：编程入门 正文：编程是计算机科学的核心技能之一，学习编程可以帮助你构建各种应用程序

通过创建一个倒排索引，将每个单词与包含它的文档关联起来。假设只考虑单词和文档的关系，不考虑单词出现的位置信息，构建的倒排索引见表11-3。

表11-3　倒排索引结构示意

单　词	文　档
计算机科学	Doc1
计算机	Doc1、Doc2、Doc3
科学	Doc1、Doc2、Doc3
数据结构	Doc2
算法	Doc2
编程	Doc1、Doc3
入门	Doc3

现在，如果要查找包含特定关键词的文档，则只需查询倒排索引。例如，如果用户搜索"计算机科学"，则可以很快地找到包含这个短语的Doc1。这使搜索引擎能够快速地返回相关的文档，而不必遍历所有文档的内容，极大地提高了搜索效率。这是倒排索引在信息检索中的基本应用之一。在实际系统中，倒排索引结构会更加复杂，通常还会包含单词权重、单词位置等额外信息，通过设计排名算法来提高搜索结果的相关性。

(4) 检索模型：在构建的索引和用户提供的查询作为输入的前提下，检索模型运用相关度评分算法来评估许多文档与给定查询之间的关联程度。通常来讲，分数越高，文档与查询的关联性越强。信息检索系统通常包含多种不同类型的检索模型，每个模型使用相应的算法来计算文档与查询之间的相似度。

(5) 检索系统的输出：系统输出是一个排名列表,其中含有一系列从数据集中检索的文档,并且按照文档得分进行排列,将结果返给用户。

(6) 评估对照标准：这些标准也被称作为 Qrels 文件,通常为文本格式,其中包含关于查询文档对的相关性的判断,该文件是被用于评估检索系统性能的标准。一个 Qrels 文件的格式和样本例子,见表 11-4。

表 11-4 Qrels 文件的例子

Topic	Iteration	Document	Relevancy
1	0	ABC6060601610	0
1	0	ABC6060606071	1
2	0	ABC6060611121	1
2	0	ABC6060611160	0
2	0	ABC6060611061	1

其中,Topic 是主题或者查询的编号;Iteration 是反馈迭代,一般为 0 并且不使用;Document 是文档的编号;Relevancy 采用二进制代码,0 表示不相关,1 表示相关。Relevancy 也可以使用多级分类的相关性表示形式,例如使用 0 表示不相关,使用 1 表示有些相关,使用 2 表示绝对相关。Qrels 文件中文档的顺序并不表示相关性或相关程度,仅给出相关或不相关的判断,并且未出现在 Qrels 文件中的查询文档对没有经人类评估员判断,一般被认为不相关。

文本排序模型的训练需要大量的标注数据,即查询和文档之间的相关性标签。通常,这些标签是由人工标注或从搜索引擎日志中收集得到的。对于特定任务,构建高质量的训练数据集是一项挑战。

(7) 信息检索系统的评估：信息检索系统可从多个角度进行评估,包括但不限于主题相关性、实用性、有用性、用户满意度、可理解性、可靠性等。通常而言,传统的信息检索系统主要关注主题相关性,而在另一方面,相关的研究工作更加集中在努力提升信息检索系统的性能,以通过检索更多相关信息来满足文件检索的需求。

信息检索技术的发展历经多代演变,具有代表性里程碑意义的技术演变有 20 世纪七八十年代 Rocchio 等人提出的相关反馈(Relevance Feedback)技术,以及出现的 Cranfield 评估范式等;90 年代 BM25 模型的出现使信息检索技术上了一个新的台阶;21 世纪初机器学习技术被应用于信息检索,促进了排序学习技术和相关模型的发展;接下来,随着深度学习技术的蓬勃发展,基于预训练语言模型的检索技术使信息检索技术获得了进一步的发展;当前,大语言模型的出现和应用也必将会为信息检索带来新的发展机遇。

信息检索平台的发展也历经多代,典型的代表有早期的 SMART,中期的基于精确检索的 Lemur、Indri、MG4J、Terrier、Lucene、Anserini 和目前基于深度学习框架的 TensorFlow Ranking、PyTerrier、Matchzoo、Opennir 等。

11.2　文本检索模型

典型的文本检索系统主要包含检索和排序两个步骤。检索是指从海量文档中找出可能与查询相关的文档，排序则是根据被检索出来的文档与查询的相关性进行排名。经过排序的文档作为最终的检索结果返给用户。

在信息检索中，检索模型具有关键重要性，其旨在满足系统的两个重要目标。

(1) 表征(Representation)：定义了如何表示查询和文档。

(2) 评分(Scoring)或排序(Ranking)：将文档与查询匹配时对文档进行评分或排名。

传统上的经典检索模型可以被归类为 4 种主要类型，即布尔模型、向量空间模型、概率模型和统计语言模型。在这些信息检索模型中，布尔模型通常被用于专业领域，其用户多是了解某一特定领域知识的领域专家。

11.2.1　经典检索模型

6min

每个类别的一些代表性的模型，见表 11-5。

表 11-5　经典检索模型代表例子

Retrieval Model	Examples
Boolean Model	Boolean Model
Vector Space Model	TFIDF
Probabilistic Model	BM25，Binary Independence Model
Statistical Language Model	LM_Dirichlet，LM_Hiemstra

(1) 向量空间模型：向量空间模型作为一种经典的信息检索模型，将查询或文档的内容表示为向量在一个向量空间中。在向量空间模型中，词频-逆文档频率(Term Frequency-Inverse Document Frequency，TF-IDF)是最常被使用的表示方法。TF-IDF 是一种常用的文本特征表示方法，用于衡量词语在文本中的重要性。词频代表词语在文本中的出现频率，逆文档频率用于降低常见词的权重，增加稀有词的权重。通过计算查询和文档的词频-逆文档频率值，并结合其他特征进行排序。尽管计算简单，但是词频-逆文档频率在信息检索领域的应用中扮演着重要的角色。此外，在传统方法中，可以使用词向量来表示文本。Word2Vec 和 GloVe 是常见的词向量模型，它们将词语映射到低维向量空间，以捕捉词语的语义信息，然后可以计算查询向量和文档向量之间的余弦相似度，以此来评估两者的语义相关性。

(2) 概率模型：概率模型采用与布尔模型或向量空间模型不同的原理。概率模型中典型的代表是 BM25。当文档与查询相关时会将文档与查询之间的相似度计算为概率。

BM25 源于概率理论和概率排序原则。如果从检索到的文档按照其与查询相关的概率递减排列，则系统的效能将达到最优水平。BM25 考虑了查询词在文档中的频率和文档长度等信息，从而得出一个综合的相似度评分，这些数据可以被用来评估系统的表现。BM25是一种基于概率的文本相似度度量方法，用于计算查询和文档之间的相似度。它在信息检索领域被广泛应用，特别适用于文本排序任务。

与主要关注词频、逆文档频率的模型相比，BM25模型将更多的因素融合进了其加权方案中，例如文档长度、查询长度、词频、查询中的词频、文档中术语的频率、相关性反馈及逆向文档交换频率。BM25同样运用了调整参数，以最佳地优化在开发和测试集合中的性能。

BM25的计算公式可以表示为

$$\text{BM25}(D,Q)=\sum_{i=1}^{n}\frac{(k+1)\cdot f(q_i,D)}{f(q_i,D)+k\cdot\left(1-b+b\cdot\frac{\text{dl}(D)}{\text{avgdl}}\right)}\cdot\log\frac{N-n(q_i)+0.5}{n(q_i)+0.5} \tag{11-1}$$

式(11-1)中，BM25模型中的主要参数及其含义如下：

D 是文档；

Q 是查询；

n 是查询中的词数；

q_i 是查询中的第 i 个词；

$f(q_i, D)$是文档 D 中词 q_i 出现的频次；

N 是文档集合中的文档总数；

$n(q_i)$是包含词 q_i 的文档数；

$\text{dl}(D)$ 是文档 D 的长度或者词数；

avgdl 是文档集合中平均文档长度；

k 和 b 是可调节的参数。

BM25的核心思想是根据词频来评估文档与查询之间的相关性，它也考虑了文档长度及词的全局信息。通过调整 k 和 b 参数，可以调节词频和文档长度对得分的影响，以适应不同的信息检索场景。BM25在实际应用中表现出色，通常用于提高搜索引擎的搜索质量。

BM25检索模型在信息检索领域被成功应用，并在多个搜索任务中展现出其有效性和实用性，常被用于构建系统的基线。

(3) 统计语言模型：不同于基于向量空间的TF-IDF模型，类似于概率模型，统计语言模型基于计算词与词之间的共现概率。统计语言模型假设文档与查询之间存在关联，即文档模型能够生成查询。在利用语言模型进行与查询相关的文档检索时，每个文档被视为一种语言模型，而查询则被视为这一模型所生成的输出。检索到的文档会依据生成的相关性进行排序。语言建模技术统计语言模型在信息检索领域已取得成功应用，它们为在加权方案中分配权重提供了理论基础。

11.2.2 文本的排序

文本排序模型的主要任务是对输入的一系列文本进行排序，以便按照重要性、相关性或其他标准对它们进行排列。这种模型在文档检索、协同过滤、关键词提取、定义查找、重要电子邮件路由、情绪分析、产品评级和反 Web 垃圾邮件等领域中具有广泛的应用。

排序是文本检索中的一个重要的文本处理任务，不同的应用场景可能需要采用不同的模型架构和优化策略，以获得最佳性能从而达到不同的排序目标。在文本排序中，常见的情况是给定一个查询和一组文档，模型会评估每个文档与查询的相关性，并根据得分对文档从最相关到最不相关进行排序。

有多种方法可以构建文本排序模型，以下是其中一些常见的方法。

1. 基于特征的方法

基于特征的文本排序方法是在深度学习方法兴起之前使用的排序方法。这种排序方法可以从查询和文档中提取特征，如 TF-IDF、BM25、词向量等，然后把这些特征作为输入，使用常见的机器学习算法来训练排序模型，如逻辑回归、支持向量机或决策树等来训练排序模型。

这类方法在特征提取和选择上效果良好，在一些场景下仍然具有一定的效果，特别是在数据量较小、资源有限的情况下。

2. 神经网络方法

近年来，随着深度学习的发展，越来越多的文本排序模型采用神经网络进行建模。例如，Transformer 模型由 Attention 机制构建，是一类在自然语言处理领域取得重大进展的神经网络模型，其中，BERT 是一种常用的预训练 Transformer 模型，可以通过微调 BERT 或其他 Transformer 模型来解决文本排序问题，使其适应特定的任务。

经典检索模型或者传统检索模型方法一般依赖于查询和文档中的精确匹配（Exact Match）。这种查询方式也被称作精准查询（Exact Search）。这种查询方式容易引起的一个问题是单词不匹配（Vocabulary Mismatch Problem）。

解决这问题的思路有 3 种：

(1) 增强查询语句的表达（Enriching Query Representation）。例如，查询扩展技术（Query Expansion，QE）。

(2) 增强文本的表达（Enriching Documents Representation）。

(3) 基于语义的匹配方法（Semantic Matching）使用同义词和解释等方式，能够在一定程度上解决精准匹配问题。

(4) 其他方法。例如，LSA、LDA 技术等方法。

当今的检索系统多采用两段式检索方法，即检索加重新排序的方法。首先，进行关键字搜索，使用针对倒排索引的查询技术，由基于精准查询的评分模型进行排序匹配，该检索阶段称为候选生成、初始检索或第一阶段检索。这一阶段通常采用经典的基于词频统计的检索模型，例如 BM25。第二阶段，对第一阶段检索出来的候选结果使用基于深度学习方法的模型进行重排序（Reranking），这个阶段目前主要使用以 Transformers 为基础的模型，例如 BERT 模型。

11.3 文本检索的评估

排序模型的评估是为了衡量模型在文本排序任务中的性能和效果。由于文本排序是一个排列问题,传统的分类模型评估指标(例如准确率)并不适用。常见的用于排序模型评估的指标包括以下几种:

混淆矩阵(Confusion Matrix)也称误差矩阵,是一种可以用于总结模型预测结果的可视化工具。

如表 11-6 所示,混淆矩阵通常表示成一种具有两个维度的列联表(Contingency Table),以矩阵形式对数据集中地进行记录,按照真实的类别与分类模型预测的类别进行汇总。

表 11-6 混淆矩阵

Predict	Actual	
	Relevant	**Irrelevant**
Retrieved	True Positive (TP)	False Positive (FP)
Non-retrieved	False Negative (FN)	True Negative (TN)

其中,混淆矩阵的行表示预测值(Predict),矩阵的列表示真实值(Actual)。以二分类为例,矩阵内每项的含义如下:

(1) True Positive(TP)表示模型预测值和真实值均为正值(Positive)。

(2) False Positive(FP)表示真实值为负值(Negative),模型预测值为正值。

(3) False Negative(FN)表示真实值为正值,模型预测值为负值。

(4) True Negative(TN)表示模型预测值和真实值均为负值。

11.3.1 精确度

精确度(Precision,P)是计算准确率的指标。使用表 11-6 的混淆矩阵,精确度的公式可以表示为

$$\text{Precision}=\frac{\text{True Positive}}{\text{True Positive}+\text{False Positive}} \tag{11-2}$$

信息检索中,精确度的含义为被检索出的文档(Retrieved Documents)中的相关文档(Relevant Documents)所占的比例,可以用公式表示为

$$\text{Precision}=\frac{\text{Relevant Documents}}{\text{Retrieved Documents}} \tag{11-3}$$

信息检索中,常用的评估指标是 $P@k$,其含义为在前 k 个检索结果中,相关的文档占总数的比例。例如,如果在前 10 个检索到的结果中有 7 个是相关的,则 $P@10$ 的值为 0.7。

11.3.2　召回率

召回率(Recall,R)是衡量模型能够找回所有正确结果的指标。使用表 11-6 的混淆矩阵,召回率的公式可以表示为

$$\text{Recall}=\frac{\text{True Positive}}{\text{True Positive}+\text{False Negative}} \tag{11-4}$$

信息检索中,召回率为被检索出的相关文档(Retrieved Relevant Documents)占全部相关文档(Total Relevant Documents)的比例,召回率可以用公式表示为

$$\text{Recall}=\frac{\text{Retrieved Relevant Documents}}{\text{Total Relevant Documents}} \tag{11-5}$$

$R@k$ 指前 k 个排序结果的召回率。

$P@k$ 和 $R@k$ 从两个不同的角度对检索系统的性能进行评估,$P@k$ 关注检索结果里面前 k 个结果中多少个是相关的,而 $R@k$ 关注的是在所有相关结果中,系统找回了多少。结合使用这两种指标,可以对检索系统进行更加全面的性能评估。F 值(F-Score)则同时考虑到了准确率和召回率,相当于准确率和召回率的一种加权。

例如,假设系统返回的前 10 个结果中有 7 个是相关的,那么 $P@10$ 的计算结果为 7/10＝0.7。如果只看 $P@10$,则系统会呈现较好的性能,然而,如果 $R@10$ 的评估结果是 0.06,则可能需要重新考虑该系统的性能。因为尽管系统在前 10 个结果中找到了很多相关结果,但它错过了数据库中大量的相关结果。在实际使用中,需要结合相应的检索任务对评估标准进行选择。

11.3.3　平均准确率

均值平均精确度(Mean Average Precision,MAP)是衡量排序模型性能的常用指标之一。

平均精确度(Average Precision,AP)的计算公式:

$$\text{AP}=\frac{1}{N}\sum_{1}^{k}(P@k\times \text{Rel}@k) \tag{11-6}$$

其中,N 是前 K 个文档中相关文档的总数;$P@k$ 是准确率在位置 k 的精确度值;如果在位置 k 的文档是相关的,则 $\text{Rel}@k$ 的取值为 1,如果不相关,则为 0。

给定一组查询,均值平均精确度的计算公式可以表示为

$$\text{MAP}=\frac{1}{Q}\sum_{q=1}^{Q}\text{AP}(q) \tag{11-7}$$

其中,Q 为集合中查询的数量;$\text{AP}(q)$是对于给定的查询 q 的平均精确度。

例如,假设使用某搜索系统进行了 3 次查询,见表 11-7。表中的列“排序”表示系统的检索排序结果;列“是否相关”表示检索的结果实际上是否有查询相关,1 表示相关,0 表示不相关;列“$P@k$”则给出了精确度的计算的公式和相应结果。

表 11-7　均值平均精确度计算示例

查询一				查询二				查询三			
排序	是否相关	$P@k$		排序	是否相关	$P@k$		排序	是否相关	$P@k$	
1	1	1	1	1	1	1	1	1	0	0	0
2	1	2/2	1	2	1	2/2	1	2	1	1/2	0.5
3	1	3/3	1	3	0	2/3	0.67	3	1	2/3	0.67
4	0	3/4	0.75	4	0	2/4	0.5	4	1	3/4	0.75
5	0	3/5	0.6	5	0	2/5	0.4	5	0	3/5	0.6
6	0	3/6	0.5	6	1	3/6	0.5	6	1	4/6	0.67
7	0	3/7	0.43	7	0	3/7	0.43	7	0	4/7	0.57
8	0	3/8	0.38	8	0	3/8	0.38	8	0	4/8	0.5
9	1	4/9	0.44	9	0	3/9	0.33	9	0	4/9	0.44
10	1	5/10	0.5	10	1	4/10	0.4	10	0	4/10	0.4

根据式(11-6),查询一的平均精确度的计算结果为

$$\mathrm{AP}=(1+1+1+0+0+0+0+0+0.44+0.5)/5=0.788$$

查询二的平均精确度的计算结果为

$$\mathrm{AP}=(1+1+0+0+0+0.5+0+0+0+0.4)/4=0.725$$

查询三的平均精确度的计算结果为

$$\mathrm{AP}=(0+0.5+0.67+0.75+0+0.670+0+0+0)/4=0.6475$$

根据式(11-7),均值平均精确度的计算结果为

$$\mathrm{MAP}=(0.788+0.725+0.6475)/3=0.7202$$

在这个例子中,得到的均值平均精确度约为 0.7202。均值平均精确度越高说明搜索结果的相关性越高,搜索引擎的性能越好。

11.3.4　平均倒数排名

平均倒数排名(Mean Reciprocal Rank,MRR)主要用于评估检索系统中的排序质量。它关注的是在给定查询的情况下,第 1 个正确结果出现在排名中的位置。平均倒数排名的计算公式如下:

$$\mathrm{MRR}=\frac{1}{N}\sum_{i=1}^{N}\frac{1}{\mathrm{rank}_i} \tag{11-8}$$

其中,N 是查询的总数;rank_i 是第 i 个相关文档出现的排序位置。

平均倒数排名的值介于 $1/N$ 和 1 之间,其值越接近 1,即正确结果越早出现在排名中,表示系统的排名效果越好。

在实际应用中，当查询没有找到正确结果时，可以选择将 rank_i 设定为一个较大的值，例如结果集的大小，这样平均倒数排名就会获得一个非常小的值，以便更好地体现系统性能。

可以看出，平均倒数排名不仅关注是否找到了正确的结果，还考虑了排名的顺序。

需要注意的是，MRR 针对每个查询只考虑了第 1 个正确结果的排名，而没有考虑其他正确结果或其排名，因此，它在评价那些只返回一个正确结果的系统时效果较好，但对于返回多个正确结果的系统可能不太适用。

例如，假定有一组查询及每个查询的结果排名，见表 11-8。

表 11-8　平均倒数排名

查　询	结 果 排 序	正确结果的排序	倒 数 排 名
squirrel	squirrel，giraffe，elephant，kangaroo	1	1/1
almond	peanut，chestnut，walnut，almond	4	1/4
macaron	macaron，wafer，biscuit，Cookie	1	1/1
bottle	mug，cup，bottle，glass	3	1/3
pen	pencil，pen，crayon，highlighter	2	1/2
honey	sweet，fragrant，honey，tasty	3	1/3

数字越小表示排名越靠前，例如查询 1 的正确结果排名在第 1 位。

根据公式，首先计算每个查询的倒数排名值，如表格中的最后一列所示，然后计算平均倒数排名值，即

$$\text{MRR}=(1+1/4+1+1/3+1/2+1/3)/6=0.569$$

这表示该信息检索模型的平均倒数排名是 0.569。

11.3.5　归一化折损累计增益

归一化折损累计增益（Normalized Discounted Cumulative Gain，NDCG）也是一种常用的排序模型评估指标，在搜索系统和推荐系统等领域中经常被使用。

归一化折损累计增益考虑了文档的相关性和排名位置之间的关系，将相关性分值进行折损，并对排名位置进行归一化，以计算文档排名的质量。

1. 累计增益

累计增益（Cumulative Gain，CG）是指搜索结果列表中所有文档相关性得分的累加，这个指标仅关注结果列表的相关性，而未考虑这些结果的排列位置因素。

对于搜索结果列表中的前 k 项，累计增益的公式定义如下：

$$\text{CG}@k=\sum_{i=1}^{k}\text{Gain}(i) \tag{11-9}$$

其中，k 表示搜索结果列表中的位置；$\text{Gain}(i)$ 代表在第 i 个位置处的收益或相关性得分。

累计增益衡量了搜索结果列表中前 k 项的相关性得分的累加总和，用于评估在给定位置上的结果的质量和重要性。

当谈论累计增益时，通常涉及评估搜索引擎结果的相关性，以确定搜索结果的质量。

假设有一个关键词查询"健康食谱"，搜索引擎返回了以下结果，见表 11-9。每个结果都有一个相关性得分，假设得分范围在 0 到 1 之间，1 表示最相关，0 表示不相关。

表 11-9 累计增益指标例子

相关指标	相关性得分
健康早餐食谱	0.8
简易素食午餐	0.7
低卡路里晚餐	0.6
快速健康零食	0.5
高蛋白主食推荐	0.4

如果计算前 3 项的累计增益 CG@3，则可使用式(11-9)，计算结果如下：

$$\text{CG@3}=\text{Gain}(1)+\text{Gain}(2)+\text{Gain}(3)=0.8+0.7+0.6=2.1$$

这表示前 3 项搜索结果的累计相关性得分为 2.1。累计增益可以帮助理解在给定位置上的搜索结果的质量，越高的累计增益意味着搜索结果在相关性方面越好。

2. 折损累计增益

折损累计增益(Discounted Cumulative Gain，DCG)是一个在排名评估中常用的指标，它衡量了搜索结果的排名质量，它同时考虑了搜索结果在列表中的位置及相关性得分。

折损累计增益考虑了相关性的下降情况，当在搜索结果列表的较靠后位置上出现相关性较高的文档时，对评测得分施加惩罚，惩罚比例与文档在结果列表的位置有关。折损累计增益评估方法使在搜索结果列表的前端位置获得高相关性的结果更有利于得分。

对搜索结果列表前 k 项，折损累计增益的定义有两种，如公式(11-10)和公式(11-11)所示，折损累计增益的公式定义如下：

$$\text{DCG@}k=\sum_{i=1}^{pk}\frac{\text{Gain}_i}{\log_2(i+1)} \tag{11-10}$$

$$\text{DCG@}k=\sum_{i=1}^{k}\frac{2^{\text{Gain}_i}-1}{\log_2(i+1)} \tag{11-11}$$

两个公式的分子部分是位置 i 的相关性得分，式(11-11)增加了相关度影响的比重。

分母部分 $\log_2(i+1)$ 是一个衰减因子，它使较低位置的结果获得的得分较高，以反映在排名较高的位置上的结果更有价值。

如果计算前 3 项的折损累计增益 DCG@3，按照折损累计增益的式(11-10)，则计算结果为

$$\text{DCG@3}=\frac{0.8}{\log_2(1+1)}+\frac{0.7}{\log_2(2+1)}+\frac{0.6}{\log_2(3+1)}\approx 1.927$$

这表示前 3 项搜索结果的折损累计增益约为 1.927。折损累计增益考虑了相关性得分和排名位置之间的关系，以及对排名靠后的结果进行衰减，从而更准确地评估搜索结果的质量。

3. 计算归一化折损累计增益

归一化折损累计增益是通过将实际的搜索结果和理想结果进行比较，从而评价排序质量的一个指标。

在计算 NDCG@k 时，仅考虑排序结果列表中的前 k 个项目，其公式定义为

$$\text{NDCG}@k=\frac{\text{DCG}@k}{\text{IDCG}@k} \tag{11-12}$$

将公式和代入，则有

$$\text{NDCG}@k=\frac{\text{DCG}@k}{\text{IDCG}@k}=\frac{\sum_{i=1}^{k}\frac{\text{Gains}}{\log_2(i+1)}}{\sum_{i=1}^{k}\frac{\text{Gains}}{\log_2(i+1)}} \tag{11-13}$$

其中，k 表示搜索结果列表的位置；DCG@k 表示折损累计增益，表示实际排序的累计相关性得分；IDCG@k 表示在理想情况下的最优排序的折损累计增益。

归一化折损累计增益是信息检索领域中常用的评估指标，它考虑了排名质量及相关性得分，并且通过标准化使不同查询的结果可以进行公平比较。

归一化折损累计增益通过将实际排序的得分除以理想排序的得分，以获得一个范围在 0～1 的标准化分数，以便更好地评估搜索结果的排序质量。

假设有一个查询“旅游景点推荐”，搜索引擎返回了以下结果列表及它们的相关性得分，见表 11-10。

表 11-10　累计增益指标例子

相关指标	相关性得分
珠穆朗玛峰登山指南	0.9
巴黎浪漫之旅	0.7
夏威夷海滩度假胜地	0.8
罗马古迹探索	0.6
东京现代都市游	0.5

首先，计算实际排序的折损累计增益 DCG@3：

$$\text{DCG@3}=\frac{0.9}{\log_2(1+1)}+\frac{0.7}{\log_2(2+1)}+\frac{0.8}{\log_2(3+1)}\approx 2.154$$

然后计算理想排序的折损累计增益 IDCG@3：

$$\mathrm{IDCG@3}=\frac{0.9}{\log_2(1+1)}+\frac{0.8}{\log_2(2+1)}+\frac{0.8}{\log_2(3+1)}\approx 2.389$$

最后，计算归一化折损累计增益 NDCG@3：

$$\mathrm{NDCG@3}=\frac{\mathrm{DCG@3}}{\mathrm{IDCG@3}}=\frac{2.154}{2.389}\approx 0.901$$

这表示前 3 项搜索结果的归一化折损累计增益约为 0.901。

4. NDCG 背后的思想

见表 11-11，假设有查询 q_1,q_2,q_3，针对一个查询，搜索结果为 5 项，并在结果列表中的位置进行了排序。每个结果的相关性为增益值，0 表示不相关，1 表示相关。

表 11-11　查询结果的归一化折损累计增益计算

查询 q_1		查询 q_2		查询 q_3	
排名	相关性(增益值)	排名	相关性(增益值)	排名	相关性(增益值)
1	0	1	1	1	1
2	0	2	0	2	0
3	1	3	1	3	0
4	1	4	0	4	0
5	1	5	1	5	0

使用式(11-9)、式(11-10)和式(11-12)分别计算 CG、DCG、IDCG 和 NDCG 的值，见表 11-12。

表 11-12　查询结果的归一化折损累计增益计算

评估指标	查询 q_1	查询 q_2	查询 q_3
CG	$0+0+1+1+1=3$	$1+0+1+0+1=3$	$1+0+0+0+0=1$
DCG	$\frac{0}{\log_2(1+1)}+\frac{0}{\log_2(2+1)}+\cdots+\frac{1}{\log_2(5+1)}\approx 1.31752$	$\frac{1}{\log_2(1+1)}+\frac{0}{\log_2(2+1)}+\cdots+\frac{1}{\log_2(5+1)}\approx 1.88685$	1
IDCG	$\frac{1}{\log_2(1+1)}+\frac{1}{\log_2(2+1)}+\frac{1}{\log_2(3+1)}\approx 2.13093$	$\frac{1}{\log_2(1+1)}+\frac{1}{\log_2(2+1)}+\frac{1}{\log_2(3+1)}\approx 2.13093$	$\frac{1}{\log_2(1+1)}=1$
NDCG	$\frac{1.31752}{2.13093}\approx 0.61828$	$\frac{1.88685}{2.13093}\approx 0.88546$	$\frac{1}{1}=1$

根据计算结果，可以看出查询 q_1 和 q_2 的累计增益值相同。

但是，对比两组的折损累计增益发现，q_2 的折损累计增益的结果好于 q_1，也就意味着在

q_2 组的搜索结果中，rank 较高的项目相关性更高，因此获得了更高的得分。

在实际应用中，当用户进行搜索时总是希望最相关的结果排在最前面，这样的排序结果应该获得最高的折损累计增益值。

对应上面的例子，q_3 组应该是最佳的检索排序结果，因为该组中所有最相关的 item 在结果列表中的顶部，它的评估值应该最高。

使用 IDCG 来计算归一化折损累计增益。从表的计算结果可以看出，q_3 组的归一化折损累计增益的值最高，符合实际的需求，是更加合理的评估指标。

以上介绍了检索系统的一些常用评估指标，在进行实际的系统评估时，应该使用与应用场景相匹配的指标来衡量排序模型的有效性，因为不同的任务可能对排序结果有不同的要求。

11.4 查询扩展技术

5min

查询扩展是信息检索领域内的一项技术，目的在于提升搜索引擎搜索结果的质量，其原理是对原始查询进行扩展，涵盖相关词汇、同义词、相关主题等，从而增加检索到相关文档的机会。这种技术能够增加检索结果的召回率，进而获取更多相关文档；同时，由于注入了更多信息，还有助于有效降低多义性。

假设用户查询的原始查询为 Q_o，使用自数据源添加的新词汇为 Q_a，那么，重构的查询 Q_a 可以表示为

$$Q_e = Q_o \cup Q_a \tag{11-14}$$

借助查询扩展技术可以弥合一般用户与专家之间的语言差异，解决单词不匹配的问题。例如，见表 11-13，其中列举了用于描述心脏病发作的一系列英文词汇，分别是普通用户和专家用户的常用表述。设想一个用户在搜索系统中输入了查询短语 heart attack。基于传统的关键词匹配(Keyword Matching)技术的原理，检索结果可能会含有单词 heart、attack 或者 heart attack，然而，某些文档可能仅涉及专家常用的词汇，例如 cardiac infarction，尽管这类文档不包含查询中的任何一个词汇，但它们同样与该查询相关。为了解决这一问题，可采用查询扩展技术。

当然，后来出现的词嵌入的表示方式，例如 Word2Vec 等，将查询和文本标识为 Embeddings 的形式，然后通过相似度计算能够更好地解决准确查询中单词不匹配的问题。

表 11-13 普通用户和专业人士之间在描述心脏病发作时的语言差距

普通用户常用词汇	专家用户常用词汇
attack hearts, attacking heart, heart attack, heart disease, heart failure	cardiac infarction, cardiovascular stroke, coronary attack, disorder infarction myocardial, heart attack, myocardial infarct, myocardial infarction, myocardial infarcts, myocardial necrosis, syndrome myocardial infarction

查询扩展技术的流程如图 11-2 所示。首先,进行预处理,包括标记化和标准化;其次,利用扩展资源寻找新增单词并运用扩展技术;最后,构建扩展后的查询,将这些新词与原有词汇整合。

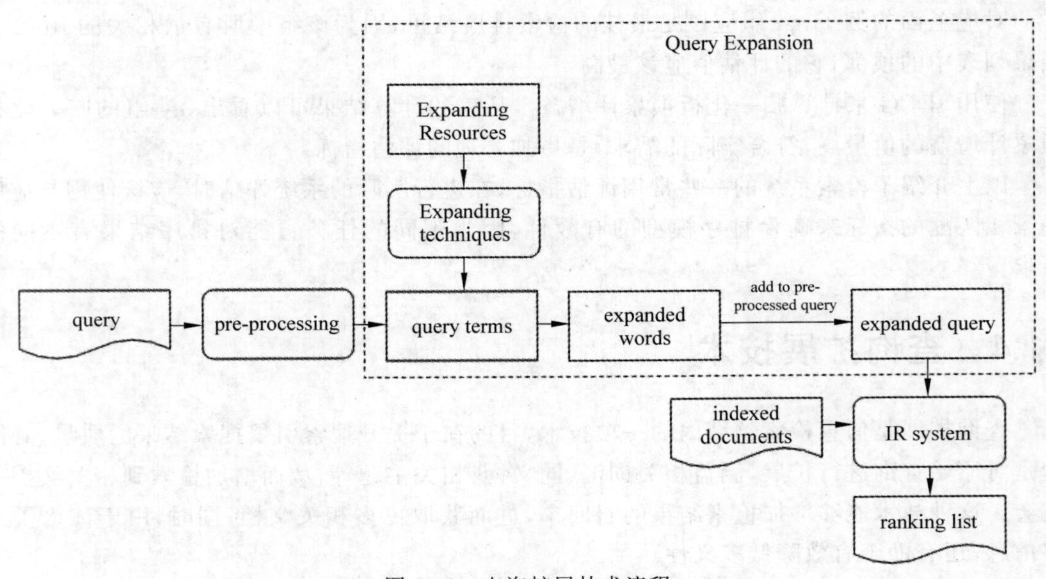

图 11-2　查询扩展技术流程

1. 扩展词汇思路

查询词汇的扩充有多种选择。

(1) 同义词扩展:在搜索查询中添加与用户输入词汇相关的同义词,以便更全面地涵盖相关文档。例如,将“汽车”扩展为“车辆”“轿车”等。

(2) 相关词汇扩展:根据查询词汇的上下文,引入与之相关的其他词汇。例如,对于查询“苹果”,可以引入“手机”“水果”等相关词汇。

(3) 领域特定术语扩展:根据特定领域的知识,将与查询相关的领域术语引入查询中,以提高领域内文档的检索效果。

(4) 语义扩展:基于词汇之间的语义关系,扩展查询以涵盖相关但未直接包含在查询中的内容。这可能涉及词嵌入、词汇网络等技术。

(5) 用户反馈:利用用户的搜索历史和单击行为,获取用户的意图,并据此扩展查询,以便更好地满足用户的信息需求。举个例子,通过分析用户的搜索日志,可以发现许多搜索词的常见搭配,并进一步扩展查询。

(6) 资源链接扩展:在查询结果中为相关查询词汇提供链接,以便用户可以进一步了解相关主题。

(7) 查询重写:根据用户的查询意图,对查询进行重写,以更精确地捕捉用户的信息需求。

(8) 基于上下文的扩展:考虑查询词汇在整个查询上下文中的含义,扩展查询以更好地匹配用户的意图。

(9) 实体识别：识别查询中的实体(如人名、地名、组织名等)，并根据这些实体扩展查询，以获取更精确的结果。

这些查询扩展技术可以单独或组合使用，以提高搜索引擎的结果质量和用户满意度。不同的技术适用于不同的应用场景和用户需求。

2. 查询扩展数据源的选择

数据源的选择是查询扩展技术研究的关键方面。可以利用各种不同类型的技术和资源来寻找与查询词相似或相关的单词。通常而言，查询扩展技术可以根据新增单词的引入方式分为两个主要来源：

(1) 基于相关反馈的查询扩展技术。这一方法运用最初检索结果中获得的相关反馈，以对原始查询进一步地进行细化。这种方法也被称为局部方法。

(2) 基于同义词库的查询扩展。在这种方法中，使用同义词库来拓展查询词汇。这些同义词是从同义词库中获得的。这一方法也被称为全局方法。

3. 基于相关反馈的查询扩展

将相关性应用于查询扩展的过程可以总结为 5 个步骤：

步骤 1，用户将查询提交至搜索系统。使用原始查询语句完成首次检索。

步骤 2，搜索系统返回一系列与首次检索相关的搜索结果。

步骤 3，首次检索结果经过人工评估员的审定或者借助加权模型的判定进行反馈，被分类为相关或不相关。

步骤 4，基于上述反馈，搜索系统构建一个新的扩展的查询，旨在更好地表达所需信息。

在步骤 3 和步骤 4 中，可以采用多种相关性反馈技术，例如 Rocchio 算法、概率相关性反馈(Probabilistic Relevance Feedback)和伪相关性反馈(Pseudo Relevance Feedback，PRF)等用以决定如何添加合适的单词以增强原始查询的质量。

步骤 5，使用扩展后的查询进行新一轮的检索，从而获得经过重新排名的结果列表，并将其返给用户。

为了进一步解释基于相关反馈的查询扩展技术的工作原理，以伪相关性反馈技术为例展示其在信息检索系统中的流程，如图 11-3 所示。

伪相关反馈也称为盲反馈，是一种可提升检索性能的技术，无须依赖用户的交互。该方法进行初始检索，并假设排名较高的文档是与查询相关的。

对于给定的查询和数据集，检索系统首先执行数据检索，并返回初始的排名列表。新添加的术语是从初始排名列表的前 n 个文档中提取的。随后，生成扩展查询 q'，该查询包括原始查询及新增的扩展术语。搜索系统再次检索相同的数据集，生成新的查询 q' 并返回基于扩展的排名列表。

4. 基于同义词库的查询扩展

与带有相关性反馈的查询扩展不同，对于一个给定的查询术语，其同义词或相关词可以自动地从同义词库中识别出来。已经有许多方法被研究用于构建同义词库，这些方法可以

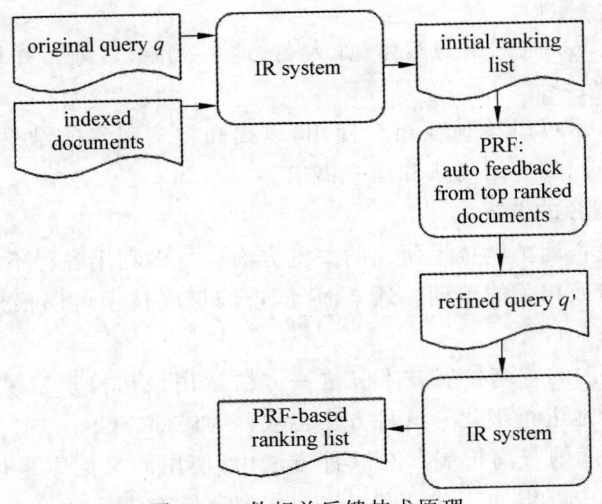

图 11-3　伪相关反馈技术原理

总结为以下两种：

（1）手动管理和维护同义词库。例如，医疗领域的 UMLS Metathesaurus。

（2）利用对文档集合的分析来自动生成同义词库，这可以包括对单词出现的统计或进行浅层语法分析等方法。例如，基于神经网络技术用于生成词嵌入的 Word2Vec、GloVe 和 FastText。

11.5　排序学习

11.5.1　排序学习技术概述

在神经网络和语义匹配被应用于信息检索领域之前，人们对基于机器学习的排序学习技术进行了深入研究。

在某种程度上来讲，经典检索模型 BM25 可以被看作一种无监督学习（Unsupervised Learning），包含可以调优的参数，例如其中的 k 值和 b 值。

相比之下，排序学习技术则被看作监督学习（Supervised Learning），需要进行大量的特征工程。

在信息检索研究领域，可以利用机器学习技术来增进排名结果，这一方法被称为排序学习。排序学习是基于特征的文本排序方法。

排序学习检索模型的典型结构，如图 11-4 所示。给定一组查询和相关的文档集合，排序学习的目标是学习一个排序模型 h，将查询项与文档对之间的相关性（Relevance）映射为相应的排序分数，使相关性高的文档在排序结果中排名较高。

（1）训练数据：训练数据（Training Data）由 3 个要素构成，即查询语句、相关文档集合，以及用于评定查询和文档对的关联程度的相关性判断标准文件（Qrels 文件）。这些训练数

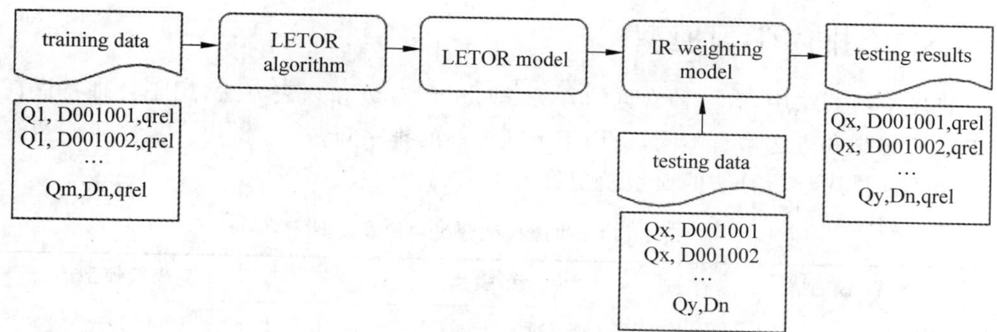

图 11-4　排序学习检索模型

据被应用在机器学习算法上，以生成学习排序模型。测试数据（Testing Data）的构建与训练数据相似，包含测试查询和相关文档。对于这些测试查询，排序学习模型与检索模型协同作用，根据文档与查询的关联性对文档进行排名，然后提供相应的文档排名列表作为对查询的回应。

通常，对于庞大的数据集，对于检索到的数据文档，只选择检索结果中得分较高的文档，例如前 100 条，交由人类评估员来评价，生成 Qrels 文件，用于排序学习模型的训练。

（2）排序学习算法：通常，排序学习算法可以分为点级方法（Pointwise）、对级方法（Pairwise）和列表方法（Listwise）三类。点级方法关注单个文档并训练特定于该文档的分类器，然后该分类器被用来预测文档与查询之间的相关性程度。对级方法在文档对之间进行训练，寻找最佳的排序对或每对文档之间的相对偏好。列表方法则从整个文档列表角度出发，旨在寻找最优的整体排序方案。

（3）排序学习中的特性：创建特征列表（Feature List）是应用排序学习算法的关键任务之一。根据不同的应用场景，可以从数据中提取各种特征，并结合机器学习技术来构建排名学习模型。在文本检索中，根据其对查询的依赖程度，特征可以分为两类：

查询无关（Query Independent）特征，这类特征与查询无关，只从文档中提取。例如，文档长度，以及文档的 PageRank 值等。

查询相关（Query Dependent）特征，这类特征是从查询和文档对中进行抽取而获得的。例如，某个检索模型的对查询文档对的评分分数。

（4）测试过程：根据训练数据与测试数据的来源是否相同，测试过程可以分为两类。

训练数据和测试数据来自相同的集合。在这种情况下，提供的查询被划分为训练集、验证集和测试集。首先，训练子集中的查询及查询的相关文档用于训练学习排序模型，使用排序学习的流程训练模型；验证部分用于调优训练出来的模型，然后利用测试查询来评估模型性能。

训练数据与测试数据来自不同的集合。训练或验证是基于一个数据集合来完成的，测试过程则是在不同于之前集合的新集合上进行测试的。

11.5.2 排序学习模型

在排序学习算法中，有3种常见的方法，即点级、对级和列表方法，用于处理排序任务。它们的核心思想和方法略有不同，适用于不同类型的排序问题。

三类不同排序学习算法的典型模型见表11-14。

表11-14 排序模型分类和代表模型

点级模型	对级模型	列表级模型
MART (2001) Random Forest (2001) PRank (2002) McRank (2007)	RankSVM (2000) RankBoost (2003) RankNet (2005) LambdaMART (2010) DirectRanker (2019) PairRank (2021) DeepPLTR (2021)	ListNet (2007) Coordinate Ascent (2007) AdaRank (2007) DLCM (2018) DeepQRank (2020) SetRank (2020) PiRank (2021) PoolRank (2021) ListMAP (2022)

1. 点级模型

点级模型方法将排序问题转换为一个回归或分类问题。每个待排序的文档都被视为一个独立的数据点，每个数据点通常具有一个实数值的相关性得分。

使用监督学习模型，例如线性回归、支持向量回归、神经网络等来预测每个文档的相关性得分。

预测的得分用于对文档进行排序。最终的排序是独立的，不考虑排序结果之间的相互关系。

点级模型的代表性算法有MART(Multiple Additive Regression Tree)和随机森林(Random Forest)等。

1) MART

MART是一种集成学习方法，结合了回归树和梯度提升算法。MART是由各种回归树组成的集成模型，每个回归树通过将输入空间分割为多个区域，并在每个叶节点上应用回归模型来预测输出值。MART通过迭代训练，逐步改进模型的预测能力。在每轮迭代中，根据当前模型的预测结果和实际输出值之间的差异，构建一个新的回归树来完善模型尚未解释的部分。

MART的优势主要如下。

(1) 有效地选择和排序特征：可以通过分析回归树的重要度指标，对特征有效地进行选择和排序。

(2) 强大预测能力的模型：由于MART算法组合了多棵回归树，所以能够捕捉到各种特征之间的复杂的非线性关系，从而建立出具有强大预测能力的模型。

(3) 模型的可解释性：每棵回归树都可以被解释和可视化。这使人们可以理解模型的决策过程，并针对实际问题进行调整和优化。

MART 的不足之处主要如下。

(1) 算法训练时间较长：该算法需要通过逐步迭代的方式训练大量的回归树，并将它们的预测结果累加起来，这就会导致其在大规模数据集上的训练时间较长。

(2) 容易过拟合：如果使用过多的回归树和过高的迭代次数，则 MART 算法可能容易过拟合训练数据，会导致在新数据上的泛化能力下降。

2) 随机森林

随机森林通过构建多棵决策树进行预测并结合这些决策时的结果来提高预测的准确性。

随机森林算法的优点：

(1) 各棵决策树是相互独立的，可以并行构建和预测。

(2) 对于高维数据和大规模数据有效。

(3) 能够通过组合多棵决策树的预测结果，减少对单棵决策树的偏倚，从而得到更准确的预测结果。它在处理各种复杂的问题时表现较好，具有较高的准确性。

随机森林算法的缺点：

(1) 可解释性较差。由于随机森林是基于多棵决策树的集成，整体模型的预测结果相对复杂，不太容易进行解释。

(2) 训练时间较长。当决策树数量较多时，随机森林的训练时间会增加。

3) MART 与随机森林算法比较

MART 算法以逐步改进模型为目标，通过连续的迭代来增加回归树，每棵树的预测结果都会与残差按权重相结合，最终形成整体模型的预测结果。

相比之下，随机森林是由多棵独立的决策树组成的集合模型，每棵树都可以单独进行预测，最后通过投票或平均等方式来获得最终的预测结果。

随机森林注重并行训练和引入随机性，因此特别适用于处理高维数据，而 MART 算法则通过串行训练和持续的迭代逼近，以逐步改进模型，从而提高预测精度。

在 MART 中，每次迭代都会添加一棵回归树，这些回归树是按顺序串行生成的。

2. 对级模型

对级模型方法关注项之间的相对排序，其目标是建立一个模型，能够比较两个项，判定哪一项在排序中更相关或更重要。

通常情况下，数据集中包含一系列成对的项，每对项都伴随着一个标签，用于指示哪个项应该在排序中排在前面。

训练模型的目标是最大化正确地进行成对排序。常见的模型包括 RankNet、RankBoost 和 RankSVM 等。

对级模型方法可以考虑到项之间的相对重要性，但不能直接生成完整的排序列表。

1) RankSVM

RankSVM 是 SVM 在排序问题上的一种应用扩展。对于排序问题，将其转换为二分类问题，然后使用支持向量机分类模型进行学习求解。支持向量机的基本想法是求解能够正确划分训练数据集并且几何间隔最大的分离超平面。这样的超平面有无穷多个，但是几何间隔最大的分离超平面却是唯一的。

RankSVM 的优点：

（1）将排序问题转换为二分类问题，利用支持向量机的强大分类能力进行排序学习。

（2）克服一般排序方法中的不稳定性和复杂度，具有较好的泛化能力。

（3）能够处理非线性特征，通过合适的核函数进行映射，提高了模型的非线性表达能力。

RankSVM 的缺点：

（1）RankSVM 的计算复杂度较高，尤其是在处理大规模数据集时，训练时间会较长。

（2）对于大规模数据集的存储和内存消耗也较大，需要较强的计算资源。

（3）在处理包含噪声或异常值的数据时，RankSVM 可能对这些极端样本过于敏感，从而导致模型性能下降。

2）RankBoost

基于集成学习的 Boosting 算法。Boosting 是一种通过串行训练多个弱分类器，例如决策树(Decision Tree)或 k-近邻法(k-Nearest Neighbor，k-NN)，然后将它们加权组合成强分类器的算法。RankBoost 通过迭代更新样本的权重和学习多个弱排序模型，最终将它们组合成一个强排序模型。

RankBoost 的优点如下：

（1）RankBoost 在训练过程中能够根据样本的难易程度进行加权，重点关注难以排序的样本，从而提高模型对于困难样本的排序能力。

（2）通过学习多个弱排序模型并将它们组合成一个强排序模型来提高排序性能。

（3）能够处理非线性关系，并且对于不同特征之间的复杂交互具有较强的建模能力。

RankBoost 的缺点如下：

（1）RankBoost 对噪声和异常值较为敏感，在训练过程中容易受到异常样本的干扰，导致模型性能下降。

（2）在训练过程中容易出现过拟合问题，因此需要正则化来减少模型的复杂度。

3）RankNet

RankNet 使用神经网络来学习查询-文档对的相关性，从而进行排序。将排序问题转换为一个二分类问题，其中正样本表示查询-文档对的真实排序关系，负样本表示人工构造的不相关的对。在训练过程中，RankNet 使用神经网络模型作为排序的函数，该模型的输出是一个介于 0～1 的相关性分数，然后根据分数进行排序。对于 RankNet 算法，假设知道一个待排序文档的排列中的相邻两个文档之间的排序概率，就可以通过推导算出每两个文档之间的排序概率。

RankNet 的优点如下：

（1）RankNet 可以充分利用神经网络的非线性特性，对于复杂的排序问题具有较强的建模能力。

(2) 通过最小化交叉熵(Cross-Entropy)损失函数进行模型训练,可以直接优化排序性能指标。

RankNet 的缺点如下:

(1) RankNet 的性能对初始排名的敏感程度较高,初始排名的质量可能会对最终的排序结果产生较大的影响。

(2) 当处理大规模数据集时,计算复杂度较高,训练时间相对较长,对于样本中存在的噪声和异常值比较敏感。

4) LambdaMART

由 LambdaRank 和 MART 算法组合而成。MART 代表底层的训练模型,而 Lambda 是 MART 求解过程中使用的 Lambda 梯度。该算法首先构建一个初始排序树,在每轮的迭代中,通过计算梯度和 Hessian 矩阵来衡量当前排序树的贡献,然后基于梯度和 Hessian 矩阵的值,使用回归树算法拟合一个新的排序树。根据排序树的贡献系数,将多个排序树组合成一个强大的排序模型。

LambdaMART 的优点如下:

(1) LambdaMART 结合了梯度提升树和 Lambda 排名误差,能够直接优化排序性能指标,在排序学习中具有很好的性能。

(2) 通过多轮迭代调整每个排序树的参数,能够更准确地拟合训练数据,并生成一个强大的排序模型。

(3) 在训练过程中使用梯度提升树算法,能够有效地处理各种非线性关系。

LambdaMART 的缺点如下:

(1) 因为需要训练多棵排序树并进行多轮迭代,所以对于大规模数据集的计算复杂度较高。

(2) 对于噪声和异常值比较敏感,可能会对模型性能产生不良影响。

(3) 对于初始排名敏感,初始排名的质量可能会影响最终的排序结果。

3. 列表模型

列表模型方法着眼于整个排序列表的优化,而不仅是单个项或项对的排序。

训练数据通常包含排序列表,每列表都有一个与之关联的相关性得分,通常是一个实数值。

其目标是训练一个模型,能够直接生成最佳的排序列表,以最大限度地提高列表级别的评估指标,如归一化折损累计增益或期望排序相关性。

表模型方法更适合处理多个项之间复杂的相互影响和整个排序列表的优化。

1) ListNet

ListNet 基于神经网络方法,它使用激活函数(Softmax)将文档的相对排序转换为概率分布,优化交叉熵误差损失函数,以最大化预测排序与真实排序之间的相似性。将查询文档对转换为特征向量,每个查询文档对都有一组特征,这些特征可以包括查询特征、文档特征和查询-文档交互特征。神经网络的输入层接收这些特征向量，而输出层的节点数量等于可能的文档排名总数。激活函数将每个输出节点的分数转换为对应文档排名的概率。这些排名概率也就表示预测的排序顺序。它使用交叉熵作为损失函数，通过最小化预测排序与真实排序之间的差异进行模型优化。

ListNet 的优点如下：

(1) 使用了神经网络的非线性建模能力，可以通过端到端的训练来学习排序模型。

(2) 它适用于任意长度的排序列表，并且可扩展到大规模数据集。

ListNet 的缺点如下：

(1) 对于标签错误敏感，可能会导致模型性能下降。

(2) 对于长尾查询和长尾文档，它可能会面临训练样本不足的问题。

2) Coordinate Ascent

Coordinate Ascent 是一种迭代优化算法，它通过逐个更新文档中的特征权重来优化排序模型。首先会对排序模型中的特征权重进行初始化。可以使用初始化为 0 或者随机值的方法，然后按照顺序选择一个特征权重进行更新。在更新时，将其他特征权重固定为之前的值，只调整当前特征权重（可以根据具体问题选择不同的更新规则，例如梯度上升），以最小化损失函数，然后逐个对特征权重进行更新，直到满足收敛条件或达到最大迭代次数为止。

Coordinate Ascent 的优点如下：

(1) 它的收敛速度较快，适用于大规模数据集。

(2) 不依赖于任何特定的损失函数。

Coordinate Ascent 的缺点如下：

(1) 在处理高维特征时可能计算的复杂度会较高。因为一次迭代，仅仅更新函数中的一个维度。

(2) 它可能会陷入局部最优解，产生次优的排序模型。

3) AdaRank

AdaRank 是一种基于 Boosting 的排序学习算法，通过迭代训练一系列的弱排序模型来构建最终的排序模型，并通过优化损失函数来减小模型与真实排序之间的差异。首先，为每个特征初始化一个弱排序模型，并为每个特征权重赋予相等的重要性。迭代地更新每个特征权重。对于每个特征，计算当前特征在当前排序模型下的损失函数，用以衡量其贡献度，然后通过强化学习算法（例如 Boosting 算法）来更新特征权重，以减小损失函数。根据更新后的特征权重重新训练每个弱排序模型，使其能够更好地预测排序结果。通过对不同的弱排序模型的预测结果进行组合，例如使用加权组合，以及加权投票或加权平均的方法，用以生成最终的排序模型。

AdaRank 的优点如下：

(1) 算法可以灵活地组合各种弱排序模型，并且在训练过程中逐步提高排序质量。

(2) 它能够处理任意长度的排序列表，并且稳健性较强。

AdaRank 的缺点如下：

(1) 可能会受到高相关性特征的影响，导致模型过度拟合。

(2) 它对于不平衡数据集的处理相对较弱。

ListNet 和 Coordinate Ascent 可以学习任意长度的排序列表，而 AdaRank 则需要指定固定的文档排名数。

Coordinate Ascent 和 AdaRank 都是迭代优化算法，而 ListNet 使用了端到端的神经网络训练。

选择哪种方法取决于具体的排序任务和可用的数据。点级方法是最简单的方法，适用于独立的项排序。对级方法可以考虑项之间的相对关系，但不能直接生成完整的排序列表。列表方法在处理整个排序列表时更强大，但通常需要更多的数据和计算资源。根据任务的要求和可用资源，选择合适的排序方法非常重要。

11.6　基于深度学习的文本检索

深度学习首先在计算机视觉(Computer Vision，CV)领域取得了巨大的成功，接着在自然语言处理领域中也展现了十分优秀的性能。同样地，深度学习技术也被应用到信息检索领域。目前，信息检索领域的前沿研究方向为神经信息检索(Neural Information Retrieval，NeuIR)。

随着深度学习的不断发展，基于神经网络技术的排序方法逐渐在很多检索任务上取得了显著的性能提升。神经检索模型和传统的文本检索模型相比较，特别是预训练(Pre-trained)模型，例如 BERT，可以从大量的文本中学习到语义信息，这对于信息检索中的排序任务是有极大帮助的。

神经检索模型的主要优势如下。

(1) 能够更好地捕捉文本之间的复杂关系和语义信息：神经网络的文本排序方法通常需要大量的训练数据和计算资源，它们能够更好地捕捉文本之间的复杂关系和语义信息，从而在许多文本排序任务中取得显著的性能提升，而且，这些方法还可以通过预训练技术和迁移学习来进一步提升效果。

(2) 更准确和灵活的文本排序：神经检索模型利用神经网络模型来学习文本之间的语义表示和相似性，从而实现更准确和灵活的文本排序。传统的文本检索模型基于精确查询原理，需要查询语句和被检索文本中单词的精确匹配，这是传统文本检索技术的一个不足之处，使用神经检索模型能够构建连续的向量表示，能够较好地解决这个问题。

(3) 摆脱了复杂的特征工程：不同于过去依赖人工特征和统计方法的非神经网络模型，神经检索模型能够自动地从数据中学习到低维度的连续向量，并以此作为排序的特征。神经检索模型利用端到端的学习，避免了手工设计特征的过程。

11.6.1 神经检索模型的分类

5min

2020 年 Khattab Omar 和 Matei Zaharia 在论文 *ColBERT: Efficient and effective passage search via contextualized late interaction over BERT* 中把神经检索模型按照查询语句和文本的交互方式划分为四类，如图 11-5 所示。

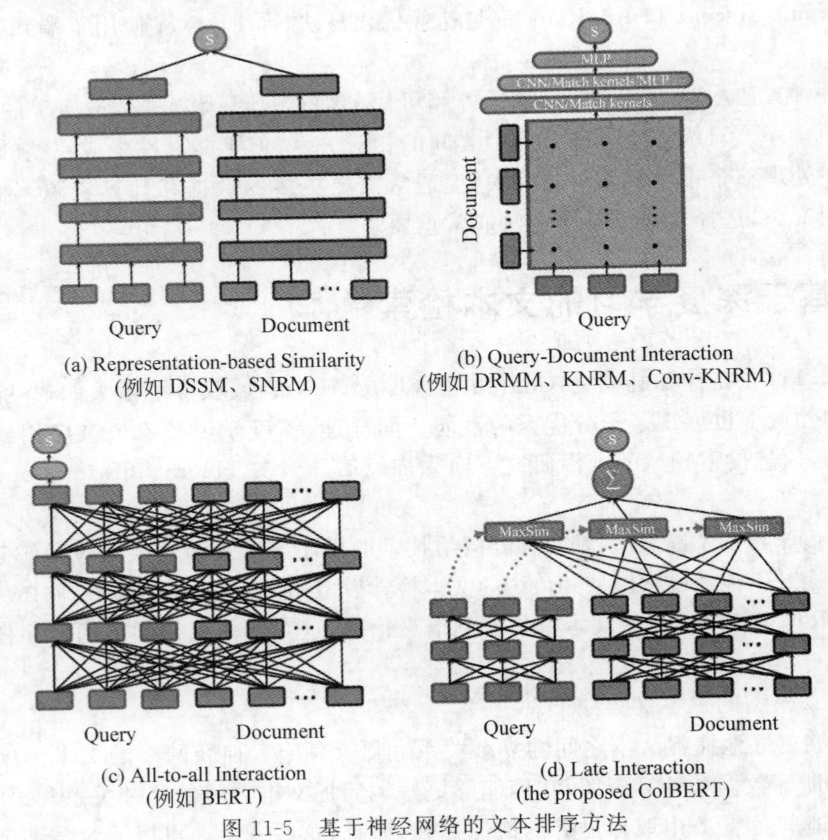

图 11-5 基于神经网络的文本排序方法

其中，第 1 种是表征模式（Representation-based）的神经网络排序模型，其他 3 种则可以被归为交互模式（Interaction-based）的神经网络排序模型。这两种模式都可以合并许多不同的神经组件，例如，卷积神经网络和循环神经网络等。这两类模型通常仅使用查询和文档的向量表达作为输入，不使用手工特征提取。

1. 表征模式

表征模式具有以下特点。

（1）独立编码：查询和文档各自被编码成单一向量表示（Single Vector Representations），因此，表征模式也被称作为双塔模型（Bi-encoder Models）。表征模式中的查询和文档分别独立学习密集向量表示，然后可以通过余弦相似度等度量来计算比较查询和文档之间的相关性。

(2) 离线计算文档编码表示：由于网络的查询和文档是独立进行编码的，因此在这种方法中，文档向量可以提前计算出来。

(3) 相似度计算成本相对较低：基于表示的模型将文本排序问题简单化，转换为查询和文本向量之间的相似度比较。查询和文档独自编码后再计算两者之间的相似度。

(4) 效率较高：检索方便，占用相对较少的存储空间，以及较快的检索速度。

(5) 表现效果一般：单一向量表示难以捕捉到细粒度的特征表征，通常效果表现不如交互模式。

(6) 代表模型有 DSSM(Deep Structure Semantic Model)、DESM(Dual Embedding Space Model)、DPR(Dense Passage Retriever)、ANCE、DSMM、SNRM 等。此外，基于词嵌入的语言模型也可以被归为这种类型。

表征模式的另一种形式是多向量(Multi Vectors)形式，主要对文档进行多向量表征，而查询仍然使用单一向量表示。这种方式的优点与单一向量形式相反，它能够提供文档的细粒度或多角度的表征，通常会产生更好的检索效果，然而，其缺点在于向量占用更多的存储空间，消耗更多的资源，导致检索速度较慢。

2. 交互模式

交互模式使用相似矩阵对查询和文档词汇的交互进行建模，用于进一步地对相关性得分进行计算。基于交互的模型则相当于一个重排器(Re-ranker)，对使用关键词搜索得到的首次排序结果进行重新排序。交互模式对查询和文档之间的单词和短语级别的关系进行建模。交互矩阵(Interaction Matrix)使用深度神经网络模型算法来匹配。交互模型也可以通过增加其他神经网络组件来改进模型。

这些模型可以分两个步骤运行：特征提取和相关性评分。特征提取阶段从相似矩阵提取相似信息。通过术语的连续向量表示(Continuous Vector Representations of Terms)，这些模型可以潜在地解决单词不匹配的问题。相关性评分阶段：从上面提取的特征被组合并处理为产生查询-文档相关性分数。此步骤通常包括应用池化操作，将提取的特征连接在一起，然后将结果表示传递给计算相关性得分的前馈网络。

交互模式保留了捕获精确词汇精确匹配的能力，这在相关性匹配中仍然很重要。

有研究表明，基于交互的模型相比基于表征的模型更有效，但速度更慢。

交互模式可以被继续划分为 3 种形式，即提前交互模式、全交互模式和迟交互模式。下面分别进行介绍。

1) 提前交互模式

提前交互模式(Query-Document Interaction)具有以下特点：

(1) 使用相似性矩阵捕获查询和文档之间的交互信息，其中，查询和文档项分别应于矩阵的行和列，矩阵中的每项为第 i 个查询项的向量与第 j 个文档的向量之间的相似度，通常使用余弦值计算获得。

(2) 代表模型有 MonoBERT、DRMM(Deep Relevance Matching Model)、KNRM(Kernelized Neural Ranking Model)、Duet、MatchPyramid、PACRR 等。

MonoBERT将查询和文档拼接在一起作为输入,经过BERT之后输出的[CLS]再经过一个前馈网络获取相关度分数。DRMM是一种用于文本排序的神经网络模型。它通过将查询和文档表示为固定长度的直方图(Histogram)表示,然后使用卷积神经网络(Convolutional Neural Network)来学习局部匹配模式。最后,通过计算查询和文档之间的相似性得分来排序。KNRM模型通过多核池化(Multi-kernel Pooling)方法来捕捉不同级别的语义匹配模式。KNRM将查询和文档表示为词向量序列,并使用卷积神经网络对其进行建模,然后使用多核池化来聚合匹配的信息,最后通过全连接层输出排序得分。

2) 全交互模式

全交互模式(All-to-all Interaction)具有以下特点:

(1) 成本很高。

(2) 在实际业务中使用有困难。

(3) 代表模型有基于Transformer架构的BERT模型。Transformer是一类基于注意力机制的神经网络架构,被广泛地应用于自然语言处理任务。在文本排序中,可以使用预训练的Transformer模型(如BERT、RoBERTa等)来学习文本的语义表示。首先,将查询和文档作为输入,并通过Transformer模型编码成上下文感知的向量表示,然后通过计算查询与文档之间的相似性得分进行排序。

3) 迟交互模式

迟交互模式(Late Interaction)具有以下特点:

(1) 查询和文档分别被独立编码。

(2) 使用MaxSim算子进行细粒度的相似性交互。

(3) 能够平衡交互模式和双塔模式的优缺点,有效地平衡了效率和准确率。

(4) 与交互模式相比,有效性仅略有下降。

(5) 查询时间(Query Time)接近双塔模式。

(6) 大内存占用。该模型的一个主要缺点是存储来自语料库文本的每个词语表示所需的空间比传统的倒排索引大得多。

(7) 代表模型有ColBERT。

3. 混合模式

混合模式(Hybrid Models)是混合使用了表征模式和交互模式的模型,代表的模型有DUET和CEDR。

11.6.2 其他分类方式

1. 基于Pre-BERT和BERT的检索模型

从是否基于BERT技术,可以看出表征模型主要基于BERT技术出现之前,交互模式主要使用和基于BERT的技术。2022年Yixing Fan等在论文*Pre-training methods in information retrieval*中将这两种技术分为Pre-BERT和BERT模型,如图11-6中所示。

monoBERT (Nogueira et al. 2019)
CEDR (MacAvaney et al. 2019)
BERT-FirstP/MaxP/SumP (Dai et al. 2019)
Doc2query
DocTTTTTquery (Nogueira et al. 2019)
DeepCT (Dai et al. 2019)
RepBERT (Zhan et al. 2020)
ColBERT (Khattab et al. 2019)
MarkedBERT (Boualili et al. 2019)
BERT-QE (Zheng et al. 2020)
HDCT (Dai et al. 2020)
PROP,B-PROP (Ma et al. 2021)
COIL (Gao et al. 2021)
DeepImpact (Mallia et al. 2021)
HARP (Ma et al. 2021)
Pre-training in IR

图 11-6　预训练模型应用于信息检索。橙色、绿色和蓝色模型分别使用的主要技术为查询扩展、检索和重新排序及文档扩展技术

基于 Pre-BERT 和 BERT 的检索模型存在一定的差异性。在基于 BERT 的检索模型中，查询词汇和候选文本词汇之间的全交互是由 Transformer 中每层的多头注意力(Multi-headed Attention)捕获。注意力可以作为一种从术语交互中提取信号的通用方法，取代由 Pre-BERT 基于交互的模型的使用，例如不同的池化技术、卷积滤波器等。

在文本排序任务中，可以直接使用 BERT 分数对候选文本进行重新排序，但是，基于 BERT 的神经检索模型在文本排序任务中多用于重新排名。一般使用经典模型 BM25 进行首次排序，然后基于 BERT 的模型对首次排序得到的结果进行重新排序。此外，BERT 模型排序得出的分数可以进一步地与其他相关性评分结果进行组合或聚合，得出新的排序结果。

例如，DeepCT 用来评估句子中的词权重。DeepCT 的核心思路是通过重复关键词汇来提高词频。Doc2Query 模型使用语言模型(Language Model)来生成额外的文本信息，用于构建索引，其改进的模型使用了 T5 模型进行构建查询。

一些具有代表性的神经信息检索模型，见表 11-15。表中分别给出了 BERT 模型出现之前的神经网络模型和基于 BERT 原理的模型。

表 11-15　代表性的神经信息检索模型

Pre-BERT Model	BERT Model
DRMM	BERT
Duet	ANCE
MatchPyramid	ColBERT
KNRM	T5(monoT5, duoT5)
PACRR	PISA
ConvKNRM	Doc2query
Vanilla BERT	SPLADE
	DeepCT
	CEDR
	Birch
	BERT-MaxP

2020 年 Khattab Omar 和 Matei Zaharia 在论文 *ColBERT*: *Efficient and effective passage search via contextualized late interaction over BERT* 展示了其中的一些具有代表性的模型性能表现，如图 11-7 所示。

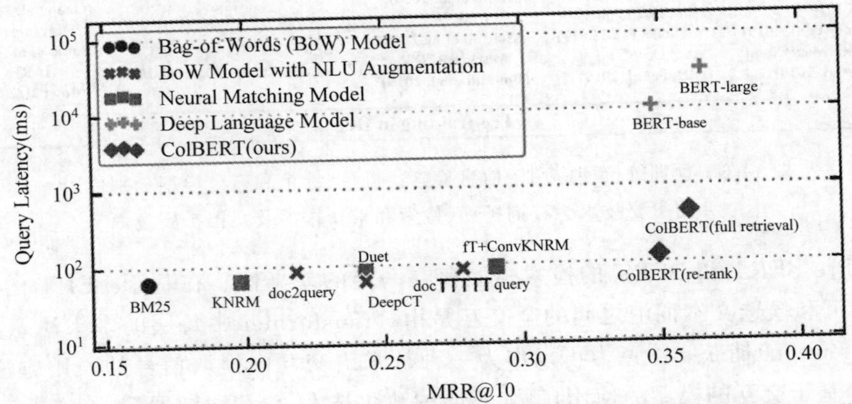

图 11-7　信息检索模型对比。该实验对比结果基于 MS MARCO 数据，横轴为基于信息检索评估标准 MRR@10 的评估结果，纵轴为查询延时的时间（单位：毫秒）

2. 稠密和稀疏检索模型

此外，传统搜索引擎更多地基于词汇检索（Term-based Retrieval），例如 BM25 模型。最近，随着表示学习和预训练方法的发展，与预训练方法结合的语义检索逐渐成为提升检索效果最流行的方法。从表示的类型和索引模式的角度，可以将语义检索模型分成以下 3 个类别。

（1）稀疏检索模型（Sparse Retrieval Models）：通过获得语义刻画的稀疏文档表示并建立倒排索引来提升检索效率。

（2）稠密检索模型（Dense Retrieval Models）：通过将输入的查询和文档映射到独立的稠密向量表示，并使用近似最近邻算法来做快速检索。稠密检索可以跳过 BM25 的精确检索，直接进行检索和排序。在实际研究中，多数模型采用先通过 BM25 完成初次检索，然后使用稠密检索模型对 BM25 的检索结果进行二次或者多次重新排序。

（3）混合检索模型（Hybrid Retrieval Models）：将稀疏检索模型和稠密检索模型同时使用。

11.7　ChatGPT 引领的下一代文本检索展望

▷ 6min

随着通用人工智能和大型语言模型（Large Language Model，LLM）等技术的迅猛发展，信息检索研究正迎来全新的发展机遇和挑战。

1. 信息检索系统的新范式

在大型语言模型的影响下，大型语言模型时代已经塑造出一个新的范式和框架。

传统的信息检索模型主要涉及用户与信息检索算法两个要素，在大模型时代，除了这两个要素，还包含大型语言模型这一要素。如果没有大型模型，则系统的使用场景将受到限制，还可能会过度依赖互联网，同时也会缺乏推理和自然交互的能力。如果没有人类，则将会缺少必要的用户信息需求，同时也无法提供个性化信息服务，因为缺乏用户反馈来引导大型模型的行为，而如果没有信息检索，系统则可能会失去事实的一致性和长期记忆，同时也会缺乏时效性和可靠性。这 3 个要素缺一不可，每部分在当前大型模型时代中都扮演着不可或缺的角色。

信息检索的基本任务是从现有的语料集合中检索与用户需求相关的信息。信息检索已经从过去仅仅检索答案的角色演变为生成答案的过程，从仅仅提供信息查询的功能转变为提供决策建议的功能，从仅仅为用户提供信息转变为大型模型提供信息。

大型模型在技术和应用领域上对信息检索产生了深远的影响。信息检索的关键技术要素包括索引、用户建模、匹配/排序、评估及交互。这些方面都经历了显著的变革。

索引从以前的静态、稀疏、单模态发展为动态、稠密、多模态的形式。

用户建模方式也从单轮对话、单向提问转变为多轮对话、双向互动，并包含了更丰富的上下文信息。

匹配/排序方面，信息检索转向了向生成式模型提供信息。

评估方法也演变成基于任务的评价，利用用户反馈（如强化学习等）评估的焦点扩展到模型的稳健性、可解释性、可靠性和时效性。可以采用多种方式评价大型模型，既可以使用人工评估，也可以让大型模型相互评价。

交互范式也发生了变化，模型现在可以直接提供答案，并且扩展到虚拟现实、智能助手及各种普适计算场景中。

2. 信息检索对大型模型产生深远的影响

大型模型为信息检索带来了一系列挑战，但同时也带来了众多机遇。

研究者现在可以利用信息检索来升级预训练的大型语言模型，使大型模型可以具备更高的事实准确性和更高的训练效率。

此外，研究者还可以通过信息检索进行适配器微调大型模型，这种微调方法建立在已有的基座模型之上，不仅降低了计算资源的需求，还能提高大型模型在特定垂直领域的性能，同时也为应用于涉及数据隐私等更广泛应用场景提供了可能性。

通过信息检索，还可以增强处于黑盒中的大型模型的理解和控制，例如 ChatGPT。通过查询构建方式，可以更好地进行上下文建模，通过排序匹配方式来选择目标文档，还可以使用结果展示来定制合适的提示机制。这些方法能够更有效地利用大型模型，提高其在特定任务和应用中的性能。

同时，信息检索也面临着一系列的挑战和机遇。这包括但不限于高昂的计算资源需求、通用目标与特定领域应用的权衡、可信度问题、可控制生成的复杂性、高质量数据的获取、长期上下文依赖关系的处理、服务时间要求、输出表达格式的标准化、整合结构化信息的复杂性、生成数据与检索数据之间的平衡、内容质量与可信度的保证及创作内容的多样性。这些都是未来大型模型研究中值得深入研究的领域。

总之，信息检索在大型模型时代变得更加关键，然而，伴随着这个重要性也带来了许多挑战，因此，迫切需要来自社会各界，特别是研究者的时间和精力投入，以解决这些挑战问题。

3. ChatGPT 引领的下一代文本检索展望

ChatGPT 及其类似的大型语言模型在下一代文本检索中可能发挥重要作用，引领出以下一些展望。

(1) 自然语言交互的搜索：ChatGPT 的强项之一是自然语言交互。下一代文本检索系统可以借鉴 ChatGPT 的交互能力，使用户能够以更自然的方式进行搜索，就像与人对话一样。这将提供更高效、更直观的搜索体验，特别是对于不太熟悉搜索语法的用户。

(2) 个性化搜索结果：ChatGPT 可以理解用户的查询意图和上下文，下一代文本检索系统可能会利用类似的技术，根据用户的个人兴趣、历史搜索和上下文，提供更加个性化的搜索结果。这将提高用户满意度并加强搜索引擎的实用性。

(3) 多模态搜索：ChatGPT-4 已整合多模态输入和输出能力，使其能够处理图像、音频等多种形式的数据。在下一代文本检索中，这种能力可以用于实现更全面的搜索，用户可以通过文本描述、图片等多种方式来表达查询，获取更丰富的信息。

(4) 知识融合和背景理解：ChatGPT 可以从广泛的知识源中提取信息，下一代文本检索系统可以进一步加强知识的融合和理解，从而为搜索结果提供更丰富的背景信息和上下文。这将提高搜索结果的准确性和深度。

(5) 语义理解和查询扩展：ChatGPT 在语义理解方面具有一定的能力。未来的文本检索系统可以借助类似的技术，帮助用户更好地表达查询，甚至在用户不确定具体关键词时进行查询扩展，从而提供更全面和准确的搜索结果。

(6) 深度搜索与推荐：基于 ChatGPT 的技术，下一代文本检索系统可能会更深入地理解用户需求，实现更准确的推荐和相关文档的发现。这有助于用户探索更多相关信息，而不仅是精确匹配的结果。

(7) 智能摘要和结果解释：下一代文本检索系统可以利用 ChatGPT 生成智能摘要，将复杂的文档内容简化成易于理解的形式。此外，系统还可以解释为什么特定结果与查询相关，增加结果的可解释性。

总体而言，ChatGPT 可以为下一代文本检索系统提供很多有价值的技术和思路，使搜索变得更加智能、更加个性化并具有强交互性，然而，也需要注意技术的可解释性、隐私保护等问题，并确保在开发过程中充分考虑用户的需求和反馈。

11.8 本章小结

本章较为详细地阐述了信息检索领域的主要理论概念和技术，介绍了在信息检索中经典的模型，为读者提供了对不同方法的了解；解释了文本检索中常用的评估指标，以衡量检索系统的性能；介绍了文本检索中的查询扩展技术，旨在提高检索效果；探讨了文本检索中基于机器学习原理的排序学习技术；讨论了相关领域的前沿工作和最新进展，特别关注基于深度学习的文本检索技术和方法；最后，对未来可能的发展方向进行了展望，着重探讨了大语言模型在文本检索领域的潜在影响。

附录 A

中英文对照表

ACE(Automatic Content Extraction)：自动内容抽取

AE(Auto Encoding)：自编码

AE(Autoencoder)：自编码器

AI(Artificial Intelligence)：人工智能

ANN(Artificial Neural Network)：人工神经网络

Attention：注意力机制

AUC(Area Under the Curve)：AUC 值

BERT(Bidirectional Encoder Representations from Transformers)：双向编码器的语言模型

BERT(Bidirectional Encoder Representation from Transformer)：双向编码器转换器表示

BoW(Bag-of-Words)：词袋模型

CBOW(Continuous Bag of Words)：连续词袋模型

CF(Collaborative Filtering)：协同过滤

CG(Cumulative Gain)：累计增益

CLEF(Cross Language Evaluation Forum)：跨语言评估论坛

CNN(Convolutional Neural Networks)：卷积神经网络

Content-based Recommendation：基于内容推荐

CPM(Chinese Pre-trained Model)：中文预训练模型

Cross-Document Processing：系统跨文档处理

Curse of Dimensionality：维度诅咒问题

DAM(Deep Attention Matching Network)：深度注意力匹配网络

DCG(Discounted Cumulative Gain)：折损累计增益

Decoder：解码器

Distributed Representation：分布式表示

DRL(Deep Reinforcement Learning)：深度强化学习

DTW(Dynamic Time Warping)：动态时间规整

DUC(Document Understanding Conference)：文本理解会议

ELMO(Embeddings from Language Models)：来自语言模型的嵌入

Encoder：编码器

ERNIE(Enhanced Representation through Knowledge Integration)：知识增强的语义表示模型

Exact Duplication：完全重复

FAIR(Facebook Artificial Intelligence Research)：Facebook 人工智能研究院

Feature Augmentation：特征扩充

Feature Combination：特征组合

Feed-Forward Neural Network：前馈神经网络

GAN(Generative Adversarial Network)：生成式对抗网络

GMM(Gaussian Mixture Model)：高斯混合模型

GRU(Gated Recurrent Unit)：门控循环单元

GPT(Generative Pre-trained Transformer)：生成式预训练模型

HMM(Hidden Markov Model)：隐马尔可夫模型

HTML(HyperText Mark-up Language)：超文本标记语言

Hybrid Recommendation：组合推荐

IBM(International Business Machine)：国际商业机器公司

IDF(Inverse Document Frequency)：逆文本频率

IE(Information Extraction)：信息抽取

IR(Information Retrieval)：信息检索

K-Means：K 均值聚类算法

Kernel：内核

Knowledge-based Recommendation：基于知识的推荐

LAC(Lexical Analysis of Chinese)：中文词法分析

LA(Lexical Analysis)：词法分析

Lasso Regression：拉索回归

LSTM(Long Short-Term Memory)：长短期记忆网络

LLM(Large Language Model)：大型语言模型

Lexical Conflict：词汇冲突

Machine Learning：机器学习

Mahalanobis Distance：马氏距离

MAP(Mean Average Precision)：均值平均精确度

Manhattan Distance：曼哈顿距离

Mean Reciprocal Rank：平均倒数排名
Mean-shift：均值漂移
Memory Cell：记忆单元
MET(Multilingual Entity Task Evaluation)：多语种实体任务评估
MFCC(Mel-Frequency Cepstrum)：梅尔频率倒谱
ML(Machine Learning)：机器学习
MLM(Masked Language Modeling)：掩码语言建模
MQA(Multilingual Question Answering)：多语言问答系统评测
MRR(Mean Reciprocal Rank)：平均倒数排名
MUC(Message Understanding Conference)：消息理解会议
MT(Machine Translation)：机器翻译
Multi-Head Attention：多头自注意力
NER(Named Entity Recognition)：命名实体识别
NeuIR(Neural Information Retrieval)：神经信息检索
NIST(National Institute of Standards and Technology)：美国国家标准技术研究所
NLG(Natural Language Generation)：自然语言生成
NLU(Natural Language Understanding)：自然语言理解
NLTK(Natural Language Toolkit)：自然语言处理工具包
NLP(Natural Language Processing)：自然语言处理
NN(Neural Network)：神经网络
NMT(Neural Machine Translation)：神经网络机器翻译
Non-negative Matrix Factorization：非负矩阵分解
NSP(Next Sentence Prediction)：下句预测
One-Hot Encoding：独热编码
PCA(Principal Component Analysis)：主成分分析
PCFG(Probabilistic Context Free Grammar)：概率上下文无关文法
PPO(Proximal Policy Optimization)：近端策略优化
PRF(Pseudo Relevance Feedback)：伪相关性反馈
Precision：精确度
Prompt Learning：提示学习
QA(Question Answering)：问答技术
Random Forest：随机森林
Recall：召回率
ReLU(Rectified Linear Unit)：整流线性单元
Ridge Regression：岭回归
RL(Reinforcement Learning)：强化学习

RLHF(Reinforcement Learning from Human Feedback)：人工反馈的强化学习
RM(Reward Model)：奖励模型
RNN(Recurrent Neural Network)：循环神经网络
RS(Recommender System)：推荐系统
Rule-Based：基于规则
SA(Semantic Analysis)：语义分析
SFT(Supervised Fine-Tuning)：监督微调
Semantic Conflict：语义冲突
Sentiment Analysis：文本情感分析
SMT(Statistical Machine Translation)：统计机器翻译
Spectral Clustering：谱聚类
Speech Recognition：语音识别
Speech Synthesis：语音合成
SP(Syntactic Parsing)：句法分析
SRL(Semantic Role Labeling)：语义角色标注
SVM(Support Vector Machine)：支持向量机
SVR(Support Vector Regression)：支持向量回归
TF(Term Frequency)：词频
TF-IDF(Term Frequency-Inverse Document Frequency)：词频-逆文档频率
Text Embeddings：文本嵌入
Text Retrieval：文本检索
Text to Speech：文本朗读
TREC(Text Retrieval Conference)：文本检索会议
Triplet Loss：三元组损失
Triplet Networks：三元组网络
TPU(Tensor Processing Unit)：张量处理单元
Transformer：数据变换函数
URL(Uniform Resource Locator)：统一资源定位器
Utility-based Recommendation：基于效用的推荐
VAE(Variational Autoencoder)：变分自编码器
WE(Word Embedding)：词嵌入

参考文献

[1] 周元哲. Python 自然语言处理(微课版)[M]. 北京：清华大学出版社，2021.

[2] 约阿夫·戈尔德贝格. 基于深度学习的自然语言处理[M]. 车万翔，郭江，张伟男，等译. 北京：机械工业出版社，2021.

[3] 张伟振. 深度学习原理与 PyTorch 实战 [M]. 北京：清华大学出版社，2021.

[4] 唐聃，白宁超，冯暄. 自然语言处理理论与实战[M]. 北京：电子工业出版社，2018.

[5] 王晓华. TensorFlow 深度学习应用实践[M]. 北京：清华大学出版社，2018.

[6] 吴喜之，张敏. Python：数据科学的手段[M]. 2 版. 北京：中国人民大学出版社，2021.

[7] 胡鹤. TensorFlow 智能算法与应用[M]. 北京：电子工业出版社，2019.

图书推荐

书 名	作 者
Diffusion AI绘图模型构造与训练实战	李福林
图像识别——深度学习模型理论与实战	于浩文
HuggingFace 自然语言处理详解——基于 BERT 中文模型的任务实战	李福林
动手学推荐系统——基于 PyTorch 的算法实现(微课视频版)	於方仁
TensorFlow 计算机视觉原理与实战	欧阳鹏程、任浩然
自然语言处理——原理、方法与应用	王志立、雷鹏斌、吴宇凡
人工智能算法——原理、技巧及应用	韩龙、张娜、汝洪芳
跟我一起学机器学习	王成、黄晓辉
深度强化学习理论与实践	龙强、章胜
Java+OpenCV 高效入门	姚利民
Java+OpenCV 案例佳作选	姚利民
计算机视觉——基于 OpenCV 与 TensorFlow 的深度学习方法	余海林、翟中华
深度学习——理论、方法与 PyTorch 实践	翟中华、孟翔宇
Flink 原理深入与编程实战——Scala+Java(微课视频版)	辛立伟
Spark 原理深入与编程实战(微课视频版)	辛立伟、张帆、张会娟
PySpark 原理深入与编程实战(微课视频版)	辛立伟、辛雨桐
Python 预测分析与机器学习	王沁晨
Python 人工智能——原理、实践及应用	杨博雄 等
Python 深度学习	王志立
编程改变生活——用 Python 提升你的能力(基础篇·微课视频版)	邢世通
编程改变生活——用 Python 提升你的能力(进阶篇·微课视频版)	邢世通
编程改变生活——用 PySide6/PyQt6 创建 GUI 程序(基础篇·微课视频版)	邢世通
编程改变生活——用 PySide6/PyQt6 创建 GUI 程序(进阶篇·微课视频版)	邢世通
Python 量化交易实战——使用 vn.py 构建交易系统	欧阳鹏程
Python 从入门到全栈开发	钱超
Python 全栈开发——基础入门	夏正东
Python 全栈开发——高阶编程	夏正东
Python 全栈开发——数据分析	夏正东
Python 编程与科学计算(微课视频版)	李志远、黄化人、姚明菊 等
Python 游戏编程项目开发实战	李志远
Python 数据分析实战——从 Excel 轻松入门 Pandas	曾贤志
Python 概率统计	李爽
Python 数据分析从 0 到 1	邓立文、俞心宇、牛瑶
Python Web 数据分析可视化——基于 Django 框架的开发实战	韩伟、赵盼
Python 玩转数学问题——轻松学习 NumPy、SciPy 和 Matplotlib	张骞
AR Foundation 增强现实开发实战(ARKit 版)	汪祥春
AR Foundation 增强现实开发实战(ARCore 版)	汪祥春
ARKit 原生开发入门精粹——RealityKit + Swift + SwiftUI	汪祥春
HoloLens 2 开发入门精要——基于 Unity 和 MRTK	汪祥春
Octave GUI 开发实战	于红博
HarmonyOS 移动应用开发(ArkTS 版)	刘安战、余雨萍、陈争艳 等

续表

书　　名	作　　者
openEuler 操作系统管理入门	陈争艳、刘安战、贾玉祥 等
JavaScript 修炼之路	张云鹏、戚爱斌
深度探索 Vue.js——原理剖析与实战应用	张云鹏
前端三剑客——HTML5＋CSS3＋JavaScript 从入门到实战	贾志杰
剑指大前端全栈工程师	贾志杰、史广、赵东彦
HarmonyOS 应用开发实战(JavaScript 版)	徐礼文
HarmonyOS 原子化服务卡片原理与实战	李洋
鸿蒙操作系统开发入门经典	徐礼文
鸿蒙应用程序开发	董昱
鸿蒙操作系统应用开发实践	陈美汝、郑森文、武延军、吴敬征
HarmonyOS 移动应用开发	刘安战、余雨萍、李勇军 等
HarmonyOS App 开发从 0 到 1	张诏添、李凯杰
从数据科学看懂数字化转型——数据如何改变世界	刘通
JavaScript 基础语法详解	张旭乾
5G 核心网原理与实践	易飞、何宇、刘子琦
恶意代码逆向分析基础详解	刘晓阳
深度探索 Go 语言——对象模型与 runtime 的原理、特性及应用	封幼林
深入理解 Go 语言	刘丹冰
Vue＋Spring Boot 前后端分离开发实战	贾志杰
Spring Boot 3.0 开发实战	李西明、陈立为
Flutter 组件精讲与实战	赵龙
Flutter 组件详解与实战	[加]王浩然(Bradley Wang)
Dart 语言实战——基于 Flutter 框架的程序开发(第 2 版)	亢少军
Dart 语言实战——基于 Angular 框架的 Web 开发	刘仕文
IntelliJ IDEA 软件开发与应用	乔国辉
FFmpeg 入门详解——音视频原理及应用	梅会东
FFmpeg 入门详解——SDK 二次开发与直播美颜原理及应用	梅会东
FFmpeg 入门详解——流媒体直播原理及应用	梅会东
FFmpeg 入门详解——命令行与音视频特效原理及应用	梅会东
FFmpeg 入门详解——音视频流媒体播放器原理及应用	梅会东
Power Query M 函数应用技巧与实战	邹慧
Pandas 通关实战	黄福星
深入浅出 Power Query M 语言	黄福星
深入浅出 DAX——Excel Power Pivot 和 Power BI 高效数据分析	黄福星
从 Excel 到 Python 数据分析：Pandas、xlwings、openpyxl、Matplotlib 的交互与应用	黄福星
云原生开发实践	高尚衡
云计算管理配置与实战	杨昌家
虚拟化 KVM 极速入门	陈涛
虚拟化 KVM 进阶实践	陈涛